ARBEITSMETHODEN DER MODERNEN NATURWISSENSCHAFTEN

HERAUSGEGEBEN VON PROFESSOR DR. KURT FISCHBECK

AUTORADIOGRAPHIE

von

DIPL.-CHEM. DR. H. A. FISCHER

Max-Planck-Institut für Hirnforschung, Arbeitsgruppe Neurochemie
Frankfurt/M.

und

PRIV.-DOZ. DIPL.-CHEM. DR. G. WERNER

Max-Planck-Institut für Hirnforschung, Arbeitsgruppe Neurochemie
Frankfurt/M.

Mit 93 Abbildungen und 14 Tabellen

WALTER DE GRUYTER & CO.

Berlin 1971

 Archiv-Nr. 57 39 701 — Satz und Druck: Walter de Gruyter & Co., Berlin 30
Umschlaggestaltung: Ulrich Hanisch, Berlin

Vorwort

Bis zum Ende des Jahres 1969 sind etwa 10000 Publikationen erschienen, in denen man sich mit der Autoradiographie befaßt hat. Abgesehen von einigen zusammenfassenden Abhandlungen* existiert bisher aber noch keine in sich geschlossene Darstellung dieser nahezu für alle Disziplinen der Naturwissenschaften bedeutsamen Methode, die uneingeschränkt als Einführung in die praktischen und theoretischen Grundlagen dieses umfangreichen Gebietes anzusprechen wäre.

Wir hatten deshalb ursprünglich die Herausgabe einer handbuchartigen Darstellung geplant, die dem Interessierten eine schnelle Orientierung über Methoden und Ergebnisse autoradiographischer Untersuchungen ermöglichen sollte. In dieser Hinsicht wurden uns jedoch Beschränkungen auferlegt. Gleichfalls mußten wir auch in der vorliegenden Monographie von einer vollständigen Literaturwiedergabe Abstand nehmen. Um den Zugang zur Originalliteratur zu erleichtern, haben wir nach Möglichkeit die neueren Publikationen zitiert. Wir hoffen, mit unserer Schrift eine spürbare Informationslücke zu schließen.

Bei allen Ausführungen stand der Gedanke im Vordergrund, einen Leitfaden zu schaffen, der in erster Linie dem an der Methode Interessierten, jedoch mit den praktischen Einzelheiten noch nicht Vertrauten als Einführung in die Grundlagen, Methoden und Probleme der Autoradiographie dient, sowie ihm nicht zuletzt auch durch zahlreiche Hinweise hilft, Mühe, Zeit und Kosten zu sparen; in zweiter Linie soll darüber informiert werden, welche Probleme man gegenwärtig mit mehr oder weniger gutem Erfolg autoradiographisch bearbeiten kann.

Dieser Konzeption entsprechend wurde das Buch in mehrere Abschnitte gegliedert. Da wegen der fachlich breit gestreuten Anwendung ein recht heterogener Personenkreis mit der Autoradiographie in Berührung kommt, wurde ein ganz kurzer Abschnitt, der über die Erscheinung der Radioaktivität, über radioaktive Isotope und Markierungen informieren

---

* A. Niklas u. W. Maurer: „Autoradiographie" in Hoppe-Seyler/Thierfelder: Handbuch der Physiologisch- u. Pathologisch-Chemischen Analyse; 10. Aufl. Bd. II/2, S. 734—773. Springer-Verlag Berlin-Göttingen-Heidelberg 1955.

G. A. Boyd: Autoradiography in Biology and Medicine. New York Academic Press Inc. 1955.

E. Habers: Autoradiographie als histochemisches Untersuchungsverfahren. In: Graumann-Neumann „Handbuch der Histochemie", Bd. I/1 S. 400—598. Georg-Fischer-Verlag, Stuttgart 1958.

A. W. Rogers: Techniques of Autoradiography. Elsevier Publishing Company Amsterdam-London-New York 1967.

L. J. Roth u. W. E. Stumpf: Autoradiography of diffusible substances. Academic Press, New York and London, 1969.

soll, an den Anfang gestellt. Dieser Teil (Kap. 2 u. 3) ist lediglich für den naturwissenschaftlich wenig vorgebildeten Leser bestimmt. Im Anschluß daran werden die Methoden der *Autoradiographie makroskopischer*, *lichtmikroskopischer* und *elektronenmikroskopischer Objekte* ausführlich behandelt, wobei jeweils anhand von Beispielen die praktische Durchführung erläutert und kommentiert wird. Im Zusammenhang damit werden spezielle Hilfsmittel sowohl in Hinblick auf die Herstellung der Autoradiogramme als auch der Präparate selbst, wenigstens insoweit sie ihre Autoradiographie betreffen, besprochen. Notwendige Betrachtungen theoretischer Art und Erläuterungen über die Grenzen der Methoden, über das Auflösungsvermögen sowie den photographischen Prozeß und die damit verbundenen Effekte sind in gleicher Weise eingeflochten, wodurch sich eine abgerundete und in sich geschlossene Darstellung des gesamten Gebietes der Autoradiographie ergibt. Schließlich wurden den Grundlagen und Methoden der *quantitativen Autoradiographie* ein weiterer Abschnitt gewidmet.

Wegen der großen Anzahl von Publikationen auf autoradiographischem Gebiet konnten zur Demonstration der Leistungsfähigkeit der Methode jeweils nur wenige typische Anwendungsbeispiele Berücksichtigung finden, besonders auch nur solche Untersuchungen, die ohne spezielle fachliche Kenntnisse für den Leser verständlich sind. Es erübrigt sich, darauf hinzuweisen, daß mit dieser Auslese keine Bewertung getroffen wurde.

Das Buch ist aus der Praxis für die Praxis geschrieben. Verfasser und Verlag sind dankbar für Hinweise, Verbesserungsvorschläge und Wünsche, die gegebenenfalls bei einer Neuauflage oder Übersetzung berücksichtigt werden können. Sie bedanken sich besonders bei Frau Dr. habil. Brigitte Schultze, Würzburg und Professor Dr. L. Descarries, Paris, Professor Dr. W. Herrmann, Leipzig, Professor Dr. W. Maurer, Würzburg, Dr. habil H. P. Rohr, Basel, Professor Dr. A. W. Rogers, Birmingham, Professor Dr. E. Stöcker, Würzburg und Professor Dr. S. Ullberg, Stockholm, für ihr freundliches Entgegenkommen beim Überlassen von Manuskripten und Abbildungen.

Unserer Assistentin, Fräulein Sigrid Thel, möchten wir für ihre wertvolle Mithilfe bei allen Vorarbeiten, die für das Anfertigen der vorliegenden Schrift erforderlich waren, ganz besonders danken. Für die Durchsicht der Korrekturen danken wir Herrn Dr. Hubert Korr. Unser Dank gilt nicht zuletzt aber auch dem Verlag Walter de Gruyter & Co.

Frankfurt am Main, im Frühjahr 1970

Helmut A. Fischer Gottfried Werner

Inhaltsübersicht

6. Die Autoradiographie elektronenmikroskopischer Objekte

1. EINLEITUNG

Photographische Emulsionen können außer durch energiereiche Photonen, wie sie beispielsweise in Form von Licht oder Röntgenstrahlung vorkommen, auch durch Wechselwirkung mit α-Strahlung, Elektronen und anderen energiereichen Teilchen, die z. B. bei atomaren Umwandlungsprozessen auftreten, in einen entwickelbaren Zustand versetzt werden. Diese Eigenschaft führte BECQUEREL 1896 zur Entdeckung der radioaktiven Strahlung. Seitdem wurde die photographische Schicht längere Zeit zum Nachweis von Strahlungen bei atomaren Umwandlungen verwendet. An die Stelle dieses Strahlungsnachweises sind später empfindlichere physikalische Meßverfahren getreten. Jedoch erlangte die photosensible Schicht neuerdings wieder in diesem Zusammenhang in der Atomphysik große Bedeutung, da sie zum Nachweis und zur Identifizierung von Kernspalt- und Zertrümmerungsprodukten dient; auch in Dosimetern, die in Form von Ansteckplaketten zur Überwachung und Kontrolle strahlungsgefährdeter Personenkreise gesetzlich vorgeschrieben sind, finden Photoemulsionen Verwendung. Eine weitere in zunehmendem Maße bedeutsame Anwendung erfahren photographische Emulsionen in der Autoradiographie.

Exponiert man eine Photoemulsion einige Zeit in unmittelbarer Nachbarschaft zu einem radioaktiven Präparat, dann erhält man unter bestimmten Voraussetzungen nach dem photographischen Entwickeln der Emulsion Schwärzungsbilder, sog. *Autoradiogramme*, die in enger Beziehung zu Häufigkeit und Verteilung der radioaktiven Atome des Präparates stehen. Die Methode, photographische Emulsionen zum Studium des Vorkommens und der Verteilung radioaktiver Substanzen zu verwenden, bezeichnet man als *Autoradiographie*.

Das Spektrum der Gebiete, in denen die autoradiographische Methodik verwendet wird, ist recht umfangreich. Die weitaus größte Anzahl der bisher erschienenen einschlägigen Publikationen betrifft die medizinische und biologische Forschung; aber auch in der Geologie, Meteorologie, Festkörperphysik, chemischen Analytik, in der Kriminalistik oder Schädlingsbekämpfung, um nur einige weitere Anwendungsgebiete zu nennen, wird die Autoradiographie für die Lösung spezieller Probleme herangezogen. Entsprechend der Heterogenität der Anwendungsgebiete, ihrer Objekte und der Fragestellungen sind vielerlei methodische Varianten beschrieben worden.

Hinsichtlich der im Schrifttum nicht einheitlichen Nomenklatur meinen wir, der Begriff *Autoradiographie* sollte ausschließlich der Bezeichnung der *Methode* vorbehalten bleiben und sich *nicht*, wie es mitunter besonders im deutschsprachigen Schrifttum üblich ist, auf das *autoradiographische Bild* beziehen, das ausschließlich als *Autoradiogramm* bezeichnet werden sollte. Es wäre müßig, an dieser Stelle alle für die Methode eingeführten Synonyma zu diskutieren, zumal ihre Verwendung immer mehr zugunsten der von uns benutzten Nomenklatur in den Hintergrund tritt. Einige meist gleichwertig für Autoradiographie benutzte Bezeichnungen sind Autographie, Autophotographie, Curiegraphie, Radiographie und Radioautographie. Unsere Nomenklatur schließt sich an die von TAUXE, MOSER und BOYD (439) vorgeschlagene an, mit dem Unterschied, daß wir in Anlehnung an PREUSS und JOFTES (353) insofern eine Begriffserweiterung vornehmen, als die Autoradiographie nicht nur als Methode zum Nachweis der Verteilung radioaktiven Materials mittels photographischer Emulsionen *in*, sondern auch der Verteilung *auf* und *an* der Oberfläche von Objekten verstanden wird. Wir halten diese Definition für sinngemäßer, weil sie die unbegründete und willkürliche Trennung zwischen innerem und äußerem Vorkommen der radioaktiven Substanz im Untersuchungsmaterial beseitigt und dadurch sowohl die histologische („*Histoautoradiographie*") als auch alle übrigen Anwendungen der Autoradiographie begrifflich umfaßt.

Auch zu den von uns verwendeten Bezeichnungen „*makroskopisch*", „*mikroskopisch*" und „*elektronenmikroskopisch*" ist eine Bemerkung notwendig. Wir möchten unter „*makroskopischen* Objekten" solche verstanden wissen, deren Autoradiogramme ohne Zuhilfenahme irgendeiner mikroskopischen Technik, also ohne besondere optische Vergrößerungen ausgewertet werden können. In den meisten Fällen wird es sich also um den bloßen Nachweis radioaktiver Substanzen an den Oberflächen größerer Objekte wie Gesteinsproben, Papier- und Dünnschichtchromatogrammen, Elektropherogrammen oder an Schnittflächen durch andere größere Objekte (z. B. „*Ganztier-Autoradiographie*") handeln. Die „*mikroskopische Autoradiographie*", — eine sprachlich unkorrekte Ausdrucksweise, die besser durch „Autoradiographie mikroskopischer Objekte" ersetzt werden sollte —, befaßt sich mit der Herstellung von Autoradiogrammen, deren Auswertung einer lichtmikroskopischen Vergrößerung bedarf. Alle Objekte, deren Auswertung ein noch größeres Auflösungsvermögen als das des Lichtmikroskops voraussetzt, werden als „elektronenmikroskopisch" bezeichnet. Die methodischen Schwierigkeiten bei der sog. *elektronenmikroskopischen Autoradiographie* sind z. Z. noch erheblich und dementsprechend die Ergebnisse noch recht unbefriedigend. Trotzdem liegen auch hierzu eine größere Anzahl einschlägiger Veröffentlichungen vor.

2. PHYSIKALISCHE GRUNDLAGEN

Radioaktive Atomsorten unterscheiden sich voneinander durch die beim Zerfall eines Atoms maximal freigesetzte Energie, durch die Art der entstehenden Zerfallsprodukte und durch die Zeitspanne, in welcher z. B. die Hälfte einer Anzahl gleicher Atomkerne radioaktiv zerfällt. Für den radioaktiven Zerfall gilt nämlich, daß die Anzahl der Zerfälle pro Zeiteinheit, also z. B. die Anzahl der Übergänge von Tritium ($^3_1$H) in Helium ($^3_2$He) der Menge an zerfallbarem Ausgangsmaterial, in unserem Fall also der Tritiummenge, direkt proportional ist. Daraus folgt das sog. *radioaktive Zerfallsgesetz*, welches besagt, daß zwischen der Anzahl N_0 der zur Zeit t_0 vorhandenen Atome und der Anzahl N_t der nach Ablauf der Zeitspanne t noch nicht zerfallenen Ausgangsatome ein exponentieller Zusammenhang besteht:

$$N_t = N_0 \cdot e^{-\lambda t}.$$

Der Wert λ hat für jedes radioaktive Isotop eine charakteristische Größe. Der Zerfall eines Isotops geht um so schneller vonstatten, je größer sein λ-Wert, die sog. *Zerfallskonstante*, ist. Anschaulicher als durch Angabe seiner Zerfallskonstante wird die Zerfallsneigung eines Isotops durch seine *Halbwertszeit* τ wiedergegeben, d. i. diejenige Zeitspanne, nach der von einem radioaktiven Isotop nur noch die Hälfte der zu Beginn vorgelegenen Menge existiert. Für Tritium beträgt sie z. B. 12,26 Jahre. Der Zusammenhang zwischen der Halbwertszeit τ und der Zerfallskonstante λ ist gegeben durch

$$\tau = \frac{0{,}693}{\lambda}.$$

Die Halbwertszeit der verschiedenen radioaktiven Isotope ist sehr unterschiedlich; sie liegt zwischen Sekundenbruchteilen und einigen Millionen Jahren. Für die Autoradiographie kommen nur Isotope mit Halbwertszeiten von mindestens einigen Tagen in Betracht (vgl. Kap. 7.5).

Gelegentlich verwendet man für radioaktive Substanzen auch den Begriff der *mittleren Lebensdauer*; diese bezeichnet die Zeit, nach der von irgendeiner ursprünglichen Menge nur noch der Bruchteil $\frac{1}{e}$, das sind etwa 37 %, vorhanden ist. Zerfallskonstanten, Halbwertszeiten und die mittlere Lebensdauer von radioaktiven Isotopen sind charakteristische Naturkonstanten, die durch keinerlei chemische oder physikalische Einwirkung zu beeinflussen sind.

Radioisotope liegen meist nicht in „reiner“ Form vor; oft stehen jedoch Anreicherungen eines radioaktiven Isotops in einem Isotopengemisch zur Verfügung. Um ein für alle diese Fälle anwendbares Maß für die Radioaktivität der zu handhabenden Substanz zu kommen, wurde die Übereinkunft getroffen, die Anzahl aller in der Substanz pro Zeiteinheit stattfindenden Zerfälle zu Grunde zu legen. Die Maßeinheit heißt *Curie* (*C*). Diejenige Substanzmenge, in welcher pro Sekunde $3{,}70 \cdot 10^{10}$ Zerfallsakte stattfinden, hat die Aktivität 1 *C*.
Das Curie ist ausschließlich ein Maß für die Radioaktivität von Substanzen und nicht für die Gefahr, die der Umgang mit radioaktiven Substanzen bedeuten kann. Die strahlungsbedingte Gefährlichkeit radioaktiver Substanzen für den Menschen hängt außer von der Radioaktivität auch noch von der beim Zerfallsakt freigesetzten Energie und der Art der Strahlung, sowie vom räumlichen Abstand zur Substanz und anderen Faktoren ab. Als Maß gebraucht man die sog. Strahlendosis, deren Einheit das *Röntgen* (*r*) darstellt.
In der Praxis ist nun nicht nur die Radioaktivität einer Substanz von Interesse, sondern auch die Konzentration dieser Aktivität. Aus diesem Grund wurde der Begriff *spezifische Aktivität* eingeführt. Wenn die Substanz in ihrer chemischen Zusammensetzung unbekannt oder nicht einheitlich ist, bezieht man die spezifische Aktivität auf die Einheit der Masse; sie hat dann die Dimension Curie/Gramm. Da es in der Chemie sinnvoll ist, sich nicht auf die physikalische Masseneinheit, sondern auf das Mol als Mengeneinheit zu beziehen, wendet man häufig die Maßeinheit Curie/Mol bzw. Curie/Val* an. Ein Mol einer Substanz enthält stets die gleiche Anzahl Molekeln, nämlich $6{,}023 \cdot 10^{23}$. Es ist leicht einzusehen, daß die spezifische Aktivität eine obere Grenze hat, die dann erreicht ist, wenn keine Verdünnung der betreffenden Isotope bzw. radioaktiv markierten Molekeln durch inaktives Material vorliegt. Folgende Übersicht (Tab. 1) gibt diese, nur theoretisch erreichbaren maximalen oberen Grenzen für einige häufig verwendete Radioisotope wieder:

Tabelle 1

Maximale spezifische Aktivität bei 100%iger Isotopen-Anreicherung

Isotop	Halbwertzeit	C/mVal	C/mg
^{36}Cl	ca. $3 \cdot 10^{5}$ a	$1{,}1 \cdot 10^{-3}$	$0{,}3 \cdot 10^{-3}$
^{14}C	5760 a	$6{,}2 \cdot 10^{-2}$	$4{,}4 \cdot 10^{-3}$
^{3}H	12,26 a	29	9,6
^{35}S	87 d	$1{,}488 \cdot 10^{3}$	42,8
^{32}P	14,3 d	$9{,}12 \cdot 10^{3}$	285
^{131}J	8,05 d	$16{,}1 \cdot 10^{3}$	123

* 1 Gramm-Äquivalent (1 Val) wird neuerdings auch als 1 Tom bezeichnet.

Die beim radioaktiven Zerfall freiwerdende Energie kann vom Atomkern auf verschiedene Weise durch Strahlung abgegeben werden, z. B. durch Emission von α-, β-Teilchen oder γ-Quanten. α-Zerfall kommt fast nur bei Elementen mit Ordnungszahlen über 82 vor, also bei den sog. natürlichen radioaktiven Substanzen. α-Teilchen sind Heliumatomkerne und haben neben den zwei Protonen noch zwei Neutronen. Entsprechend diesem Verlust an Kernmasse und Kernladung ist der aus einem α-Zerfall hervorgegangene Kern verändert. So entsteht z. B. aus Radium (Ordnungszahl 88) „Radium-Emanation", ein Edelgas mit dem Element-Namen Radon (Ordnungszahl 86):

$$^{226}_{88}\mathrm{Ra} \longrightarrow {}^{222}_{86}\mathrm{Rn} + {}^{4}_{2}\mathrm{He}\,.$$

Von *β-Strahlern* werden Elektronen oder deren elektrisches Pendant, *Positronen*, emitiert. Beim β-Zerfall wird ein Neutron in ein Proton verwandelt. Es entsteht ein gleich schwerer (*isobarer*) Folgekern, der eine um eine Einheit höhere Ordnungszahl hat:

$$^{32}_{15}\mathrm{P} \longrightarrow {}^{32}_{16}\mathrm{S} + \beta^-\,.$$

Bei der Emission eines Positrons wird ein Proton in ein Neutron verwandelt, und die Ordnungszahl des Folgeproduktes um eine Einheit kleiner. Positronen-Strahler sind selten und für die Autoradiographie kaum von Bedeutung. Hinsichtlich ihrer Wirkung auf photographische Emulsionen unterscheiden sich energiereiche β^+-Teilchen nicht von entsprechenden Elektronen. Lediglich bei Teilchen unterhalb einer gewissen Energie tritt die β^+-Strahlung nach außen nicht mehr als solche in Erscheinung, weil eine Vereinigung von Positronen und Elektronen unter Emission eines γ-Quants stattfindet.

β-Strahler sind oft auch *γ-Strahler*. Die γ-Strahlung ist elektrisch neutral. γ-Quanten sind Photonen aus dem Bereich der Röntgenstrahlen im elektromagnetischen Spektrum. Sie entstehen dadurch, daß beim radioaktiven Zerfall nicht sogleich ein stabiler Folgekern entsteht, sondern sich dieser zunächst noch in einem „angeregten" Zustand befindet, aus dem heraus dann γ-Quanten emittiert werden (Abb. 1). γ-Quanten

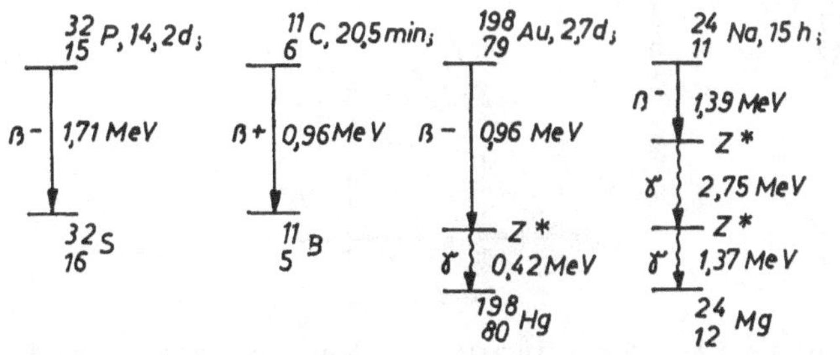

Abb. 1. Zerfallschemata einiger Radioisotope. Die Energiebeträge sind der 2. Auflage der Nuklidkarte, herausgegeben vom Bundesminister f. wiss. Forschg., Bad Godesberg, 1965, entnommen. Z* = „angeregter" Zustand

wirken nicht direkt auf solche photographische Emulsionen ein, die in der Autoradiographie verwendet werden können. Wenn es überhaupt zu photographisch entwickelbaren Schwärzungen kommt, dann nur auf dem Umweg über sekundär erzeugte Elektronen. Bezogen auf die emittierten γ-Quanten ist die Kornausbeute (Kap. 5.2.4) insgesamt sehr klein. Auch wenn die γ-Strahlung für die autoradiographische Praxis wenig bedeutsam ist, darf man die Strahlungswirkung nicht als belanglos betrachten. Infolge der unbeschränkten Strahlungsreichweite im Vakuum und der starken Durchdringungsfähigkeit für Materie stellt sie eine Gefährdung für den Experimentator dar, der man Rechnung tragen muß.

Für die Praxis der Autoradiographie sind vor allem α- und β-Teilchen wichtig. α-Teilchen werden stets mit derselben Energie emittiert, sofern sie aus dem gleichen Isotop stammen, wohingegen β-Teilchen von der Zerfallsenergie immer nur gewisse Beträge, deren kontinuierliche Verteilung zwischen Null und einem Maximum verläuft, aufnehmen. Als Charakteristikum für einen β-Strahler wird jeweils seine *maximale Energie* angegeben. Da aus der Energieverteilung eines Strahlers auch eine Reichweitenverteilung resultiert, ist die Energie eine wichtige Größe für die Autoradiographie, z. B. im Zusammenhang mit dem erreichbaren Auflösungsvermögen (Kap. 6.2). Die Reichweite eines β-Teilchens ist stets größer als die eines energiegleichen α-Teilchens. Diese Tatsache ist aus den verschiedenen Massen und Teilchengrößen erklärlich. Wegen ihrer geringen Masse werden β-Teilchen beim Kontakt

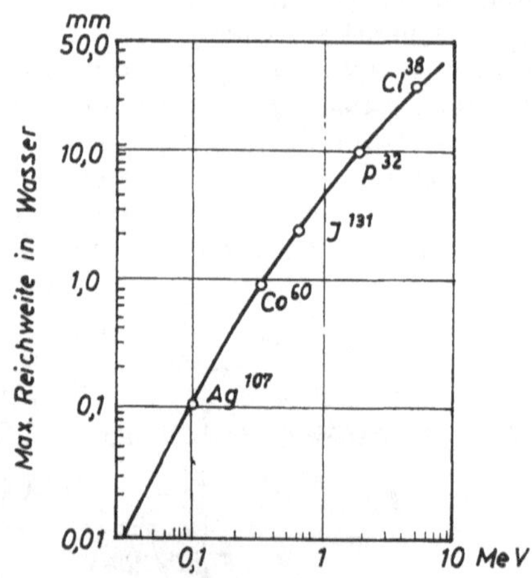

Abb. 2. Abhängigkeit der Reichweite von Elektronenstrahlung im Bereich von 0,01 bis 10 MeV für das Medium Wasser. Die Isotope sind jeweils entsprechend ihrer maximalen Energie eingezeichnet. Modifiziert nach GLEASON, TAYLOR u. TABERN (157)

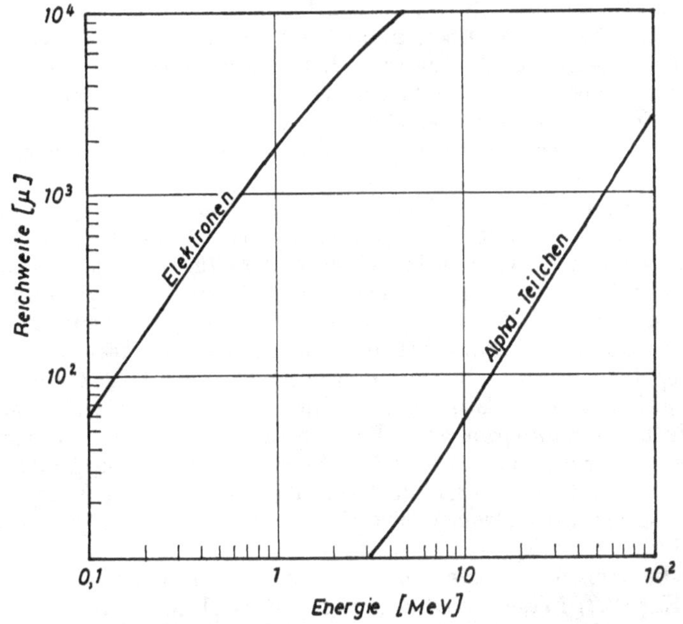

Abb. 3. Energie-Reichweitenrelation für feinkörnige Kodak-Kernspuremulsionen. Aus (234)

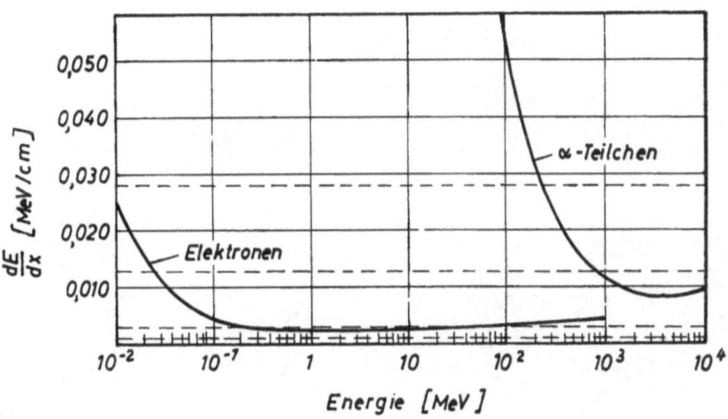

Abb. 4. Energieverlust in Abhängigkeit von der Eigenenergie beim Durchgang von α- bzw. β-Strahlung durch Luft. Die zur Abszisse parallelen Linien (gestrichelt) begrenzen jeweils den Empfindlichkeitsbereich einiger zum Strahlungsnachweis verwendeter photographischer Emulsionen. Aus (234)

mit Materie sehr stark gestreut. Ihre Bahn verläuft daher nicht geradlinig. Die Abgabe der Energie geschieht durch Ionisation des durchdrungenen Mediums. Die Ionisationsdichte ist bei β-Teilchen viel geringer als bei α-Teilchen. Die Ionisationsdichte bzw. die Energieabgabe pro Längeneinheit des zurückgelegten Weges ist wiederum eine Funktion der Energie, wobei die Dichte des Mediums ebenfalls von Bedeutung ist.

In den Abbildungen 2, 3 bzw. 4 sind die Zusammenhänge zwischen Energie und Reichweite für ein Medium der Dichte 1, z. B. Wasser oder in etwa auch organisches Gewebe, und für Kernspuremulsionen sowie der Zusammenhang zwischen Energie und Energieverlust für Elektronen und α-Teilchen graphisch dargestellt (vgl. dazu auch Abb. 61). Die Kurven in der Abb. 4 haben ein Minimum, in dessen Bereich die Teilchen ihr geringstes Ionisationsvermögen haben. Das Minimum der β-Ionisation liegt bei etwa 1 MeV. Dieser Wert gilt für alle Medien, also auch für photographische Emulsionen, und verdient insofern beachtet zu werden, als es viele für die Autoradiographie geeignete β-Strahler gibt, deren Energie in diesen Bereich fällt. Ihre Wirkung auf photographische Emulsionen ist geringer als die von Strahlern niedriger Energie.

Auch die größere Nachweisempfindlichkeit der α-Track-Autoradiographie (Kap. 7.2) findet eine Erklärung in dem ebenfalls aus der Abb. 4 ersichtlichen besseren Ionisationsvermögen von α-Strahlen.

3. MARKIERUNGEN MIT RADIOAKTIVEN ISOTOPEN

Unter *Markierung* in dem hier interessierenden Zusammenhang versteht man das Kennzeichnen eines oder mehrerer Atome in Molekülen oder anderen Atomverbänden durch radioaktive Isotope. Diese Etikettierung stellt den einzig möglichen Weg dar, das Schicksal eines bestimmten Atoms im Verlauf chemischer Reaktionen, also auch bei Stoffwechselprozessen, zu verfolgen. Da in der Autoradiographie immer markiertes Material verwendet wird, wollen wir im folgenden kurz die Markierungsarten und -möglichkeiten anführen.

Bei organisch-chemischen Verbindungen besteht die Möglichkeit, entweder Radiokohlenstoff ($^{14}_{6}C$) oder Wasserstoff ($^{1}_{3}H$, „Tritium") in das Molekül einzuführen. Man unterscheidet dabei zwischen *spezifischer* und *unspezifischer* Markierung. Im ersten Fall handelt es sich um den Ersatz eines ganz bestimmten, hinsichtlich seiner Lage im Molekül bekannten Atoms, beispielsweise des C-Atoms einer Methylgruppe. Spezifische Markierungen erfordern gezielte Synthesen, die mitunter kompliziert und langwierig sind. Ein „einfacher" Austausch eines Atoms gegen ein Isotop innerhalb einer Molekel ist — mit Ausnahme des Wasserstoffs — in nennenswertem präparativem Ausmaß nicht möglich. Zur Synthese verwendet man Ausgangsmaterial, in dem das einzuführende Isotop bereits enthalten ist, oder man geht sogar von den Elementen selbst aus, in denen das natürliche Isotopenverhältnis zu Gunsten des gewünschten Markierungsisotops schon verändert ist.

Für viele Zwecke genügt auch die Verwendung *unspezifisch* markierter Verbindungen, bei denen die Lage des Markierungsisotops nicht festgelegt und von Molekel zu Molekel variieren kann. Die unspezifische Markierung erfordert in der Regel ebenfalls die Synthese des gewünschten Moleküls. Nur im Falle von Tritium bietet sich eine Möglichkeit zum Markieren, ohne daß eine Neusynthese des Moleküls nötig ist. Auf Grund besonderer, noch nicht völlig geklärter Reaktionsverhältnisse vermögen nämlich wasserstoffhaltige organische Verbindungen, wenn sie lange genug in einer tritiumhaltigen Atmosphäre gehalten werden, ihren Wasserstoff gegen das schwere Isotop Tritium auszutauschen. An der Reaktion ist die beim Zerfall des Tritiums freiwerdende Energie (E = 0,018 MeV) maßgeblich beteiligt. Es gibt mehrere Modifikationen dieser unter dem Namen *Wilzbach-Synthese** bekanntgewordenen Reak-

* Eine Monographie über die Darstellung, Messung und Anwendung nach Wilzbach ^{3}H-markierter Verbindungen ist von M. WENZEL u. P. E. SCHULZE 1962 im Verlag Walter de Gruyter & Co. erschienen.

tion. Die Wahrscheinlichkeit des Austauschs gegen Tritium ist nicht für alle Wasserstoff-Positionen im Molekül gleich groß, so daß in allerdings seltenen Fällen die Wilzbach-Methode einige Verbindungen weitgehend spezifisch markiert.
In der deutschen und angelsächsischen Literatur werden die nach der Wilzbach-Methode oder auf biologischem Wege dargestellten Radiochemikalien als „uniform" (uniformly), „unspezifisch" oder auch „statistisch" markiert bezeichnet. Eine uniforme Markierung liegt aber auf keinen Fall vor und unspezifisch ist die Markierung nur bezüglich des Molekülortes. Die Verteilung der Aktivität auf die Atome an verschiedenen Orten des Moleküls ist nicht gleichmäßig. Es ist vorgeschlagen worden, diese Substanzen als *polytop-inhomogen*-markiert zu bezeichnen und davon die *polytop-homogen*-markierten Verbindungen abzugrenzen. Sind ein oder mehrere Atome derselben Ordnungszahl in einem Molekül durch Isotope ersetzt, so sollte man von *monotop-*, *ditop-*, *tritop*-markierten Verbindungen sprechen. Wurden radioaktive Isotope verschiedener Ordnungszahl in ein Molekül eingebaut, so wären diese Substanzen als *heterogen*-markiert zu bezeichnen (398). Von *heterotop* markierten Verbindungen spricht man, wenn diese sich dadurch unterscheiden, daß Isotope in verschiedenen Molekülorten eingebaut wurden.
Ein Nachteil der Wilzbach-Methode besteht darin, daß neben der gewünschten Markierung zahlreiche Bindungen im Molekül gelöst und neue geknüpft werden können. Es treten also immer Nebenprodukte auf, die mitunter hohe spezifische Aktivitäten haben und abgetrennt werden müssen. Der große Vorzug der Wilzbach-Methode besteht darin, daß sie radioaktive Verbindungen herzustellen erlaubt, die durch eine chemische Synthese nur sehr schwer oder wegen mangelnder Konstitutionsaufklärung überhaupt noch nicht synthetisiert werden können, jedoch beispielsweise als Naturprodukte isoliert sind. Auch das Markieren von Viren konnte so mit Erfolg durchgeführt werden.
Andere Arten der Markierung, die für die Autoradiographie von Bedeutung sein können, sind die Oberflächenabsorption von radioaktiven Reagenzien (Kap. 4.1.1), die Ionenadsorption (Kap. 4.4.4), der Einsatz eines chemischen Homologen (Kap. 4.1.1) und die Neutronenaktivierung (u. a. Kap. 4.1.1), auf welche jeweils anhand von Beispielen in den betreffenden Abschnitten eingegangen wird.
Die beim Zerfall radioaktiver Isotope auftretende Strahlung weist man durch ihre Wirkung auf nichtbelichtete photographische Schichten nach. Darüber hinausgehende Aussagen über den chemischen Bindungszustand des Strahlers sind auf autoradiographischem Wege nicht möglich. Es kann also beispielsweise nicht zwischen radioaktivem Schwefel, der als Sulfat oder in einer Sulfhydril-Gruppe vorliegt, unterschieden werden. Abschließend sei nachdrücklich auf die Fehlermöglichkeit hingewiesen, die sich durch chemische Veränderungen der dem Untersuchungsobjekt zugeführten markierten Substanzen für die Interpretation der Autoradiogramme ergeben kann. Keinesfalls darf man das Schwärzungsbild

als Verteilungsmuster der ursprünglich applizierten markierten Verbindung deuten, ohne geprüft zu haben, in welchem Umfang das Autoradiogramm durch Strahlung aller aus der radioaktiven Ausgangssubstanz möglicherweise hervorgegangenen Reaktionsprodukte, die ebenfalls das Markierungsisotop („*Tracer*-Atom") enthalten, hervorgegangen ist. Das gilt in besonderem Maße bei Autoradiogrammen biologischer Objekte wegen der Vielfalt möglicherweise entstandener Metabolite (vgl. hierzu Kap. 4.3.6).

Ferner kann bei organischen Molekeln im Verlauf des Stoffwechsels ein unerwarteter Austausch von Tritium gegen normalen Wasserstoff stattfinden, obwohl das markierte Ausgangsmaterial bei entsprechender Inkubation mit Säuren bzw. Basen keine labilen Bindungen erkennen läßt (175).

Viele organisch-chemische Verbindungen, insbesondere solche, die als Stoffwechselprodukte bekannt sind oder besonderes pharmakologisches Interesse beanspruchen, sind kommerziell erhältlich*.

---

* Auskünfte über Lieferfirmen für Radiochemikalien innerhalb der Bundesrepublik Deutschland erteilt der Verband der chemischen Industrie, 6 Frankfurt/Main, Karlstr. 21.

4. DIE AUTORADIOGRAPHIE MAKROSKOPISCHER OBJEKTE

Im vorliegenden Abschnitt werden einige Anwendungen der autoradiographischen Technik an solchen Objekten behandelt, zu deren Beobachtung und Auswertung in der Regel kein Mikroskop oder nur schwache Vergrößerungen notwendig sind. Die Auswahl der Beispiele beschränkt sich auf einige wenige, möglichst typische, aus verschiedenen Fachgebieten. Es werden in erster Linie Details, welche die autoradiographische Technik betreffen, mitgeteilt. Von einer Darstellung spezieller fachlicher Fragestellungen wird zugunsten einer Beschreibung von Vorzügen und Möglichkeiten, die sich durch Anwendung der Autoradiographie ergeben, Abstand genommen.

4.1. Untersuchungen an Metallen und Legierungen

4.1.1. Allgemeines zur Metall-Autoradiographie

Die Autoradiographie ist eine wertvolle Ergänzung zu vielen in der Metallurgie, Werkstoffprüfung und Korrosionsforschung angewandten Prüf- und Analysenverfahren, insbesondere wenn es auf einen Spurennachweis an nur wenigen Molekelschichten umfassenden Oberschichten und Grenzflächen ankommt. Darüber hinaus können in homogenen Phasen autoradiographisch Vorgänge beobachtet werden, die sich sonst jeder chemischen Analyse entziehen, wie die Selbstdiffusion in Metallen oder das gegenseitige Durchdringen aneinandergrenzender Stoffe, z. B. in elektronischen Bauelementen oder Bimetallanordnungen (159; 372).

Als Tammann und Bandel im Jahre 1933 die Autoradiographie in die Metallkunde einführten, standen ihnen praktisch nur Isotope von Blei und Wismut aus den natürlichen Zerfallsreihen zur Verfügung. Diese Radioisotope ergaben, den Legierungen von Blei und Wismut zugefügt, überraschend scharfe autoradiographische Abbildungen des Gefüges. Das Auflösungsvermögen wurde seitdem durch Verwendung geeigneter Emulsionstypen noch weiter verbessert (308, 160, 209, 140, 129, 4, 25, 237).

Im Zusammenhang mit autoradiographischen Untersuchungen am System Silber-Gold, das aus einer lückenlosen Reihe von Mischkristallen besteht, gibt Glawitsch (156) Hinweise für die Herstellung von Autoradiogrammen metallischer Materialien, wie z. B. Sinterungen, Teilschmelzen oder Tränkungen. Proben für autoradiographische Untersuchungen, die einen Durchmesser von etwa 4 mm haben, werden in einem Gießharz, wie z. B. Polyester, oder auch Wood'scher Legierung eingebettet und geschliffen. Die für eine Probe notwendige Aktivität, welche bereits nach 24 Stunden Autoradiogramme mit auswertbaren Schwärzungen liefert, wird z. B. für ^{110}Ag bei Verwendung von *Kodak Autoradiographic Plates* mit etwa 12 μC angegeben. Dabei ist zu beachten, daß die photographische Emulsion bei Berührung mit Wood'scher Legierung infolge Chemographie (Kap. 4.1.2) geschwärzt wird. Die Chemographie läßt sich durch dünne hydrophobe *Formvar*-Überzüge — hergestellt aus 0,5%iger Lösung von Polyvinylformal in Chloroform — verhindern, ohne daß dadurch eine merkliche Einbuße an Auflösungsvermögen eintritt. Die Verwendung von *Kodak-Autoradiographic Plates* wird in der Metall-Autoradiographie generell empfohlen, da dieses Material das kontrastreichste und untergrundärmste Bild liefert (Abb. 5). Die Anwendung dieses Films entspricht der in Abschnitt 5.2 ausführlich dargestellten Strippingfilm-Technik.

Die direkte Markierung einzelner Legierungskomponenten durch Zufügen geeigneter radioaktiver Isotope in die metallische Schmelze läßt

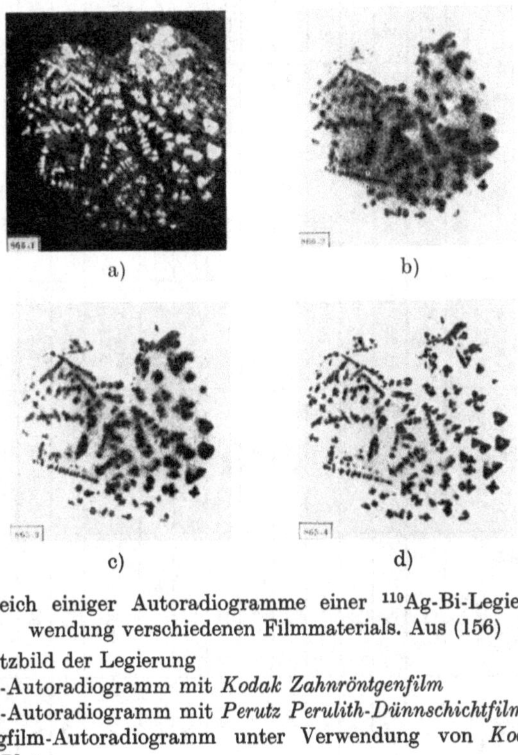

Abb. 5. Vergleich einiger Autoradiogramme einer ^{110}Ag-Bi-Legierung bei Verwendung verschiedenen Filmmaterials. Aus (156)

a) HNO_3-Ätzbild der Legierung
b) Kontakt-Autoradiogramm mit *Kodak Zahnröntgenfilm*
c) Kontakt-Autoradiogramm mit *Perutz Perulith-Dünnschichtfilm*
d) Strippingfilm-Autoradiogramm unter Verwendung von *Kodak Autoradiographic Plate*

Tabelle 2

Daten zur Aktivierung durch (n, γ)-Prozesse für einige Metalle nach RADWAN (358). Den Werten liegt eine Neutronenquelle mittlerer Leistung (Flußdichte: 10^{11} n · sec^{-1} · cm^{-2}) zu Grunde. Aus der Zunahme der Aktivität mit der Bestrahlungszeit und der späteren Aktivitätsabnahme läßt sich taxieren, welcher Objektbestandteil jeweils in nennenswerter Menge markiert vorliegt

Ausgangs-isotop	proz. Anteil in natürlicher Isotopen-mischung	durch (n, γ)-Prozeß entstandenes Isotop	Halb-werts-zeit T	Aktivität [μc/g] nach verschiedenen Bestrahlungszeiten					Sättigungs-aktivität	Sättigungs-zeit
				0,1 h	1 h	10 h	100 h	500 h	[μc/g]	
^{23}Na	100	^{24}Na	14,97 h	180	1 626	13 356	35 640	36 000	36 000	150 h
^{27}Al	100	^{28}Al	2,27 min	10 580	12 600	12 600	12 600	12 600	12 600	22,7 min
^{31}P	100	^{32}P	14,22 d	1,83	20	200	1 800	6 800	10 000	142,2 d
^{34}S	4,215	^{35}S	87,1 d	—	0,17	1,8	18,1	90,7	520	871 d
^{44}Ca	2,06	^{45}Ca	164 d	—	0,095	0,96	9,5	47,7	508	1640 d
^{50}Cr	4,31	^{51}Cr	27,8 d	1,87	18,8	188,2	1 882	7 330	18 100	278 d
^{55}Mn	100	^{56}Mn	2,58 h	10 360	92 700	366 200	394 000	394 000	394 000	25,8 h
^{54}Fe	5,84	^{55}Fe	2,6 a	—	0,127	1,275	12,75	63,75	4 250	26 a
^{58}Fe	0,31	^{59}Fe	45,1 d	—	0,051	0,512	5,12	25,6	87	451 d
^{59}Co	100	^{60m}Co	10,47 min 5,24 a	1,4	14	140	1 386	6 730	990 000	52,4 a
^{64}Ni	1,16	^{65}Ni	2,564 h	12,4	111	438	470	470	470	25,64 h
^{63}Cu	69,1	^{64}Cu	12,8 h	416	4 100	32 000	75 500	76 000	76 000	128 h
^{64}Zn	48,89	^{65}Zn	245 d	0,066	0,63	6,31	63,1	315,6	5 450	2450 d
^{68}Zn	18,56	^{69m}Zn	13,8 h	2,15	21,1	164	420	430	430	138 h
		^{69}Zn	57 min	310	2 288	4 426	4 426	4 426	4 426	9,5 h
^{70}Ge	20,55	^{71}Ge	11,4 d	5,6	50	457	4 100	12 900	18 300	114 d
^{75}As	100	^{76}As	26,4 h	300	3 030	26 106	105 560	114 000	114 000	264 h

Tabelle 2 (Fortsetzung)

Ausgangs-isotop	proz. Anteil in natürlicher Isotopen-mischung	durch (n, γ)-Prozeß entstandenes Isotop	Halb-werts-zeit T	Aktivität [μc/g] nach verschiedenen Bestrahlungszeiten					Sättigungs-aktivität [μc/g]	Sättigungs-zeit
				0,1 h	1 h	10 h	100 h	500 h		
^{89}Y	100	^{90}Y	64,2 h	28,7	256	4 520	15 400	22 300	23 300	642 h
^{98}Mo	23,75	^{99}Mo	66 h	1,87	18,4	183,7	1 137	1 700	1 750	660 h
^{109}Ag	48,65	^{110m}Ag	253 d	0,32	3	28	265	1 300	23 130	2530 d
^{114}Cd	28,86	^{115m}Cd	43 d	—	—	3,84	40	163	575	430 d
^{114}Cd	28,86	^{115}Cd	53 h	14,4	100	600	3 300	4 500	4 520	530 h
^{112}Sn	0,95	^{113}Sn	119 d	—	0,04	0,3936	3,936	19,68	164	1190 d
^{120}Sn	32,97	^{121}Sn	27,5 h	0,81	9,66	89,6	497	640	640	275 h
^{121}Sb	57,25	^{122}Sb	2,8 d	46	536	5 356	33 440	51 690	52 000	28 d
^{123}Sb	42,75	^{124}Sb	60,9 d	0,66	6,58	65,8	658	3 290	14 000	609 d
^{184}W	30,6	^{185}W	75,8 d	0,23	2,17	21,66	217	1 083	5 700	758 d
^{186}W	28,4	^{187}W	24 h	264	2 543	22 180	8 307	88 000	88 000	240 h
^{191}Ir	38,5	^{192}Ir	74,37 d	90	900	8 600	86 200	430 900	228 000	743,7 d
^{193}Ir	61,5	^{194}Ir	19 h	2 450	24 400	202 300	651 900	637	673 000	190 h
^{196}Pt	25,4	^{197}Pt	18 h	5,2	60	500	1 600	1 670	1 670	180 h
^{198}Pt	7,2	^{199}Pt	31 min	300	1 700	2 300	2 300	2 300	2 300	5,2 h
^{197}Au	100	^{198}Au	2,697 d	770	843,7	80 375	519 320	785 300	790 000	26,97 d
^{202}Hg	29,8	^{203}Hg	46,9 d	0,62	6	56,5	550	2 423	9 140	469 d
^{209}Bi	100	^{210}Bi	5,013 d	78	800	8 200	64 770	139 000	147 500	50,13 d

sich z. B. aus Gründen des Strahlenschutzes nicht immer durchführen. Die Einführung der *Neutronenaktivierung* stellt daher eine wertvolle Ergänzung und einen Ersatz für die Direktmarkierung dar. Für eine Neutronenaktivierung werden die zu untersuchenden Metallproben in einer Neutronenquelle mit hoher Flußdichte exponiert, wobei sich vorwiegend sog. (n, γ)-Prozesse abspielen, d. h. unter Neutroneneinfang werden γ-Quanten emittiert. Viele Nuklide verwandeln sich dabei in schwerere Isotope, die sehr häufig β-Strahler sind. Die Neutronenaktivierung ist für metallische Proben besonders geeignet, weil diese im Gegensatz zu histologischen Präparaten durch die Bestrahlung nur selten morphologische bzw. strukturelle Umwandlungen erleiden. Tabelle 2, die einer Arbeit von Radwan (358) entnommen ist, informiert über einige in diesem Zusammenhang interessierende Daten.

Schließlich sei noch auf die auch bei Metallen von Rabinowicz (356) mit Erfolg angewandte Markierung durch Oberflächenadsorption von radioaktiven Reagenzien hingewiesen, bei der, möglicherweise auch schon allein durch Unterschiede im Kontaktpotential der einzelnen Phasen bedingt, unterschiedliche Markierungsmuster erhalten werden, welche an der Oberfläche des untersuchten Körpers eine Visualisierung von Inhomogenitäten möglich machen, die sich bei einer normalen metallographischen Untersuchung durchaus nicht erkennen zu geben brauchen. Die geschliffene ebene Metalloberfläche wird bei dieser Methode für kurze Zeit — es genügen Sekunden — mit einer Lösung benetzt, die irgendein radioaktiv markiertes Reagens enthält, das sich mindestens mit *einem* Legierungsbestandteil umsetzt oder in Spuren adsorbiert wird. Taucht man z. B. einen kupferhaltigen Werkstoff kurz in eine Amyljodid-Lösung, die auch ^{131}J enthält (z. B. 1,5 mC/g), reinigt danach die behandelte Oberfläche mit geeigneten Lösungsmitteln und autoradiographiert die Probe in einer Ebene, welche die behandelte Oberfläche schneidet, so läßt sich an der Schnittkante bis in eine Tiefe von etwa 150 Atomschichten penetriertes Jod autoradiographisch nachweisen. Das Autoradiogramm erlaubt also, die Eindringtiefe auszumessen oder zumindest abzuschätzen. Der Erforschung physikalischer und chemischer Eigenschaften von Metalloberflächen, denen bei katalytischen Prozessen eine erhebliche Rolle zukommt, wurden damit neue Möglichkeiten erschlossen.

4.1.2. Artefakte in der Metall-Autoradiographie

In der Metall-Autoradiographie muß im besonderen Maße mit Artefakten gerechnet werden. Deshalb sind einige Bemerkungen über die ursächlich häufig schwer zu deutende Erscheinung der *Chemographie* angebracht. Bekanntlich ist zur Überführung eines Halogenidkristalls in einen photographisch entwickelbaren Zustand Energie notwendig. Diese Energie muß nicht unbedingt in Form von Photonen, also elektromagnetischer

Strahlung, zugefügt werden — eine Tatsache, welcher die Autoradiographie schließlich ihre Existenz verdankt. Auch thermische Energie in Form der stets vorhandenen kinetischen Energie der Moleküle („Temperaturbewegung"), führt zur Bildung photographisch entwickelbarer Kristalle. Die Temperaturbewegung ist neben der Höhenstrahlung der Hauptgrund für den Anstieg des sogenannten *Blind-* oder *Nullwertes* photographischer Emulsionen bei zunehmend langer Lagerung.

Im Zusammenhang mit autoradiographischen Untersuchungen wurde man noch auf weitere Ursachen für photographische Schwärzungen aufmerksam, die nicht auf Strahlung zurückgeführt werden können.

So teilt GLAWITSCH (156) mit, daß manche unedlen Metalle bei direkter Berührung mit Photoemulsionen latente Schwärzungen hervorrufen. Man ist geneigt, hier eine Reduktion des Silberions durch Metall, bei Legierungen evtl. auch auf dem Umweg über Lokalelemente, als Ursache für die Schwärzungsbilder zu postulieren. Diesem Deutungsversuch steht aber ein allgemeineres, 1842 von MOSER (312) entdecktes, später unter dem Namen *Russel-Effekt* bekannt gewordenes Phänomen gegenüber, das in der Befähigung frischer, neuentstandener metallischer Oberflächen zur „Belichtung" von photographischen Emulsionen besteht (389). Offensichtlich finden also an neuentstandenen Metalloberflächen Umwandlungen statt, die unter Energieabgabe verlaufen. Derartige Erscheinungen sind z. B. als sog. Triboluminеszenz-Phänomene an Kristallen seit langem bekannt. Unter Tribolumineszenz versteht man das Auftreten von Lichterscheinungen beim Zerkleinern von Kristallen. Allerdings ist es fraglich, ob frische Metalloberflächen wirklich lumineszieren. Manche Autoren, z. B. GRUNBERG (168), vertreten die Ansicht, daß von frischen Metalloberflächen Elektronen (*oxoelectrons*) emittiert würden, die zur Bildung von H_2O_2 führen, welches seinerseits ein latentes Bild hervorruft.

Für die Praxis ist es wichtig, derartige Fehlerquellen zu kennen, um sie gegebenenfalls — beispielsweise durch Beschichten der Oberflächen mit dünnen Kunststoffhäutchen — auszuschalten. Im übrigen sollte man grundsätzlich von jedem Objekttyp, der untersucht werden soll, bei Abwesenheit radioaktiver Substanzen eine Blindprobe unter den gleichen Bedingungen wie bei den später zu untersuchenden Objekten anfertigen, um chemographische Effekte auszuschließen. Oft erhält man unter diesen Voraussetzungen ein „Pseudoautoradiogramm". In diesem Fall spricht man von einer *positiven Chemographie*.

Wir möchten als eindrucksvolles Beispiel für ein derartiges Pseudoautoradiogramm eine Abbildung von GROSSKREUTZ (167) wiedergeben, welcher flache Bänder aus polykristallinem Reinst-Aluminium durch Dehnung und Zug einer Belastungsprobe aussetzte, die zu Ermüdungsbrüchen führte. Sofort nach dieser Behandlung wurden die Aluminiumproben unter Ausschluß von Tageslicht unter Wasser mit Strippingfilm (Kap. 5.2). bezogen, bei Raumtemperatur getrocknet und 18 Stunden exponiert. Im Anschluß an die photographische Entwicklung wurde der Strippingfilm unter Wasser vom Metall gelöst, mit Glasobjektträgern aufgefangen und getrocknet. Der Film wies autoradiogrammartige Schwärzungsbilder auf, obwohl das zugehörige Material keine radioaktive Substanz enthielt (Abb. 6). Die Schwärzungen waren an denjenigen Stellen am intensivsten, an denen das Material strukturelle Veränderungen erlitt. Das Pseudoautoradiogramm ist somit ein empfindlicher Nachweis für

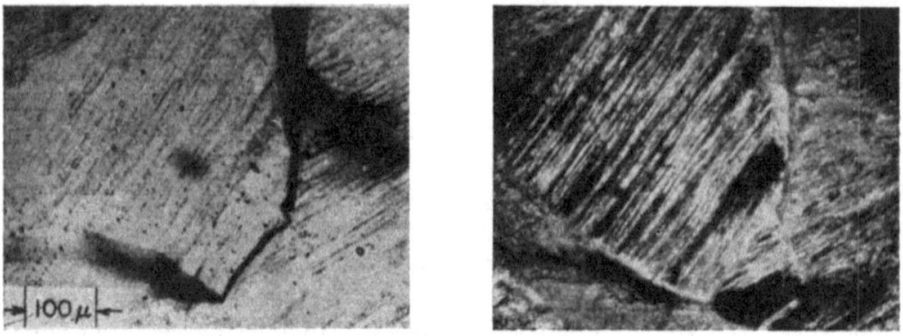

a) b)

Abb. 6

a) Pseudoautoradiogramm, entstanden durch Ermüdungsbrüche in Aluminium
b) Zugehöriges Präparat im Dunkelfeld

Aus Grosskreutz (167). Erl. s. Text

Ermüdungsbrüche in Aluminium, die sich auf diese Weise viel früher und mit besserer Lokalisation zu erkennen geben als im Metallmikroskop. Die ansonsten unerwünschte Chemographie kann unter Ausnutzung des in diesem Fall pseudoautoradiographischen Effektes vorteilhaft zum Frühnachweis von Ermüdungsbrüchen eines Metalls angewendet werden.

Chemographische Effekte lassen sich nur durch Verhinderung jedes direkten Kontaktes des Untersuchungsobjektes mit dem Filmmaterial, also durch Zwischenschalten einer indifferenten Schicht, verhüten (373). In der Praxis werden zur Herstellung dieser Schicht mehrere Wege eingeschlagen: Entweder deckt man die zu untersuchende Oberfläche mit einer dünnen Kunststoff-Folie ab, oder man besprüht die Oberfläche mit einem Polymerisat, das zu einem zusammenhängenden, gleichmäßig dicken Film abbindet. Eine dritte Möglichkeit, vor allem für kleinere Objekte, wie sie in der Elektronenmikroskopie verwendet werden, sei der Vollständigkeit halber erwähnt. Man bedampft die betreffenden Präparatflächen mit Kohlenstoff. Zu diesem Zweck werden mehrere Geräte kommerziell angeboten, z. B. die Hochvakuum-Bedampfungsanlage Mikro-BA3, Fa. Balzers AG, Liechtenstein. Der Nutzen einer Kohlenstoffbedampfung ist noch umstritten. Im übrigen wirken sich alle Maßnahmen, die der Verhinderung des Kontaktes von Filmmaterial mit dem zu untersuchenden Objekt dienen, zumindest bei Vorliegen niederenergetischer β-Strahlung ungünstig auf die Güte der Auflösung des autoradiographischen Bildes aus. Zudem wird die Expositionszeit u. U. beträchtlich verlängert.

4.1.3. Topographischer Nachweis von Wasserstoff in Metallen

Eindrucksvolle Beispiele für die Anwendung der Autoradiographie betreffen metallurgische Untersuchungen über das Eindringen von Gasen, insbesondere Wasserstoff in Metalle und Legierungen. In vielen Metallen, z. B. denen der achten Nebengruppe des Periodischen Systems der Elemente, löst sich Wasserstoff schon bei Zimmertemperatur in erheblichen Mengen auf. Durch Markierung mit Tritium gelangte man in einigen Fällen nicht nur zu qualitativen Aussagen über den Aufnahme- und Transportvorgang sowie die Speicherungsorte, sondern auch zu quantitativen Daten, beispielsweise über die Geschwindigkeit der Diffusion des Tritiums.

So untersuchten Foster, Gillespie, Jack und Hill (141) das Vorkommen von Wasserstoff in Aluminium, Shiraishi und Nagasaki (409) das Verhalten von Wasserstoff in Aluminium-Lithium-Legierungen, Erickson und Hardie (124) die Lokalisation der Wasserstoffeinschlüsse in einer Zirkon-Niob-Legierung und Cupp und Flubacher (88) die Diffusion von Wasserstoff in Zirkon und anderen Metallen.

Wir möchten an dieser Stelle kurz auf die Untersuchungen der zuletzt genannten Autoren eingehen, weil sie uns für die Praxis der Autoradiographie in der Metallurgie bedeutsam und in ihrer experimentellen Ausführung erwähnenswert erscheinen.

Zum Beladen der Metallproben mit Wasserstoff wird die nebenstehend abgebildete Elektrolysezelle (Abb. 7) verwendet, deren Kathode aus der zu untersuchenden Metallprobe besteht. Die der Anode zugewandte Kathodenfläche wird mit 4×23 mm angegeben. Der Elektrodenabstand beträgt 2 mm. Als Elektrolyt dient eine 0,02 N H_2SO_4 mit einer spezifischen Aktivität von 100 mC Tritium/ml. Während der 20-stündigen Elektrolyse zersetzen sich etwa 0,8 cm^3 des Elektrolyten. 0,15% des kathodisch erzeugten Wasserstoffs sollen in der Kathode verbleiben. Im Verlauf der Elektrolyse stellt sich eine Temperatur von etwa 80° C ein. Nach der Elektrolyse wurde die Kathode senkrecht zur hydrierten Oberfläche in sechs Stücke geschnitten, welche jeweils für sich über verschiedene Zeitspannen unterschiedlichen Temperaturen ausgesetzt wurden. Als Folge der Temperaturbehandlung diffundiert das oberflächlich angereicherte Tritiumgas relativ schnell in das Metall. Zur Autoradiographie werden die Proben in einen kalt-abbindenden Kunststoff (VYNS = *vinylite plastic*) so eingebettet, daß lediglich die zu untersuchende Oberfläche frei bleibt (Abb. 8).

Als Filmmaterial verwendeten die Autoren *Kodak Autoradiographic Permeable Base Safety Stripping Film* (*Experimental*), auf welchen

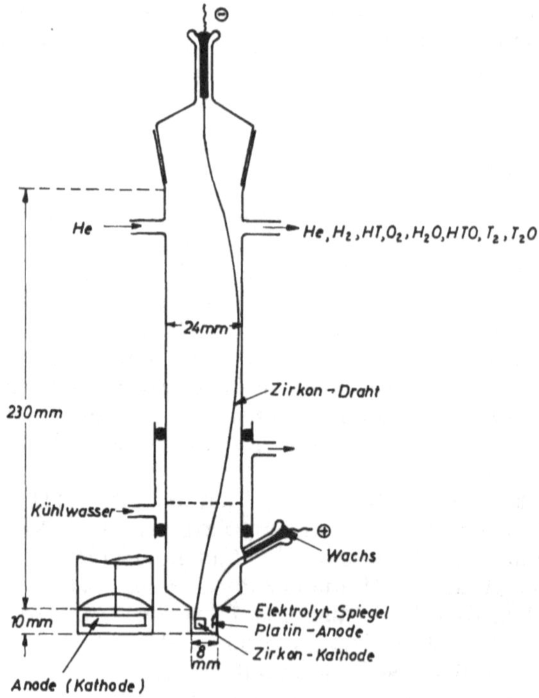

Abb. 7. Skizze mit einigen Details einer Metall-Tritiierungszelle nach CUPP und FLUBACHER (88)

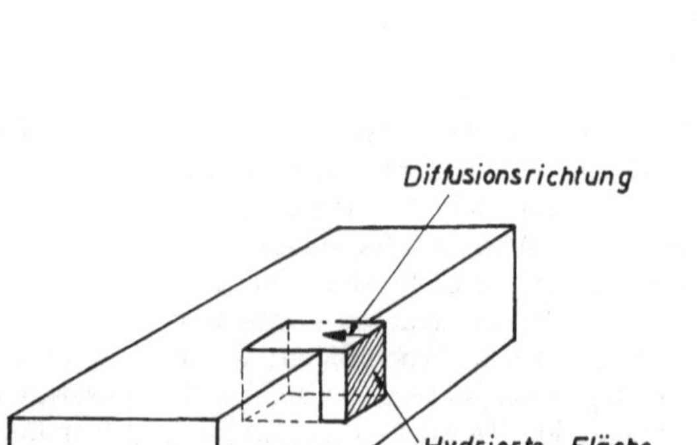

Abb. 8. Einbettung einer hydrierten Metallprobe in ein kalt-abbindendes Plastikmaterial zur Autoradiographie. Nach CUPP und FLUBACHER (88)

Zirkon und dessen Legierungen nicht chemographisch einwirken sollen. Die Expositionszeiten lagen je nach Probe zwischen 3 Stunden und 3 Tagen. Als Entwickler diente Dektol 1:1, Entwicklungszeit 1 Minute. Die Fixation erfolgte in *Kodak Acid Fixer*. Die Autoradiogramme wurden vor dem photographischen Prozeß vom Präparat abgelöst und auf Glasobjektträgern aufgefangen. Ihre Auswertung erfolgte mittels eines Projektionsmikroskopes. Nach Angaben der Autoren führen Tritiumkonzentrationen von 0,005 ppm noch zu guten Autoradiogrammen.

——→ Diffusionsrichtung

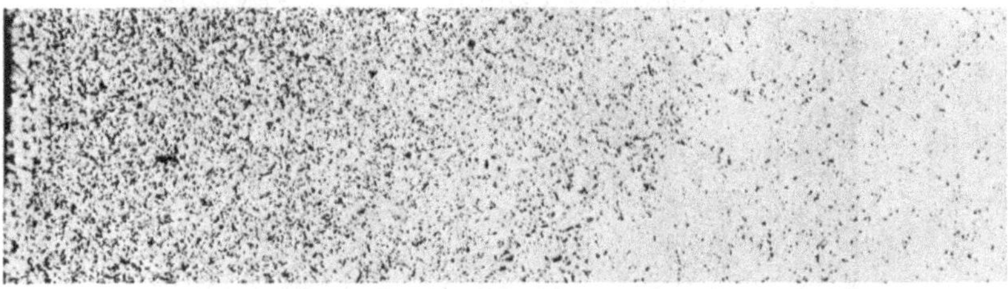

Abb. 9. Autoradiogramm einer oberflächlich mit Tritium behandelten Metallprobe (stark vergrößert). Beim Erhitzen (252 sec. auf 240° C) entsteht durch Diffusion ein Konzentrationsprofil, das an der Schwärzung deutlich zu erkennen ist. Aus (88)

4.1.4. Korrosionserscheinungen an Metallen

Als Beispiel für autoradiographische Untersuchungen auf dem Gebiet der Metallkorrosion greifen wir eine Arbeit heraus, die sich mit der Oxidation von Beryllium durch Kohlendioxid befaßt. Das Thema verdient insofern besonderes Interesse, als Berylliummetall, das ein guter Neutronenmoderator ist, zum Umhüllen von spaltbarem Material in CO_2-gekühlten Reaktoren verwendet werden kann. Es sollte geklärt werden, welche Rolle dem Kohlenstoff bei der seit langem bekannten Korrosion von Beryllium in CO_2-Atmosphäre zukommt. So könnte z. B. gemäß den Brutto-Reaktionsgleichungen

$$\mathrm{Be} + \mathrm{CO_2} \rightleftarrows \mathrm{BeO} + \mathrm{CO}$$

und

$$\mathrm{Be} + \mathrm{CO} \rightleftarrows \mathrm{BeO} + \mathrm{C}$$

Kohlenstoff gebildet werden, der u. U. zu Beryllium-Carbid weiterreagiert. Ferner war zu klären, ob der Kohlenstoff bzw. das Carbid an der Beryllium-Oberfläche durch Kohlendioxid zu Kohlenmonoxid oxidiert wird. Die korrodierten Stellen sollten dementsprechend mehr oder weniger kohlenstoffhaltig sein, was sich autoradiographisch recht gut entscheiden läßt.

McCoy (301) hat rotierende Berylliumproben von 1,25 cm Durchmesser und 2,5 cm Länge in einer trockenen CO_2-Atmosphäre längere Zeit bei Temperaturen nahe 1000° C aufbewahrt. Etwa 5% des CO_2-Gehaltes der Atmosphäre bestand aus ^{14}C, das durch thermische Dissoziation von $Ba^{14}CO_3$ gewonnen wurde. Im Anschluß an den Korrosionsversuch mußten die Proben für die weiteren Untersuchungen poliert werden, wobei eine Reaktion des möglicherweise entstandenen Be_2C mit Wasser ($Be_2C + 2H_2O \rightarrow 2BeO + CH_4$) durch Schleifen in einer Mischung von

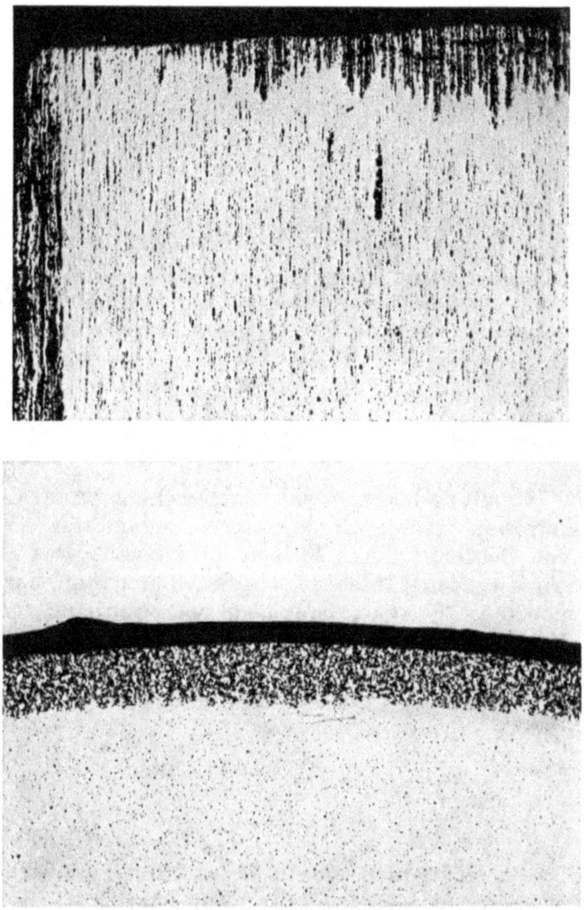

a)

b)

Abb. 10. Ausschnitte aus Autoradiogrammen einer korrodierten Berylliumprobe, die 355 Stunden einer $^{14}CO_2$-haltigen Atmosphäre bei 704° C ausgesetzt war. Aus McCoy (301)

a) longitudinale b) transversale Schliffrichtung

trockenem Äthylenglykol und Aluminiumschmirgel zu verhindern war. Da sich herausstellte, daß die sonst in der Metall-Autoradiographie übliche Strippingfilm-Methode wegen der Reaktion von Beryllium mit photographischen Entwicklern nicht verwendet werden konnte, kam nur eine Methode in Betracht, bei der die photographische Emulsion vor ihrer Entwicklung vom Präparat abzutrennen war. McCoy benutzt *Kodak-NTB*-Filmplatten mit einer Emulsiondicke von 10 μ. Die Abbildungen 11a u. b zeigen zwei stark vergrößerte Ausschnitte aus den damit erhaltenen Kontakt-Autoradiogrammen. Aus den parallel orientierten Schwärzungen der Abbildung 10a erkennt man, daß eine von der Korrosion bevorzugte Ausbreitungsrichtung existiert. Abbildung 10b stellt das Autoradiogramm einer senkrecht zur Ebene der Abbildung 10a orientierte Schnittfläche dar. Man erkennt den punktförmigen Querschnitt der Korrosionsorte. Die Korrosion beginnt offensichtlich an einer eng umschriebenen Stelle. Die Geschwindigkeit ihrer Ausbreitung ist infolge einer Materialanisotropie, die wahrscheinlich durch Fehlstellen bedingt ist, in Längsrichtung wesentlich größer als in transversaler Richtung. Aus der Beobachtung, daß die korrodierten Stellen sich äußerst kontrastreich autoradiographisch zu erkennen geben, läßt sich ein Überwiegen der Reaktion $Be + CO_2 \rightarrow BeO + CO$ unter den zur Korrosion führenden Vorgängen ausschließen, da sonst nicht so viel Radiokohlenstoff vorhanden wäre. Eine Aussage darüber, ob der Kohlenstoff im korrodierten Material als Be_2C gebunden oder frei vorkommt, läßt sich — wenn wie im angeführten Beispiel unter Feuchtigkeitsausschluß gearbeitet wird — aus dem Autoradiogramm allein nicht machen.

Auch die Batterie-Forschung bedient sich in zunehmendem Maße autoradiographischer Methoden, um Korrosionsvorgänge und darüber hinaus

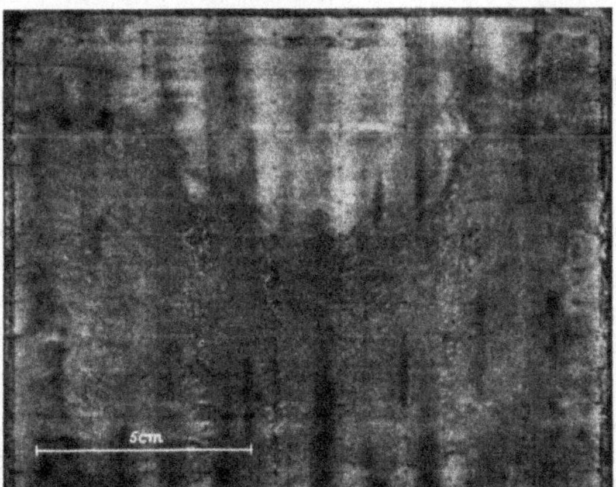

Abb. 11. Autoradiogramm einer positiven Gitterplatte (Ausschnitt) aus einem Bleiakkumulator nach Bode u. Euler (59). Helle Stellen bedeuten die Ablagerung von ^{35}S als $PbSO_4$

Regenerierungsvorgänge in Trockenzellen, die Sulfatierung von Platten im Bleiakkumulator oder die elektrochemische Aktivität von Gaselektroden, zu untersuchen (447; 127).

HERRMANN u. Mitarb. (191; 489; 187) haben die Antimonwanderung im Bleiakkumulator mit ^{124}Sb verfolgt. Antimon hat einen ungünstigen Einfluß auf die Selbstentladung der Platten, und auch das Gasen der negativen Platte wird erhöht. Die örtliche Verteilung der Sulfat-Ablagerung haben BODE und EULER untersucht (59). Dazu wurden die Platten in Schwefelsäure entladen, die mit ^{35}S markiert war (Abb. 11). Auch Selen, dessen chemische Eigenschaften denen des Schwefels in analogen Verbindungen sehr ähnlich sind, wurde in Form des Isotops ^{75}Se verwendet. Gegenüber ^{35}S hat dieses den Vorteil, als weicher γ-Strahler auch noch aus etwas größerer Plattentiefe autoradiographisch nachweisbar zu sein.

4.1.5. Präzipitate und Einschlüsse in Metallen

Die Verwendung von Radioisotopen hat sich in Verbindung mit autoradiographischen Techniken zum Nachweis und zur Identifizierung von Einschlüssen in Metallen bewährt. Im allgemeinen wird man dabei, wie in den vorstehenden Beispielen beschrieben, so vorgehen, daß in dem zu untersuchenden Material jeweils ein Bestandteil radioaktiv markiert wird. Schwieriger ist es, wenn eine nur einmal vorliegende Metallprobe untersucht werden soll und ein Umschmelzen nicht vorgenommen werden darf. Häufig hilft hier die bereits erwähnte Neutronenaktivierung des Materials weiter (s. Abschn. 4.1.1). Eine bemerkenswerte Variante hierzu hat MAKIN angegeben (280), die er *extraction replica technique* nennt. Dabei wird nicht direkt das zu untersuchende Objekt, sondern ein davon abgeätzter Oberflächenabdruck mit Neutronen bestrahlt. Man geht folgendermaßen vor: Auf die geätzte ebene Objektoberfläche wird durch Besprühen mit einer Chloroform-Formvar-Lösung eine dünne Formvar-Folie aufgebracht, die nach dem Verdampfen des Lösungsmittels noch durch eine aus azetonischer Lösung gewonnene Kollodiumfolie verstärkt wird. Mit einer Rasierklinge trennt man die interessierenden Teile der Doppelmembran ab, die gleichsam einen Substanzabdruck der zu untersuchenden Oberfläche mit winzigen, durch das vorangegangene Ätzen gelösten Materialspuren darstellt. Dieser Abdruck (*replica*) wird mit Neutronen bestahlt, deren Fluß so dosiert werden muß, daß die Trägerfolien nicht brüchig werden. Die bestrahlte Replik, mit Azeton auf einen Glasobjektträger geklebt, wird mit Strippingfilm bedeckt, in üblicher Weise exponiert und photographisch entwickelt. Die bestrahlten Repliken können gammaspektrometrisch analysiert werden. Derartige Analysen sind schon deshalb notwendig, um auszuschließen, daß Unreinheiten im Kollodium oder Formvar die Ergebnisse beeinträchtigen. Einschlüsse von Substanzen mit natürlicher Radioaktivität lassen sich mit der Replikmethode auch ohne Neutronenaktivierung analysieren. — Neuere Anwendungen, sowie auch die Übertragung auf kleinere lichtmikroskopische Objekte, finden sich bei Bierlein und Mastel (51).

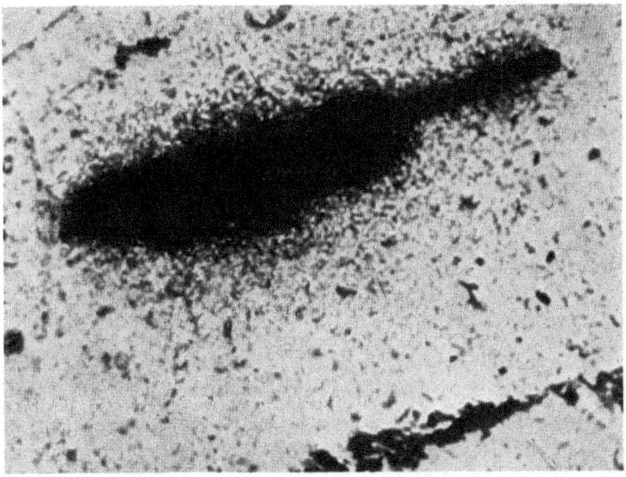

Abb. 12. Replik-Autoradiogramm eines Manganeinschlusses in Stahl nach Makin (280). Der Einschluß wurde anhand der gammaspektrometrischen Analyse als ^{56}Mn, das aus ^{55}Mn hervorgegangen ist, identifiziert. Vergrößerung etwa 400 ×

4.2. Anwendungen in der chemischen Analytik

In der analytisch-chemischen Praxis, besonders in der Biochemie, kommt es auf den Nachweis kleinster Substanzmengen an, die häufig im Gemisch mit anderen Stoffen vorliegen, von denen sie zunächst etwa durch Chromatographie oder Elektrophorese getrennt werden. Die Nachweisgrenze ist meist durch die Empfindlichkeit chemischer Nachweismethoden, z. B. von Färbungen, festgelegt. Meist ist es möglich, die Nachweisgrenze dadurch zu erhöhen, daß man die nachzuweisende Substanz radioaktiv markiert und so autoradiographisch erkennen kann. Diese Methodik hat sich z. B. bei der Aufklärung des Mechanismus der Photosynthese bewährt, indem man radioaktive Ausgangsmaterialien verwendete und so noch kleinste Mengen von Zwischenprodukten der Synthese nachweisbar wurden (Abb. 13).

Die jeweils optimale autoradiographische Methode richtet sich nach der Beschaffenheit der bei Chromatographie oder Elektrophorese verwendeten stationären Phase, die z. B. aus Papier oder Dünnschichtmaterial, Stärke, Cellulose oder anderen gelartigen Substanzen bestehen kann.

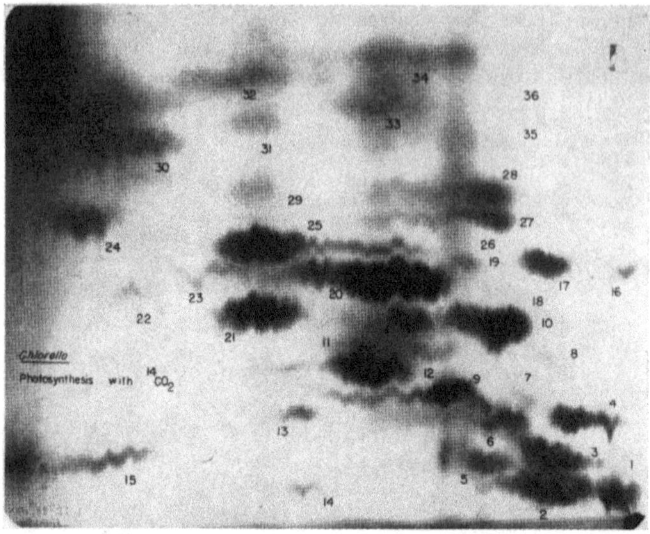

Abb. 13. Autoradiogramm eines zweidimensionalen entwickelten Papierchromatogramms, das Produkte der Photosynthese mit $^{14}CO_2$ der Alge *Chlorella* enthält. Filmmaterial: *Kodak Single-Coated Blue-Sensitive Medical X-Ray-Film*; Expositionszeit: 8 Tage. Aus Moses et al. (314)

4.2.1. Autoradiographie von Papieren

Die Standardmethode zum Nachweis markierter Substanzen in trockenem Chromatogramm- und Elektrophoresepapier ist die Exposition in direktem Kontakt mit einem Röntgenfilm, der unter ständigem leichten Druck gegen das zu untersuchende Objekt gepreßt wird. Dieses Vorgehen ist bei Tritium-haltigen Verbindungen oft erst nach sehr langen Expositionszeiten mit Erfolg verbunden, da Papier eine hohe Eigenabsorption für β-Strahlung niedriger Energie hat. Weiterhin ist ein guter Kontakt wegen der faserigen Oberfläche von Papieren kaum möglich.

Wilson (482; 483) beschreibt die Herstellung von Autoradiogrammen in Behältern mit Szintillator-Lösung. Durch diese Art der Exposition verringert sich die Expositionszeit.

Man legt das Papierchromatogramm auf eine ebene Unterlage und überschichtet es mit einer Szintillatorlösung, z. B. 5 g 2,5-Diphenyloxazol (*PPO*) oder 3 g Terphenyl in 1 Liter Toluol. Sogenannte Wellenlängentransmitter, die das primär emittierte Licht dem Empfindlichkeitsmaximum des Films anpassen, können ebenfalls zugesetzt werden. Hierzu gehören z. B. 4-Methyl-5-Phenyloxazolyl-benzol (*Dimethyl-POPOP*; 0,3 g/l) oder Diphenylhexatrien (0,01 g/l). Man sollte auf dem

Chromatogramm Markierungen anbringen, um Verwechslungen zu vermeiden und um die jeweilige Lage zum Film festzuhalten. Hierzu eignen sich radioaktive Papierstreifen oder Folien, sowie auch radioaktive Tinte, die überhaupt für autoradiographische Versuche recht nützlich sein kann (149; 202). Schließlich legt man einen möglichst empfindlichen Röntgenfilm, z. B. *Kodak-Blue-Band*, auf das Chromatogramm und drückt beide Teile aneinander. Beim Auflegen des Films müssen alle Luftblasen zwischen Film und Chromatogramm entfernt werden. Der Film wird nach der Exposition in Wasser gespült, mit einem weichen Tuch vorsichtig von dem anhaftenden Lösungsmittel befreit und photographisch entwickelt.

Die Exposition in Szintillator-Lösungen ist allerdings nur für den Nachweis solcher Substanzen anwendbar, die in dem verwendeten Lösungsmittel — Toluol — unlöslich sind. Andere Verfahren zur Autoradiographie von papierartigen Materialien bedienen sich der vollständigen Imprägnation mit Photoemulsion. ROGERS (367) taucht die zu untersuchenden Papiere in eine geschmolzene Photoemulsion und erhält mit der *Kernspuremulsion K2* (Ilford) recht gute Ergebnisse. Diese Emulsion wurde speziell zum Nachweis niederenergetischer Strahlung entwickelt und hat einen relativ geringen Blindwert. Vor dem Tränken des Papiers wird die Emulsion mit Wasser im Verhältnis 1:1 verdünnt. 0,01 μC einer tritiierten Substanz können in wenigen Tagen nachgewiesen werden. Der autoradiographische Aufwand erscheint hier jedoch wenig sinnvoll, denn derartige Aktivitäten lassen sich neuerdings auch schon mit fensterlosen Gaszählrohren radiopapierchromatographisch messen und viel schneller lokalisieren.

Varianten des Verfahrens von ROGERS bestehen darin, daß die Papiere nicht in Emulsion getaucht, sondern besprüht werden. MARKMANN (289) verwendet die Emulsion G5 (Ilford), die bei 50° C geschmolzen und mit Wasser 1:7 verdünnt wird. Mit 10 ml dieser Lösung lassen sich 400 cm^2 Papieroberfläche besprühen. Als Treibgas zum Sprühen werden Stickstoff oder Kohlendioxid, zum Trocknen der Emulsion elektrisch beheizte Behälter mit Kalziumchlorid als Trockenmittel empfohlen. Die trockenen Papiere werden in Aluminiumfolien exponiert.

Eine entscheidende Verbesserung des Tritiumnachweises auf Chromatographie- und Elektrophoresepapier brachte die Entwicklung der Emulsion *XK* (Ilford), die CHAMBERLAIN, HUGHES, ROGERS und THOMAS (83) in Anlehnung an das Imprägnierungsverfahren nach ROGERS (367) sowie MARKMANN (289) verwendeten. Interessanterweise finden CHAMBERLAIN et al. auch relativ hohe Werte für die Tritiumempfindlichkeit von Röntgenfilmen. Eine Zusammenstellung der nach verschiedenen Verfahren erreichbaren Nachweisempfindlichkeit, die sich auf Angaben der jeweiligen Autoren in der Originalliteratur stützt, gibt die Tabelle 3.

^{32}P- (200) und ^{14}C-Chromatogramme erfordern wegen der höheren Strahlungsenergie keine besonderen Maßnahmen zur Steigerung der Empfindlichkeit. Die Papiere werden zusammen mit fest anliegenden

Tabelle 3
Nachweisgrenze für Tritium auf Papierchromatogrammen. Die mit *) bezeichneten Werte sind geschätzt

Technik	Autor	Nachweis-empfindlichkeit $\mu C/cm^2 \times$ Tag
Kontaktexposition mit Röntgenfilm in flüss. Szintillator	WILSON (483)	0,2
Imprägnieren mit flüss. Emulsion (K2, Ilford)	ROGERS (367)	0,28
Imprägnieren mit flüss. Emulsion (G5, Ilford)	MARKMANN (289)	0,3
Kontaktexposition mit NTB (Kodak)	SHEPPARD et al. (408)	ca. 0,3*)
Kontaktexposition mit Röntgenfilm	RICHARDSON et al. (364)	ca. 0,4*)
Kontaktexposition mit Röntgenfilm	CHAMBERLAIN et al. (83)	0,28
Imprägnieren mit *XK* (Ilford)	CHAMBERLAIN et al. (83)	0,033

Röntgenfilmen exponiert. Zum Abschätzen der notwendigen Expositionszeit geben GRENNEN TSUK et al. (166) ein Diagramm an (Abb. 14). Da es vorwiegend organische Substanzen sind, zu deren Trennung Papiere verwendet werden, bleibt die Markierung durch Neutronenaktivierung praktisch nur auf phosphorhaltige Substanzen beschränkt. Die Neutronenaktivierung erfordert äußerst saubere Papiere, die vor der Bestrahlung zweckmäßigerweise nochmals gereinigt werden. Hierzu wird das Tränken mit Formaldehyd und nachträgliches Waschen mit Wasser vorgeschlagen. Papierchromatographisch getrennte Phospholipoide lassen sich nach JOHNSON, WEBER, CARTER und KROBER (218) durch Bestrahlung mit thermischen Neutronen ($2 \cdot 10^{12}$ n/m^2 sec.; 7 Stunden) aktivieren. Zur Verringerung des Untergrundes wird empfohlen, mit der autoradiographischen Exposition nach der Bestrahlung noch etwa 48 Stunden zu warten. In dieser Zeit zerfällt bereits der größte Teil der kurzlebigen, aktiven Bestrahlungsprodukte. Als Expositionshilfe haben sich zusammenklappbare Holzrähmchen (Abb. 15) bewährt, die einen guten Kontakt von Papier und Film ermöglichen (203).

4.2.2. Autoradiographie von Dünnschichtplatten

Bei der Autoradiographie von Dünnschichtplatten ist die Schärfe der Auflösung weniger von Bedeutung als vielmehr die Empfindlichkeit des Nachweises. Angeblich soll bei Dünnschichtplatten die Absorption

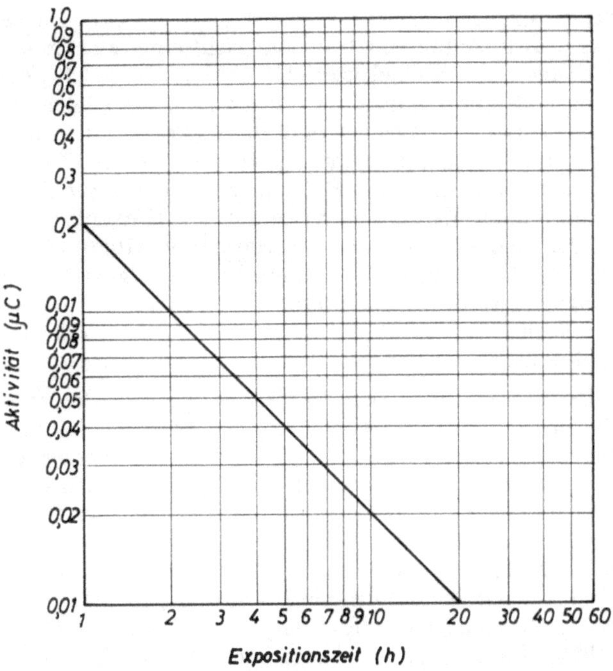

Abb. 14. Diagramm zur Abschätzung der Expositionszeit radiokohlenstoffhaltiger Papierchromatogramme nach GRENNEN TSUK et al. (166). Filmmaterial: Röntgenfilm

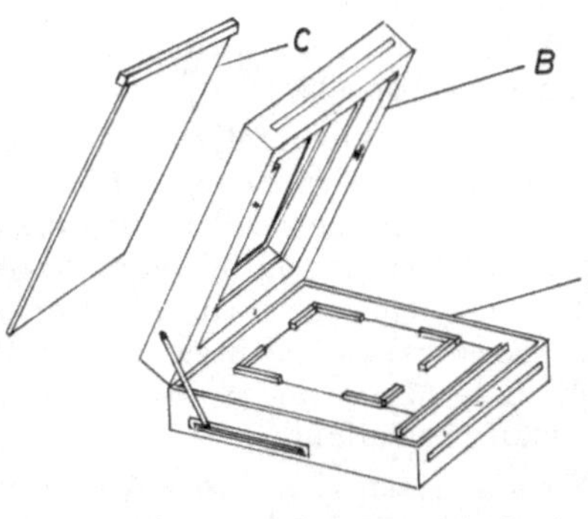

Abb. 15. Kassette zur Autoradiographie von Dünnschichtplatten. Der untere Teil A dient der Aufnahme der Trägerplatte (20 × 20 cm). Der Deckel B enthält die Filmkassette mit einem lichtdichten Schieberverschluß C

Entnommen aus: E. STAHL, Dünnschichtchromatographie, Springer-Verlag, Berlin-Heidelberg-New York, 1967, Seite 157 von β-Strahlung etwas geringer als bei Papier sein. Die Absorption von Silicagel G- u. Zelluloseplatten entspricht einer Massenbelegung von 5,5 bzw. 7,5 mg/cm². Das bedeutet, daß z. B. mehr als 95% der Tritium-β-Strahlung vollständig absorbiert werden (212). Der leichten mechanischen Verletzbarkeit der Schicht muß in der Praxis durch entsprechend vorsichtige Handhabung Rechnung getragen werden. Zweckmäßig ist die Verwendung von speziellen Halterungsrähmchen zur Aufnahme der Platten und Filme. Es sind mehrere solcher Hilfsmittel beschrieben, z. B. von RICHARDSON, WELIKY, BATCHELDER, GRIFFITH und ENGEL (364). Die Fa. G. Pleuger, Turnhoutsebaan (Belgien), vertreibt eine zweckmäßige Kassette zur Aufnahme von Dünnschichtplatte und Film (Abb. 15). Nach ERISMANN (125) lassen sich sogar mehrere Platten und Filme als Mehrfach-Sandwich gemeinsam autoradiographisch exponieren.

Wie bei Papieren ist auch bei Dünnschichtplatten der autoradiographische Nachweis von Tritium schwieriger als der von Radiokohlenstoff (287). Wegen der Verletzbarkeit der Schicht und wegen chemographischer Effekte kommt nach CHAMBERLAIN et al. (83) eine direkte Tränkung der Schicht mit photographischen Emulsionen nicht in Betracht. Eine Erhöhung der Nachweisgrenze von Tritium konnte durch Mischen von Kieselgel G mit Anthracen erreicht werden. Eine Mischung im Gewichtsverhältnis 1:1 zeigt bei Anwesenheit von Tritium Fluorescenz, wobei die Lichtausbeute mit fallender Temperatur bis zu —70° C merklich ansteigt (275). Die Exposition erfolgt bei —40° C (276) (Abb. 16).

Auf dem gleichen Prinzip der Strahlungsverstärkung basiert auch die Wirkung des „*Omnispray*“ (Fa. New England Nuclear, Boston), das neuerdings zur Kontakt-Autoradiographie von Dünnschichtplatten und Papieren bei Vorliegen tritiumhaltiger Substanzen angeboten wird. Bei Silicagel-Platten soll sich damit durch Einsprühen die Expositionszeit auf ein hundertstel der ursprünglich notwendigen Zeitspanne reduzieren lassen, so daß 0,1 μC ^{3}H in 16 Stunden auswertbare autoradiographische Schwärzungen geben (321).

Zur Herstellung der Platten geht man folgendermaßen vor: Die Mischung von Kieselgel und Anthracen wird in einer Kugelmühle bis zu einer Korngröße von 5 μ und weniger zermahlen. 30 g dieses Pulvers werden mit 80 cm³ Äthanol angerieben und in 0,25 mm dicker Schicht auf fünf Glasplatten (20 × 20 cm) aufgetragen. Die Platten werden an der Luft getrocknet. Die mit Kieselgel-G-Schichten gebräuchlichen Fließmittel lassen sich auch für diese Mischschicht anwenden. Die Trennwirkung des Adsorbens wird kaum beeinflußt.

Chemographische Effekte lassen sich durch Abdecken der Schicht mit Kunststoff-Folie verhindern. Ein Verfahren hierzu, das auch bei wasserlöslichen Verbindungen angewandt werden kann, geben SCHWANE und NAKON (403) an. In Anbetracht der langen Expositionszeiten sollte man jedoch prüfen, ob sich die Dünnschichtautoradiographie nicht durch Anwendung der Flüssigszintillationstechnik umgehen läßt.

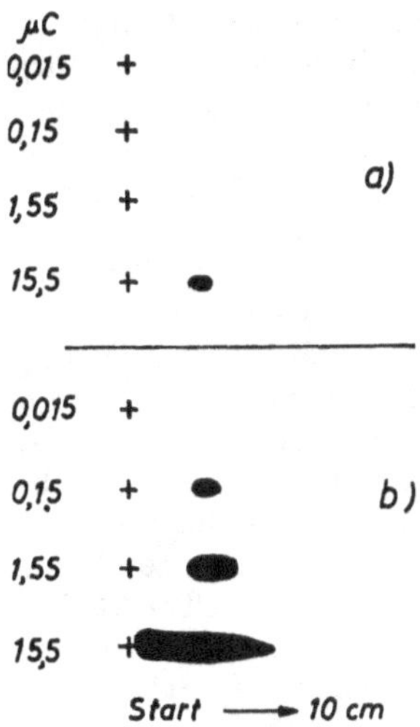

Abb. 16. Vergleich zwischen einem normalen Dünnschichtautoradiogramm (a) und einem Fluoroautoradiogramm nach LÜTHI u. WASER (b). Substanz: ^{3}H-Diallylnortoxiferin. Film: *Kodirex* (Eastman Kodak). Aus (275)

Ganz anders verhält es sich mit dem Nachweis ^{14}C-, ^{32}P-, ^{35}S-, ^{125}J- sowie ^{135}J-markierter Substanzen, für den praktisch jedes Filmmaterial geeignet ist (296). Sofern bei einem direkten Kontakt der photographischen Schicht mit dem Dünnschichtmaterial oder den in diesem befindlichen Substanzen keine chemographischen Effekte auftreten, genügt es, die luftgetrockneten Platten bei Raumtemperatur mit Plan- oder Röntgenfilm zu bedecken. Durch weiteres Auflegen einer Glasplatte läßt sich ein hinreichend guter und gleichmäßiger Kontakt erreichen. Zur Erleichterung der Aufbewahrung während der Exposition bei routinemäßiger Anwendung der Autoradiographie sei auf die bereits oben erwähnten käuflichen, lichtdichten Kassetten hingewiesen.
Durch Variation der Zusammensetzung üblicher Röntgenfilmentwickler gelang es FRAY und FREY (142), die Expositionszeit für Dünnschichtchromatogramme erheblich zu verkürzen und somit also eine Erhöhung der Nachweisempfindlichkeit für ^{14}C-markierte Substanzen zu erreichen (Tab. 4). Die in der Tabelle 4 aufgeführten Substanzen werden nach-

Tabelle 4
Entwickler nach FRAY und FREY (142)

Natriumsulfit (wasserfrei)	100	g
Hydrochinon	4	g
Natriumborat	2,25	g
Borsäure	7	g
Phenidon (Fa. Geigy, Basel)	0,4	g

einander in Wasser von 45° C gelöst und auf ein Endvolumen von 1000 ml gebracht. Die Entwicklungszeit für *Isopan Record* (Agfa), 1250 ASA = 32° DIN, beträgt beispielsweise bei 20° C 12 bis 13 Minuten. Gegenüber dem Standardentwickler D19 (Kodak) soll mit dem angegebenen Entwickler ein Empfindlichkeitsgewinn um den Faktor 8 bis 32 erzielt werden. Natürlich erkauft man den Gewinn an Empfindlichkeit bei einem Entwickler mit dem Verlust an Kontrast und Gradation des Bildes, was letztlich auf eine Erniedrigung des Auflösungsvermögens hinausläuft. Diese wirkt sich jedoch bei Dünnschichtautoradiogrammen nicht so ungünstig aus, weil man doch nur an Nachweis und grober Lokalisation aktiven Materials interessiert ist, und kleinere Flecken als solche mit einem Durchmesser von 1 mm ohnehin nicht auftreten.

Eine Übersicht der Abhängigkeit der unteren ^{14}C-Nachweisgrenze von der Expositionszeit der nach Fray und Frey hergestellten Dünnschichtautoradiogramme vermittelt Tabelle 5. Die Werte beziehen sich auf Zelluloseplatten. Man erkennt, daß sich nach einer Expositionszeit von etwa 11 Tagen noch 0,3 nC $^{14}C/cm^2$ nachweisen lassen (Abb. 17).

Tabelle 5

Nachweisempfindlichkeit ^{14}C-haltiger Substanzflecke auf Dünnschichtchromatogrammen

Kontaktzeit (Stunden)	Nachweisbare ^{14}C-Menge (μC)	($\mu C/cm^2$)
0,5	0,5	0,21
1	0,01	0,05
2	0,005	0,04
6	0,0025	0,016
24	0,0005	0,0026
268	0,00005	0,0003

Wenn Markierungen mit verschiedenen Radioisotopen vorliegen, kann u. U. eine Differenzierung vorgenommen werden. Ein Chromatogramm, das ^{14}C- und ^{32}P-Verbindungen enthält, wird sofort und nach mehreren Monaten abermals mit Röntgenfilm exponiert. Das erste Autoradiogramm zeigt Schwärzungen, die von der Strahlung beider Isotope herrühren, während das zweite nur noch solche Flecken aufweist, die durch Radiokohlenstoff verursacht wurden, weil das andere Isotop inzwischen weitgehend zerfallen ist.

Eine andere Methode zum Nachweis zweier Strahler nebeneinander basiert auf der Grundlage unterschiedlicher Strahlungsenergien. Auf ein Chromatogramm, das z. B. ^{14}C- und ^{32}P-markierte Substanzen enthält, werden zwei Röntgenfilme übereinandergelegt. Nach dem Entwickeln zeigt der näher zum Autoradiogramm gelegene Film die Lage der Flecken an, die sowohl von ^{14}C als auch ^{32}P stammen können. Wegen der

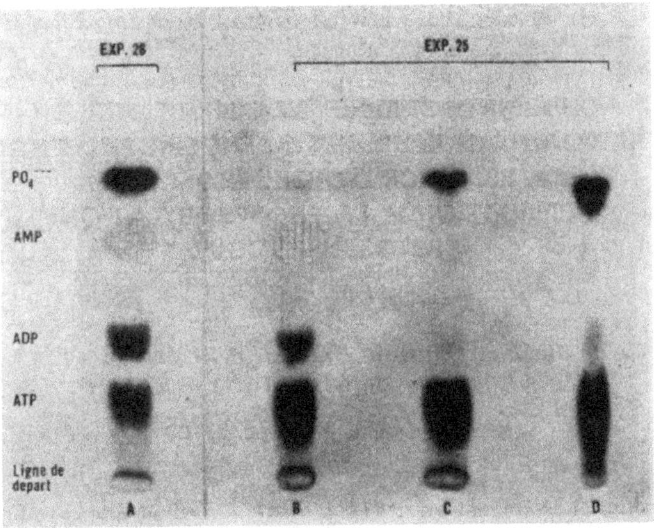

Abb. 17. Autoradiogramm einer Cellulose-Dünnschichtplatte, das zur Bestimmung einiger durch Photophosphorylierung aus $H_3{}^{32}PO_4$ in Gegenwart von Myokinase entstandener Adenosinphosphate angefertigt wurde. Aus BOVE (64)

geringeren Reichweite der von ^{14}C ausgehenden Strahlung, die bereits den ersten Film nicht mehr durchdringt, ist auf dem zweiten Film lediglich die Lage der ^{32}P-haltigen Substanzen zu sehen. Eine andere Möglichkeit besteht darin, mit Hilfe einer Aluminiumfolie von weniger als 0,1 mm Dicke die weiche Strahlung des radioaktiven Schwefels und Kohlenstoffs von der des Phosphors abzuschirmen. Auch ^{131}J läßt sich so neben ^{35}S oder ^{14}C nachweisen. Zur Unterscheidung von ^{3}H und ^{14}C läßt sich die weichere Strahlung des Tritiums mit Cellophan zurückhalten, wie RICHARDSON, WELIKY, BATCHELDER, GRIFFITH und ENGEL (364) beschrieben haben. Ansätze, auf Grund von Strahlungsenergie-Unterschieden mit Buntfilmen eine farblich erkennbare Unterscheidung der Isotopen-Verteilung bei Mehrfachmarkierungen vorzunehmen („*Color-Autoradiography*"), stammen von BUCKALOV u. COHN (68).

Anwendungen der Neutronenaktivierungen im Bereich der Dünnschichtchromatographie sind bisher nicht bekannt geworden. Die Vielzahl der chemischen Elemente im Adsorbens, im Binder und im Glas trägt zur Bildung einer überaus großen Zahl verschieden langlebiger Isotope bei. Der autoradiographische Nachweis nur in Spuren vorhandener Substanzflecken wird dadurch verhindert.

Wegen ihrer Originalität sei noch auf Arbeiten von LAMBIOTTE (248; 249; 250) hingewiesen, die sich mit der Möglichkeit einer Dünnschichtelektrophorese-Autoradiographie innerhalb einer mit Puffer getränkten photographischen Schicht befassen. Das Autoradiogramm fungiert dabei als stationäre Phase. Man verwendet *Kodirex X-Ray* Film (Kodak). Nach der erfolgten elektrophoretischen Trennung der radioaktiven Substanz exponiert man mehrere Tage. Auf Grund des innigen Kontaktes der radioaktiven Substanzen mit dem strahlungsempfindlichen Material resultiert eine relativ hohe Nachweisempfindlichkeit; $10^{-3}\,\mu C$ einer tritiierten Verbindung sind bereits nach 6tägiger Exposition nachweisbar. Das Verfahren wird besonders zur Analyse von radioaktiven Verunreinigungen in Radiochemikalien empfohlen (Abb. 18 u. 19).

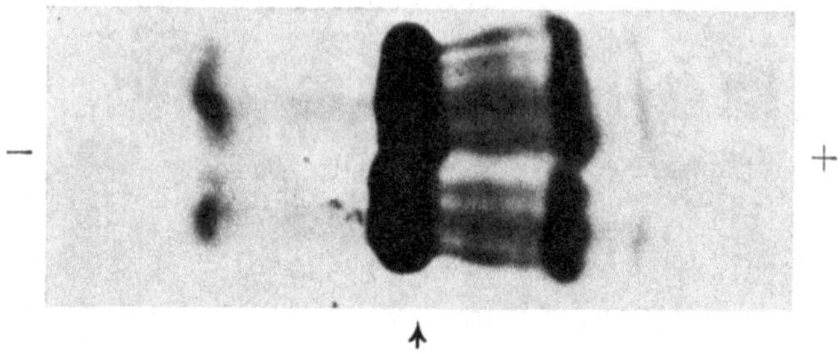

Abb. 18. Durch Autoradiolyse in ^{3}H-Methionin entstandene Verunreinigungen, Nachweis durch Dünnschichtelektrophorese-Autoradiographie nach LAMBIOTTE (250)

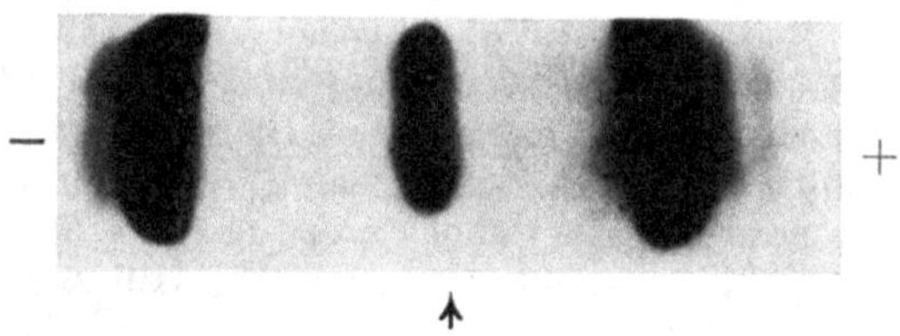

Abb. 19. Trennung von ^{14}C-Histidin, ^{3}H-Valin und ^{14}C-Glutaminsäure durch Elektrophorese-Autoradiographie nach LAMBIOTTE (250). Die Pfeile bezeichnen die Auftragsstelle

4.2.3. Biochemische Analytik und Immunologie

Das Blutserum ist Gegenstand zahlreicher Untersuchungen, bei denen auch die Autoradiographie — meist im Anschluß an eine Elektrophorese — verwendet wird (31). Zum Charakterisieren der dabei anfallenden aufgetrennten Fraktionen benutzt man häufig deren Affinität zu Jodid- oder Eisen-(II)-Ionen. Die Verwendung radioaktiver Nuklide, wie ^{125}J, ^{131}J oder ^{59}Fe, erleichtert nicht nur den Nachweis der entsprechenden Fraktionen mit Hilfe geeigneter Strahlungsmeßinstrumente, sondern erhöht auch in Verbindung mit der Autoradiographie die Nachweisempfindlichkeit. Darüber hinaus sind auf dieser Basis auch quantitative Aussagen über Bindungskapazitäten oder Stoffwechselaktivitäten möglich (186).

Die Transferrine — eine Bezeichnung für alle eisenbindenden Serumproteine — von 150 verschiedenen Reptilien- und Amphibienarten wurden unter Berücksichtigung ihrer Taxonomie sowie ökologischer Faktoren von DESSAUER, FOX und HARTWIG (99) autoradiographisch erfaßt. Derartige Untersuchungen können in Hinblick auf die Beurteilung des Verwandtschaftsgrades einzelner Spezies von Bedeutung sein. Im einzelnen geht man bei der Herstellung der Autoradiogramme folgendermaßen vor: 2 μl Plasma werden mit 0,2 μC (= 10 μl) bis 1 μC (= 50 μl) $^{59}Fe^{++}$-haltiger 0,012 mM Ferrosulfatlösung versetzt und einer 17- bis 20stündigen Elektrophorese auf Stärkegelplatten unterworfen. Anschließend wird die Gelschicht mit Hilfe eines 0,2 mm starken Stahldrahtes quergeschnitten. Die eine Hälfte wird in üblicher Weise mit dem proteinspezifischen Farbstoff Amidoschwarz gefärbt, die andere Hälfte mit einer Kunststoff-Folie (*Saran-Polyäthylen*, Dow Chemical Corporation) verpackt. Die Kunststoffhülle verhindert das Austrocknen der Schicht und schützt gleichzeitig auch vor unerwünschten chemographischen Effekten während der anschließenden ein- bis zweitägigen Exposition bei + 10° C. Hierzu können käufliche Röntgenfilmhalterungen (*X-Ray Exposure Holder*, Eastman Kodak) benutzt werden.

ROY und NEUHAUS (388) haben das Verfahren dahingehend abgewandelt, daß sie die zur Autoradiographie verwendete Schichthälfte zuvor in Essigsäure-Methanol-Wasser (1:5:5) fixierten. Beim Zuordnen vom Autoradiogramm zum Elektropherogramm muß das Schrumpfen der Stärkeschicht während des Färbeprozesses mitberücksichtigt werden (Abb. 20).

Das Zerschneiden der Stärkegelschicht in zwei voneinander getrennt zu behandelnde Schichten stellt eine Erschwerung des Arbeitsganges dar. JACKSON (213) beschreibt ein weniger umständliches Verfahren, bei dem man die angetrocknete Stärkegelplatte ($^3/_{16}$″) direkt autoradiographiert. Nach erfolgter elektrophoretischer Auftrennung des mit $^{59}FeSO_4$ inkubierten Serums wird die Gelschicht mit einer Kunststoff-Folie abgedeckt. Gasblasen und Unebenheiten beseitigt man durch vorsichtiges Streichen. Das fertige Objekt-Sandwich besteht weiterhin aus Röntgenfilm, Glasplatte und einem Bleigewicht (Abb. 21). Der Strahlungsfluß zwischen Präparat und der photographischen Schicht wird bei ^{59}Fe durch die Folie nur unwesentlich geschwächt. ^{59}Fe ist ein relativ starker γ- (Eγ = 1,1 u. 1,29 MeV) sowie auch β-Strahler (E_{max} = 0,46 u. 0,27 MeV). Das autoradiographische Auflösungsvermögen wird in diesem Fall ausschließlich von den γ-Komponenten der Strahlung bestimmt und durch die zwischengelegte Folie nur wenig beeinflußt. Nach der autoradiographischen Exposition färbt man das Elektropherogramm wie üblich mit Amidoschwarz an. Wenn man das Färben schon vorher vornimmt, resultieren etwa doppelt solange Expositionszeiten, die vermutlich durch Herauswaschen löslichen radioaktiven Materials verursacht werden.

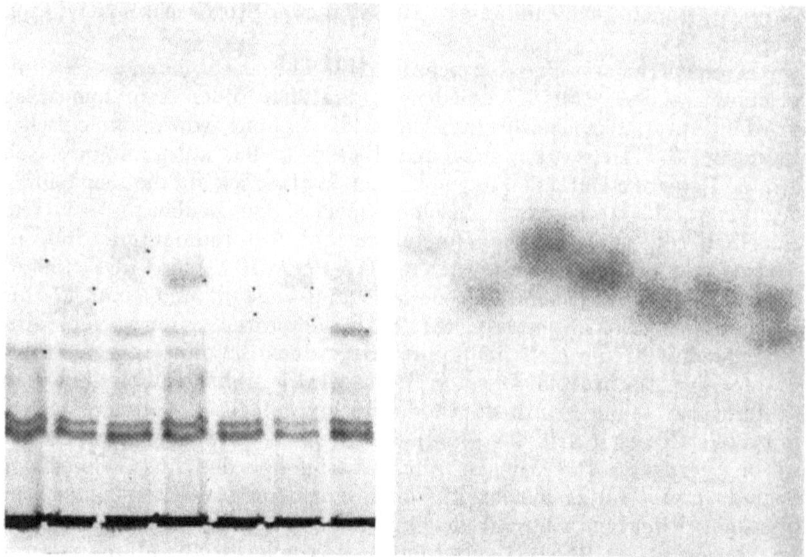

Abb. 20. Intraspezifische Transferrin-Varianten bei *Coluber constrictor*.
Links: Gefärbtes Stärkegel-Elektropherogramm mit Plasmaproben von 7 Tierspezies.
Rechts: Autoradiogramm der ^{59}Fe-haltigen Zonen.
Die Punkte innerhalb der linken Abbildung bezeichnen die Lage der autoradiographisch nachgewiesenen Transferrine. Aus (99)

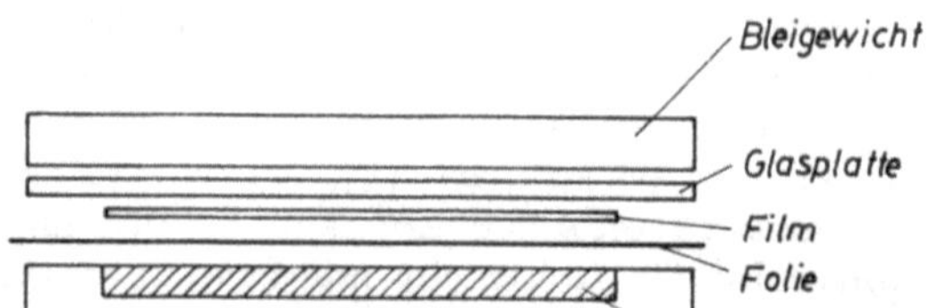

Abb. 21. Exposition von Stärkegelplatten zur Autoradiographie nach JACKSON (213)

Auch in der *Immunologie* macht man für analytische Zwecke von der Autoradiographie Gebrauch. Es handelt sich meist um den Nachweis oder die Identifizierung von Zonen, in denen elektrophoretisch (42) oder durch Diffusion (338) zusammentreffende Proteinfraktionen zu löslichen oder unlöslichen Komplexen reagieren bzw. agglutinieren. Zur Markierung der Fraktionen wird meist ein radioaktives Jodisotop eingeführt (186; 380), dessen Anwesenheit die physikalischen und chemischen Eigenschaften der Proteinmakromolekel nicht entscheidend verändert. Als Trägermedium für diese Prozesse dient Agargel, das getrocknet in direkten Kontakt mit Filmmaterial gebracht werden darf, ohne Chemographie befürchten zu müssen (348). Die besten autoradiographischen Ergebnisse wurden mit Röntgenfilmen erzielt, weil bei biochemischen Untersuchungen mit nativem Material vorwiegend höher energetische Strahler wie Eisen- und Jodisotope verwendet werden können.

4.3. Anwendung auf biologische Objekte

4.3.1. Allgemeines

Obwohl grundsätzlich alle autoradiographischen Techniken zur Untersuchung biologischer Objekte herangezogen werden können, scheint sich gegenwärtig insofern eine Entwicklungstendenz abzuzeichnen, als die Verwendung flüssiger photographischer Emulsionen, also das „*coated*"-Verfahren nach BÉLANGER und LEBLOND (40), sowie die Benutzung einfacher photographischer Platten, wie z. B. beim Kontakt- oder „*mounted*"-Verfahren nach EVANS (128), immer mehr durch die *Stripping-film*-Technik nach PELC (343) abgelöst wird. Eine Ausnahme bildet die autoradiographische Abbildung wasserlöslicher Substanzen, bei der die Strippingfilmtechnik wegen des dabei notwendigen Auflegens von feuchtem Filmmaterial ungeeignet ist. Man ist hier ausschließlich auf Kontaktverfahren angewiesen. Diese haben sich auch für diejenigen biologischen Objekte bewährt, bei denen das Aufbringen von Strippingfilmen wegen größerer Präparatflächen nicht mehr praktikabel ist. Flüssige Emulsionen werden allenfalls noch bei Objekten mit nicht ebener Oberfläche benutzt (vgl. Kap. 4.5.).

Die Autoradiographie größerer biologischer Objekte dient in erster Linie dazu, um zu einer ersten groben Orientierung und Übersicht über die Verteilung der jeweils applizierten radioaktiven Substanz und der Metaboliten im Organismus zu gelangen. Da man an kurzen Expositionszeiten interessiert ist, verwendet man relativ grobkörnige, empfindliche Platten oder Röntgenfilme, die infolgedessen ein geringes Auflösungsvermögen besitzen.

Das Auflösungsvermögen der „klassischen" Kontaktmethode, also der Autoradiographie durch Auflegen einer Photoplatte auf das zu untersuchende ebenflächige Präparat, beträgt für β-Strahler wie Tritium oder Radiokohlenstoff, je nach experimentellen Voraussetzungen 20 bis 100 μ. Innerhalb eines Umkreises mit einem Radius der angegebenen Größe läßt sich aus der Schwärzung im Autoradiogramm die Lage der Strahlenquelle im Präparat bestimmen. Diese Auflösungsgrenze genügt den Ansprüchen der Untersuchungen an größeren Objekten, wie sie zuvor behandelt wurden (Abschn. 4.2). Wenn besonders dünne Präparate mit

ebener Oberfläche verwendet werden und ein guter Kontakt zwischen Film und Präparat zustande kommt, sind nach dem Kontaktverfahren noch Zuordnungen möglich, die sich bis in Zellbereiche erstrecken (vgl. Kap. 5.4.3).
Aus mechanischen und technischen Gründen läßt sich jedoch die Schnittdicke nicht beliebig verringern; zudem zeigt die Praxis, daß sich eine Vergrößerung der Schnittfläche zwangsläufig auf die Schnittdicke auswirkt. Während mit Hilfe von Ultramikrotomen an Kunststoff-eingebetteten Objekten noch Schnitte mit einer Stärke von einigen hundert AE hergestellt werden können, lassen sich großflächigere Objekte bestenfalls nur noch in Stärken von einigen μ schneiden. Diese Schnittdicke genügt jedoch den Anforderungen für die Autoradiographie derartiger Objekte. Nach ihrer Beschaffenheit und Größe lassen sich die biologischen Objekte, an denen autoradiographische Untersuchungen vorgenommen werden, folgendermaßen klassifizieren:

1. Organ- und Gewebsproben
2. Präparate unterschiedlicher mechanischer Konsistenz
3. Knochen und Knorpel
4. Tiere (z. B. Mäuse, Ratten).

Bis auf die zuerst aufgeführte Gruppe, die in Abschnitt 5 besprochen wird, handelt es sich bei den anfallenden Präparaten der Gruppen 2 bis 4 ausnahmslos um größere Objekte. Wir werden im folgenden die Probleme erörtern, die sich im Zusammenhang mit ihrer Präparation zu autoradiographischen Untersuchungen ergeben, sowie Möglichkeiten und Wege zur Lösung behandeln. Eine eingehende Beschreibung histologischer Techniken muß allerdings unterbleiben*.

4.3.2. Zur Präparation größerer Objekte für autoradiographische Untersuchungen

Bei der Vorbereitung biologischer Präparate für autoradiographische Untersuchungen ist unbedingt darauf zu achten, daß nach der Probenentnahme oder Tötung des Versuchstieres eine Dislokation der nachzuweisenden markierten Substanzen soweit wie irgend möglich unterdrückt wird. Das ist praktisch nur durch Anwendung der Gefriertechnik möglich, die besonders dann angebracht ist, wenn die markierte Substanz nicht strukturgebunden ist und ursprünglich in der Zelle in gelöster, sog.

* Eine Abhandlung der histologischen Techniken findet man u. a. bei: H. ADAM und G. CZIHAK: Arbeitsmethoden der makroskopischen und mikroskopischen Anatomie; G. Fischer Verlag, Stuttgart, 1964. B. ROMEIS: Mikroskopische Technik; R. Oldenbourg Verlag, München-Wien, 1968. H.-C. BURCK: Histologische Technik; G. Thieme Verlag, Stuttgart, 1966.

diffusibler Form vorliegt (vgl. Kap. 5.4). Durch schnelles Einfrieren der Gewebe („Gefrierschock“) wird die Diffusion weitgehend unterdrückt, ohne daß es in der Regel zu lichtmikroskopisch nachweisbaren Veränderungen der Gewebs -und Zellstrukturen kommt. Das Einfrieren kann auf zweierlei Wegen vorgenommen werden, die beide zu befriedigenden Ergebnissen führen:

1. Kleine Objekte, wie z. B. einzelne Organe, lassen sich verhältnismäßig einfach und schnell mit Kohlendioxid einfrieren, das einer Bombe entströmt und sich bei der Entspannung auf Atmosphärendruck teilweise unter „Schnee“-bildung abkühlt. Die einzufrierenden Objekte werden auf sogenannte Gefriertische gelagert, und auf einer zuvor angefeuchteten Papierunterlage festgefroren. Das gefrorene Material läßt sich zusammen mit dem Gefriertisch gut handhaben und am Mikrotom befestigen. Bevor man mit dem Schneiden beginnt, ist ein Angleichen der Temperatur des Objektes an die des Kryostatraumes unbedingt erforderlich. Am besten bewahrt man die gefrorenen Objekte zu diesem Zwecke mehrere Stunden in fest verschlossenen, möglichst zugeschweißten Kunststoffbeuteln auf (481). Durch die Verpackung wird ein Austrocknen weitgehend unterdrückt. Manche Autoren empfehlen die Abdeckung des Objektes mit Vaseline oder das Bepinseln der Oberfläche mit Paraffin-Hexan (3:1), wobei nach Verdunsten des Hexans ein Paraffin-Film zurückbleibt (437). Wenn derartige Maßnahmen nicht getroffen werden, kommt es zu Schrumpfungen der Objektoberfläche.

2. Die andere Möglichkeit, ein schnelles Einfrieren zu erreichen, besteht darin, das zu untersuchende biologische Material in flüssige Luft oder einen damit gekühlten Kohlenwasserstoff, z. B. Isopentan, einzubringen. Der plötzliche Temperaturabfall kann allerdings bei größeren Objekten makroskopische Gewebsrisse bewirken (437). Auch Aceton-Trockeneis-Mischungen und *Peltier*-Kaskaden (401) werden zum Einfrieren von biologischem Material verwendet.

Das Schneiden von gefrorenem biologischem Material ist technisch befriedigend gelöst und bietet eigentlich keine besonderen Schwierigkeiten. Im Laborbetrieb ist es ohne weiteres möglich, Serienschnitte mit einem vertretbaren Zeitaufwand herzustellen. Es werden heute von mehreren Firmen Kryostaten mit eingebautem Mikrotom angeboten. In den meisten Fällen befinden sich Hände und Unterarme des Experimentators in einer Kühlkammer, in der ein von außen elektrisch angetriebenes Serienschnittmikrotom eingebaut ist. Große Fensteröffnungen ermöglichen es, alle Arbeitsgänge zu beobachten (Abb. 22, 24).

Bekanntlich erniedrigt sich der Schmelzpunkt des Wassers mit steigendem Druck. Diese Erscheinung ist die Ursache dafür, daß sich gefrorenes biologisches Material relativ einfach mit Mikrotomen schneiden läßt. Während des Messerdurchganges kommt es in unmittelbarer Nachbarschaft zur Messerschneide infolge ihres Druckes auf das Gewebe kurzfristig zum Auftauen. Trotz der relativ geringen Kraft, die das Mikrotommesser

Abb. 22. Universalkryostat der Fa. W. Dittes, Heidelberg, mit dem Minotmikrotom der Fa. Jung, Heidelberg, und einem Mikroskop bestückt. Die Bedienung des Mikrotoms erfolgt über ein Fußpedal. Aus (438)

Abb. 23. Innenansicht des in Abb. 24 gezeigten Gerätes. Man erkennt das Kryotom mit Messerkühlung und Auffriertisch.

auf das zu schneidende Objekt ausübt, entsteht wegen des sehr geringen Querschnittes der Schnittfläche ein immens hoher Druck. Sobald das Messer Gewebsteile getrennt hat und kein Druck mehr auf ihnen lastet, gefrieren diese wieder. Um die Zone, in welcher sich diese Übergänge vom festen zum flüssigen Zustand und umgekehrt vollziehen, möglichst klein zu halten, werden zusätzliche Messerkühler angeboten. Diese erlauben es, das Messer auf eine tiefere Temperatur als die des Gewebes einzustellen. Man erhält dadurch leicht über das Messer gleitende Schnitte, wodurch besonders bei sehr fetthaltigen Objekten das Schneiden außerordentlich erleichtert werden soll (Abb. 24).

Im Gegensatz zu Objekten mit einem Querschnitt bis zu etwa 5 cm², die sich ohne Schwierigkeiten zu 3 bis 8 μ dicken Serienschnitten verarbeiten

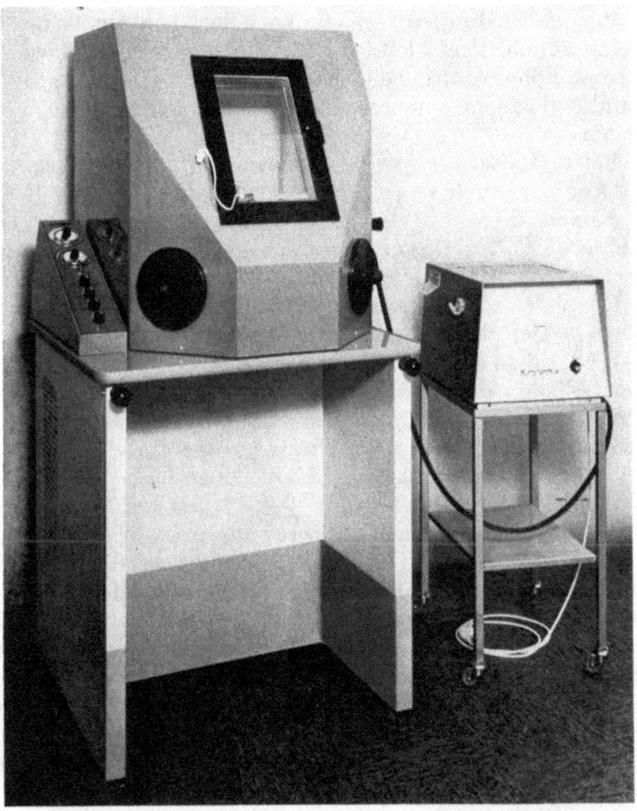

Abb. 24. WK 1150-Kryotom mit Messerkühler als Beistellaggregat (Fa. WKF, Brandau). Die zu schneidenden Objekte können ohne Verwendung von Kohlensäure bei Temperaturen bis zu —45° C im Gerät aufgefroren werden. Das Kühlprinzip bietet die Sicherheit einer konstanten und reproduzierbaren Einstellung der Schnittstärke von 40 μ bis zu annähernd 1 μ

lassen, liefern größere Objekte, die örtliche Unterschiede in Bezug auf Härte und Elastizitiät aufweisen, ohne besondere Hilfsmittel keine brauchbaren Gefrierschnitte. Das Vergrößern der Schnittdicke bildet keinen Ausweg, sondern führt meist nur zum Splittern des Schnittes. Ein wirkungsvoller Kunstgriff, der schon in vielen Fällen mit Erfolg angewendet wurde, besteht im Auflegen von dünner, am besten auch transparenter Klebefolie, auf die Objektoberfläche. Die Folie verhindert den Zerfall des abgetrennten Schnittes und erlaubt es, diesen besser handhaben zu können (449). Auch bei diesem Verfahren können Beschädigungen am Schnitt in Form von Querrissen entstehen. Einige Autoren (438) umgehen den relativ steifen Kunststoffklebefilm und verwenden eine 50%ige Lösung von Methacrylsäureäthylester in Äthylacetat, von der etwa 0,02 ml/cm^2 mit Hilfe eines Pinsels auf die Schnittfläche gebracht werden. In etwa 15 Minuten verbleibt nach dem Verdunsten des Lösungsmittels eine dünne, nicht klebrige Folie, die sehr fest am Gewebe haftet. Schnitt samt Folie werden beim Durchgang des Mikrotommessers abgehoben und auf einem entsprechend dimensionierten Glasobjektträger aufgefangen.

Gefrierschnitte sollten, bevor sie in einen normal klimatisierten Raum gebracht werden, durch Lagerung im Kryostaten weitgehend trocknen. Um ein Kondensieren von Luftfeuchtigkeit am Objekt zu vermeiden, empfiehlt es sich, den Objektträger zusammen mit dem Präparat vor dem Herausnehmen aus dem Kryostaten mit Hilfe einer elektrischen Miniaturheizplatte oder eines angepreßten Fingers auf Zimmertemperatur zu erwärmen. Bei Raum-Temperatur wird auch der Kontakt mit der jeweils verwendeten Photoemulsion hergestellt.

Aus zwei Gründen empfiehlt es sich aber dennoch, die anschließende Exposition wieder bei niedriger Temperatur vorzunehmen. *Erstens* ist dadurch eine Konservierung der Präparate gewährleistet und *zweitens* resultiert bei photographischen Emulsionen aus einer Lagerung bei tieferen Temperaturen (+ 2° bis + 4° C) eine geringere zeitliche Zunahme des Blindwertes. Manche Autoren ziehen sogar eine Lagerung bei Temperaturen bis zu — 20° C vor. Sie versprechen sich davon neben einem niedrigen Blindwert auch noch geringere chemographische Effekte (13). Der eigentliche Grund, der eine Lagerung gefriergetrockneter Präparate während der autoradiographischen Exposition bei tieferen Temperaturen sinnvoll erscheinen läßt, ist aber wohl darin zu sehen, daß eine wirkungsvollere Konservierung des Präparates stattfindet und Artefakte durch Kristalle (Kap. 5.4.3.4) vermieden werden.

Außer der Gefrierschnitt-Technik werden auch noch andere Methoden zur Herstellung von Dünnschnitten größerer Objekte angewandt. Ihre Eignung für autoradiographische Zwecke muß von Fall zu Fall geprüft werden. Beispielsweise ist es möglich, juvenile Mäuse einer Gefriertrocknung zu unterziehen und durch anschließendes Einbetten in Paraffin die Gefrierschnitt-Technik zu umgehen (449). Beim Schneiden größerer paraffinierter Objekte stößt man allerdings auf die gleichen

Schwierigkeiten, wie sie zuvor im Zusammenhang mit der Gefrierschnitt-Technik abgehandelt wurden, so daß also Paraffinieren für die histologische Präparation keine besonderen Vorteile bringt.
Auf die neuerdings oft verwendeten Einbettungsverfahren mit organischen Polymerisaten kann nicht näher eingegangen werden. Jeder Experimentator hat ohnehin seine „eigene" Mischung. Zweifellos wird durch Kunststoffeinbettungen eine im Vergleich zur Gefrierschnitt-Technik bessere mechanische Stabilität des Schnittes erreicht. Dieser Vorteil wird allerdings wegen der höheren Strahlungsabsorption des Einbettungsmediums, besonders bei tritiumhaltigem Material, durch eine wesentlich längere autoradiographische Expositionszeit erkauft.

4.3.3. Präparate mit unterschiedlicher mechanischer Konsistenz

Bei Objekten mit Strukturen unterschiedlicher Härte und Konsistenz wie beispielsweise die Mundhöhlenregion mit Kieferknochen, Zähnen und Gaumen, haben sich Kunststoffeinbettungen bewährt. Eine spezielle Methode für derartige Präparate, die in Hinblick auf ihre Anwendung in der Autoradiographie entwickelt wurde, stammt von SOGNNAES et. al. (420; 421). Diese Autoren verwenden Methacrylsäuremethylester als flüssiges Monomeres, das nach ausreichender Penetration und Diffusion in das Gewebe durch Zugabe von Benzoylperoxid katalytisch polymerisiert wird. Weitere Beschreibungen einfacher apparativer Anordnungen und Einbettungsmethoden zur Herstellung von Schnitten aus brüchigem und sprödem Material finden sich bei AXELROD (19), LAUDE, JANES u. BOYD (253), MYERS, JENNINGS u. BECKS (315), WOODRUFF u. NORRIS (487) sowie NORRIS u. JENKINS (324).
Durch die Entwicklung derartiger Techniken wurde eine wesentliche Voraussetzung für autoradiographische Untersuchungen über den Zahnstoffwechsel geschaffen (41; 36; 37; 228; 241; 199; 227; 465).

4.3.4. Knochen- und Knorpelschnitte

Viele chemische Elemente haben eine hohe Affinität zum Knochengewebe, d. h., sie werden bevorzugt und in größerem Umfang in Knochen eingebaut. Man spricht deshalb auch von „knochensuchenden Elementen" (Abb. 27 u. 28). Der darin ausgedrückte Sachverhalt gewinnt an Bedeutung, wenn man an die Aufnahme radioaktiver Elemente und die Wirkung ihrer Strahlung auf den Organismus, speziell auf die Blutbildungszentren denkt*. Die Autoradiographie hat hierbei zur Klärung

---

* Eine Monographie zu dem Thema „Radiation, Isotopes, and Bone" von F. C. MCLEAN und A. M. BUDY ist im Verlag Academic Press, N. Y., 1964 erschienen.

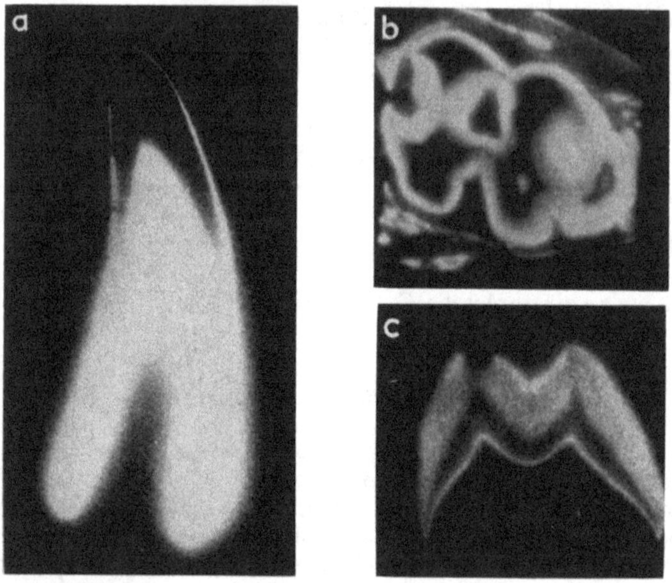

Abb. 25. Kontaktautoradiogramme plastikeingebetteter Schnitte durch Kieferregionen von Rhesusaffen nach Injektion von 15 mC einer ^{32}P-Verbindung. Aus: SOGNNAES ct. al. (421)

a) Längsschnitt durch einen noch nicht herausgewachsenen *Caninus*, zwei Tage nach der Injektion. Extrem hohe Konzentration von ^{32}P am Wurzelende, in der Prädentinzone und in der Oberfläche des Schmelzes
b) Kieferschnitt in der Region des noch nicht herausgewachsenen *3. Molaren*, neun Tage nach der Injektion. Die Aktivität des verkalkenden Schmelzes und des Knochens ist wesentlich stärker als die des Dentins
c) Längsschnitt durch die in b) dargestellte Region

vieler Fragen einen wesentlichen Anteil beigetragen (291; 292; 293; 294; 386; 387).

Qualität und Aussagewert von Knochenautoradiogrammen hängen entscheidend von der richtigen Präparation der Knochenschnitte ab (67). Von einer Decalcifizierung zu untersuchender Knochen ist selbst dann abzuraten, wenn keine Veränderungen der interessierenden Strukturen zu befürchten sind. Die Gefahr, beim Entkalken radioaktive Substanzen zu verschleppen und die Aktivitätsverteilung im Präparat zu verändern, ist zu groß. Für autoradiographische Untersuchungen an größeren Knochen haben LOTZ, GALLIMORE und BOYD (274) eine Anordnung zum Herstellen verhältnismäßig dünner Schnitte entwickelt. Die erreichbare Schnittdicke beträgt etwa 2 mm. Vor dem Schneiden werden die frisch präparierten Knochen mit *Duco cement* auf ein glattes Brett gekittet, wobei man die longitudinale Achse des Knochens nach Möglichkeit

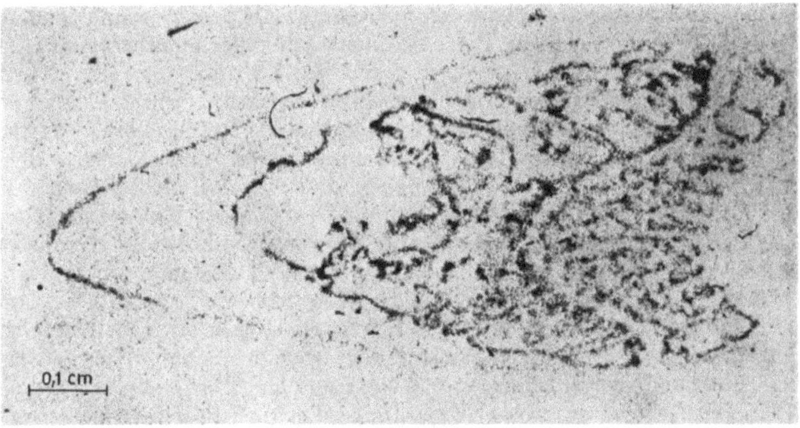

a)

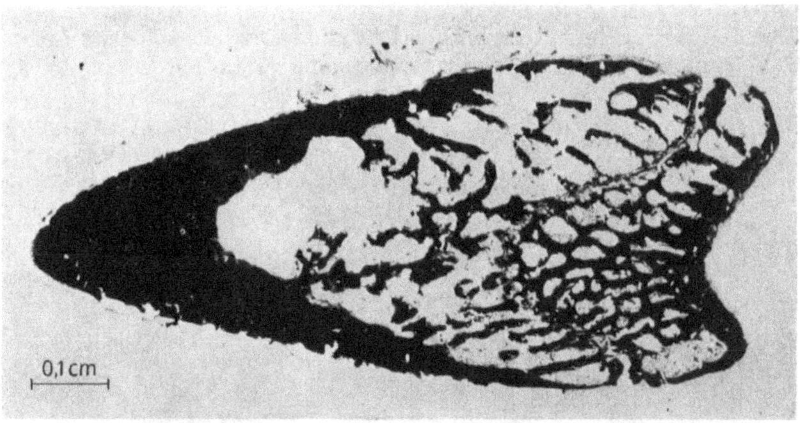

b)

Abb. 26. Kontakt-Autoradiogramm des *Femurs* einer erwachsenen Ratte nach Injektion einiger Gamma Plutonium, das zu den „knochensuchenden" Elementen gehört; Tötung nach 8 Tagen. Man beachte die Speicherung an der Oberfläche von Schaft sowie Trabekel und die Abwesenheit im epiphysealen Knorpel (a). Der zugehörige Schnitt (b) wurde mit $AgNO_3$-Hämatoxylin-Eosin behandelt. Aus: HAMILTON (177)

parallel zum Brett ausrichtet. Das Bindmittel härtet über Nacht aus. Bei kurzlebigen Isotopen, oder wenn Dislokationen der radioaktiven Substanzen zu befürchten sind, ist es besser, einen Gips (*Plaster of Paris*) zu verwenden, der wesentlich schneller aushärtet. Im letzteren Fall kann man bereits 30 Minuten nach dem Angipsen mit dem Zuschneiden der Knochen beginnen, wozu die Autoren eine vibrationsarme, elektrisch angetriebene Bandsäge benutzen. Durch das fest mit dem zu schneidenden Material verbundene Brett, das eine ebene Außenfläche aufweisen muß, läßt sich das Knochenpräparat während des Schneidevorganges sicher handhaben. Beim Schneiden wird das Brett an einer fest mit dem Sägetisch verbundenen Schiene entlanggeführt, so daß eine ebene Schnittfläche resultiert. Durch Parallelverschiebung der Schiene lassen sich Schnitte verschiedener Dicke herstellen. Zur Vermeidung radioaktiver Kontamination durch Sägespäne und aus Gründen des Strahlenschutzes befindet sich die ganze Anlage in einer *Glovebox*, die mit einem handelsüblichen Staubsauger verbunden ist. Für den Fall, daß man an einer genaueren histologischen Auswertung der Knochenschnitte interessiert ist, wird das Einfrieren des Objektes mit Trockeneis nach erfolgter Härtung des Bindemittels empfohlen. Verunreinigungen der Schnittfläche durch verschleppte Sägespäne werden mit einer weichen Bürste sorgfältig entfernt. Die autoradiographische Exposition erfolgt in lichtdichten Kassetten bei —15 bis —20° C mit Röntgenfilm, der zur Vermeidung von Chemographie gegebenenfalls durch eine dünne Kunststoff-Folie vom Präparat getrennt wird.

Eine ähnliche „Schnitt"-Technik wie LOTZ et al. wendete bereits LIBBY (268) zum Vorschneiden ganzer tiefgefrorener Tiere an. Relativ dicke

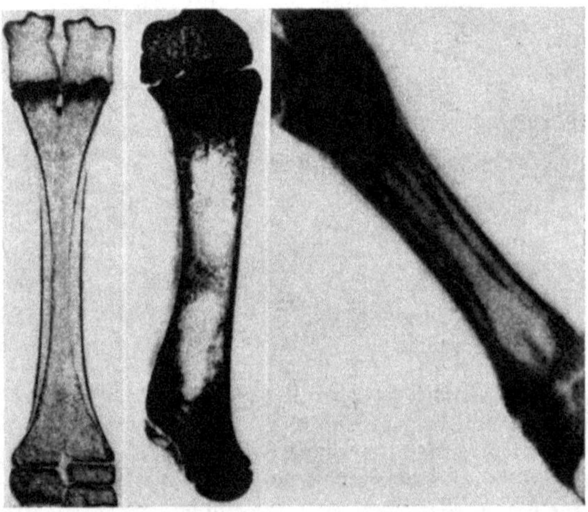

a) b) c)

Abb. 27. Kontakt-Autoradiogramme von Knochenschnitten nach LOTZ, GALLIMORE und BOYD (274)

a) *Metatarsus* eines Kalbes nach oraler Verabreichung von 0,5 mC einer nicht näher bezeichneten ^{45}Ca-Verbindung, Expositionszeit 15 Tage

b) *Femur* eines 80 Tage alten Schweines nach i. v.-Verabreichung von 0,25 mC einer ^{45}Ca-Verbindung, Tötung nach 10 Tagen, Expositionszeit 13 Tage

c) *Metatarsus* eines Stieres, 4,85 mC ^{90}Sr- und ^{90}Y-Salz, Expositionszeit 2 Tage

Schnitte von etwa 3 bis 4 mm Dicke werden anschließend gefriergetrocknet, mit Paraffin getränkt und mit einem Mikrotom nachträglich auf eine Dicke von 1 mm gebracht.

KALBERER (222) benutzt eine Kreissäge zum Schneiden von Tieren, die in flüssiger Luft eingefroren wurden. Anschließend wird der gefrorene Körper in einen Papierbrei eingetaucht. Durch den anfrierenden Breimantel ist das Objekt besser zu handhaben und vor allem ohne Gefahr für mechanische Verletzungen in eine spezielle Halterung auf dem Sägetisch einzuspannen (Abb. 28).

Abb. 28. Halterung für tiefgefrorene Objekte bei der Herstellung von Ganzkörperschnitten nach KALBERER (222). Die Abbildung zeigt ein transversal geschnittenes Laboratoriumstier

Die Kontaktmethode in der Knochen-Autoradiographie hat den großen Vorteil, sehr einfach und als Routinemethode geeignet zu sein. Präparat und Autoradiogramm können nach der Exposition getrennt und ohne gegenseitige Beeinflussung verarbeitet werden. Der große Nachteil der Methode aber ist das mangelnde Auflösungsvermögen wegen des relativ schlechten Kontaktes zwischen Präparat und Photoschicht. Eine zelluläre Lokalisation von Radioelementen ist nicht möglich.

Speziell für den Nachweis von α-Strahlern in Knochen haben HSIEH, HUNGATE u. WILSON (208) eine Technik entwickelt, die eine drastische Reduktion der Expositionszeit ermöglicht. Ausgehend von der Überlegung, daß zur Belichtung eines Silberhalogenidkorns weniger als 100 eV notwendig sind (s. Abschn. 6.2.2), also mehr als 99 % der Energie eines Strahlers von 5 MeV ineffektiv bleibt, versuchten sie, durch Einschalten einer Leuchtmasse die Kornausbeute zu erhöhen. In mikrokristallinem Zinksulfid, das geringe Silberspuren enthält ($ZnS:Ag$

P7—920B, U.S. Radium Co.) fanden sie einen geeigneten Energiewandler. 25 g Sulfid wurden in 100 ml 2%iger wäßr. Gelatine suspendiert und entweder direkt auf den Knochenschnitt gebracht oder unter Zwischenschalten einer aluminierten Folie (*Mylar film*, 1 mg/cm² Alexander Vacuum Co., USA) oder von Plastikmaterial ausgestrichen. Anstelle der sonst üblichen Kodakfilmplatten NTA oder NTB werden Polaroidfilme verwendet. Man bringt sie, wie bei der Kontaktautoradiographie üblich, mit leichtem Druck direkt mit dem Präparat in Berührung (Abb. 29).

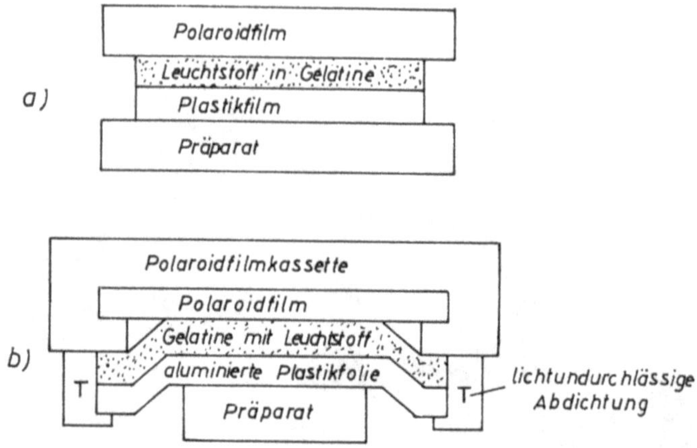

Abb. 29. Schema der Anordnung bei der Schnellautoradiographie nach Hsieh u. Mitarb. (208)

a) normale Kontaktmethode unter Einbeziehung einer dünnen Leuchtstoff-Schicht

b) Routineanordnung mit Polaroidfilmkassette, die durch eine dünne, mit Zinksulfid substratierte Aluminium-Kunststoff-Folie lichtdicht verschlossen ist

Im Vergleich zu den vorgenannten Filmplatten ist die erforderliche Expositionszeit rund 1000 mal geringer, so daß man mitunter schon nach einigen Minuten über fertige Autoradiogramme verfügt. Die Auflösung soll dabei nur um ein Geringes schlechter sein, als man sie nach herkömmlichen Methoden erzielt. Für Routineuntersuchungen wird eine Anordnung empfohlen, bei der unmittelbar über dem offenen Fenster einer Polaroidkassette die mit Zinksulfid substrierte Aluminium-Kunststoff-Folie zu liegen kommt. Die zu untersuchenden Schnitte brauchen nunmehr nur noch angepaßt zu werden (Abb. 29b). Man kann sie bei normaler Beleuchtung jederzeit schnell austauschen und verfügt praktisch sofort über die zugehörigen Autoradiogramme. Als Polaroid-Filmmaterial wird *Polascope 410* oder *Land 57*, *positiv* und auch *negativ*, verwendet.

Wir können nur mit wenigen Beispielen auf die Bedeutung der Autoradiographie bei der Erforschung von Aufbau und Stoffwechsel der Knochen und Zähne hinweisen: ERBACHER und WANNEMACHER (123) konnten erstmals zeigen, daß der Schmelz einen Stoffwechsel hat. COUCEIRO (86) wies nach, daß der Zahnstoffwechsel relativ rasch vor sich geht. BARTELSTONE et al. (29) stellten fest, daß zwischen Blut und Zähnen ein dynamisches Gleichgewicht besteht. In neuerer Zeit wird die Autoradiographie zur Erforschung des Calcium- und Fluorstoffwechsels der Zähne herangezogen (28; 35; 465).

4.3.5. Ganztier-Autoradiographie

Die Entwicklung der Schneidetechnik und der kommerzielle Vertrieb von Serienschnittmikrotomen (Abb. 22, 24) haben die Autoradiographie von größeren biologischen Objekten, speziell ganzer Laboratoriumstiere (Ganztier-Autoradiographie), sehr gefördert (67). Hierzu wird ein Versuchstier in sagittaler oder longitudinaler Richtung zerschnitten. Es entstehen Präparate, die entsprechend der Vielzahl der in ihnen vorhandenen Gewebe und Organe heterogen beschaffen und mechanisch wenig restistent sind. Ihre Handhabung erfordert große Sorgfalt und stellt auch in Hinblick auf die autoradiographische Technik besondere Ansprüche. Da die Ganztier-Autoradiographie in der pharmakologischen Forschung in zunehmendem Maße angewendet wird, soll sie im folgenden eingehend behandelt werden. Wir werden uns dabei auf die von ULLBERG praktizierte Methode beschränken, die fast allen einschlägigen Publikationen zugrunde liegt.

Mäuse, Ratten und Meerschweinchen sind die am häufigsten verwendeten Tiere. Prinzipiell wären auch noch größere Tiere geeignet, aber die technischen Anforderungen, Schwierigkeiten und Fehlermöglichkeiten wachsen mit zunehmender Tiergröße. Man benötigt ein Mikrotom mit schwerem Schlitten, z. B. vom Typ „Grundschlitten“ (Fa. Leitz, Wetzlar), „K“ oder „Minot“ (Fa. Jung, Heidelberg), das in einer thermostatisierten Kühlkammer eingebaut ist (Abb. 22). Die übliche Schnittstärke bei der Ganztier-Autoradiographie beträgt etwa 20 μ.

Das Versuchstier wird entweder in einer Trockeneis-Hexan-Mischung (— 75° C) oder in Isopentan/flüss. Stickstoff (— 150° C) eingefroren. Durch Anfrieren mit einem zähflüssigen Carboxymethylcellulose-Wasser-Gemisch befestigt man den Tierkörper am Mikrotomtisch. Jegliches oberflächliche Auftauen muß vermieden werden. Die Kryostatraumtemperatur soll mindestens — 10° C betragen. Das Präparat muß sich mit der Kryostat-Temperatur im thermischen Gleichgewicht befinden. Bis sich dieses einstellt, sind Maßnahmen zu treffen, um das oberflächliche Austrocknen des Präparates zu verhindern (s. Abschn. 4.3.2). Es empfiehlt sich, größere Tiere mit einer Miniaturkreissäge zum

Schneiden vorzubereiten (Abb. 28) und den ersten Anschnitt zunächst mit einem groben Messer auszuführen.

Mit Hilfe einer kleinen Bürste werden an die glatten Schnittflächen vorsichtig transparente, selbstklebende Plastikfolien (*Tesa*, Fa. Beiersdorf, Hamburg; *Scotch tape no. 688* oder *810*, Minnesota Mining and Manufacturing Comp.) angebracht. Beim Schneiden muß während des Messerdurchgangs mit einem Pinsel ein leichter Druck auf die Folie in der jeweiligen Höhe der Messerschneide ausgeübt werden. Vor der Weiterbehandlung wird der Schnitt durch längere offene Lagerung im Kryostaten gefriergetrocknet.

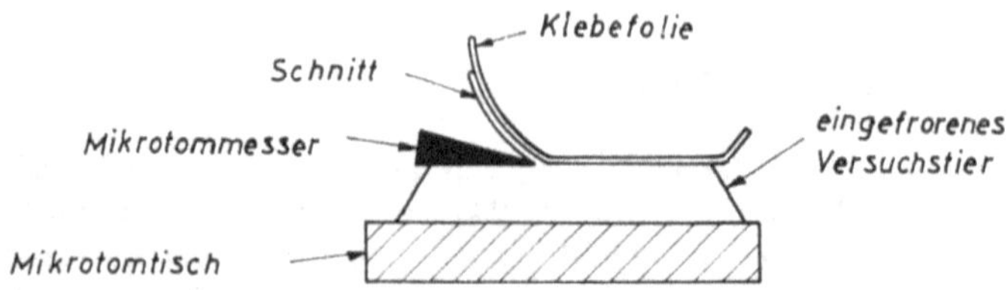

Abb. 30. Schematische Darstellung der Vorgänge beim Herstellen von Ganztierdünnschnitten zur Autoradiographie nach ULLBERG

ULLBERG verwendet für alle Isotope *No-screen X-ray film*, außer für den Nachweis tritiierter Substanzen. Hierfür empfiehlt er *Ilford G5*-Platten. Die trockenen Schnitte werden zur Autoradiographie gegen den Film gepreßt. Es handelt sich also um ein Kontaktverfahren in Anlehnung an die von EVANS (128) und ENDICOTT und YAGODA (122) beschriebene *mounted*-Methode. Nach der Herstellung des Kontaktes zwischen Schnitt und Film legt man einige Schichten Papier auf die Rückseite der Klebefolie. Die schichtförmige Anordnung, bestehend aus Papier, Klebefolie, Schnitt, Film bzw. Platte und abermals Papier, wird in einer Presse exponiert, die mit leichtem Druck für den Zusammenhalt sowie gleichmäßigen Kontakt sorgt und ein Verschieben der Teile vermeidet.

Alle Arbeitsgänge mit offenem photographischem Filmmaterial müssen bei indirekt auffallendem Schutzlicht, z. B. *Kodak-Safelight Filter, Wratten No. 6*, ausgeführt werden.

Die minimale Dauer der gemeinsamen Exposition von histologischem Präparat und Film richtet sich nach der effektiven Aktivität des Schnittes. Für ^{14}C gilt als Faustregel, daß 5 μC/20 bis 25 g Körpergewicht (Maus) bei 20 μ-Schnitten zur Erzeugung der notwendigen Schwärzung auf Röntgenfilm drei bis vier Wochen benötigen. Zum Abschätzen der Expositionszeit macht KALBERER (222) die in Tabelle 6 angeführten Zahlenangaben, die sich allerdings auf seine speziellen Verfahrensbedingungen beziehen.

Die Exposition wird in lichtdichter Verpackung bei — 20°C vorgenommen. Den Angaben der Autoren zufolge, lassen sich dadurch chemographische Effekte auf ein Minimum reduzieren. Nach beendeter Expo-

Tabelle 6

Expositionszeit für die Ganztier-Autoradiographie nach KALBERER (222). Den Werten liegt der Röntgenfilm *Structurix D10* (Gevaert) zugrunde

Isotop	Dosis μC/kg	Expositionszeit in Tagen
^{3}H	10^{4}	30
^{14}C	50	10
^{35}S	50	10
^{59}Fe	100	1

sitionszeit trennt man Film und Schnitt voneinander. Der Film wird als Röntgenfilm behandelt. Die Weiterverarbeitung des Schnittes — Fixieren, Färben — erfolgt stets zusammen mit der anhaftenden Trägerfolie. Nach dem Färben und Entwässern in Alkohol werden Schnitt samt Folie auf große Glasobjektträger oder transparente Kunststoffobjekt-

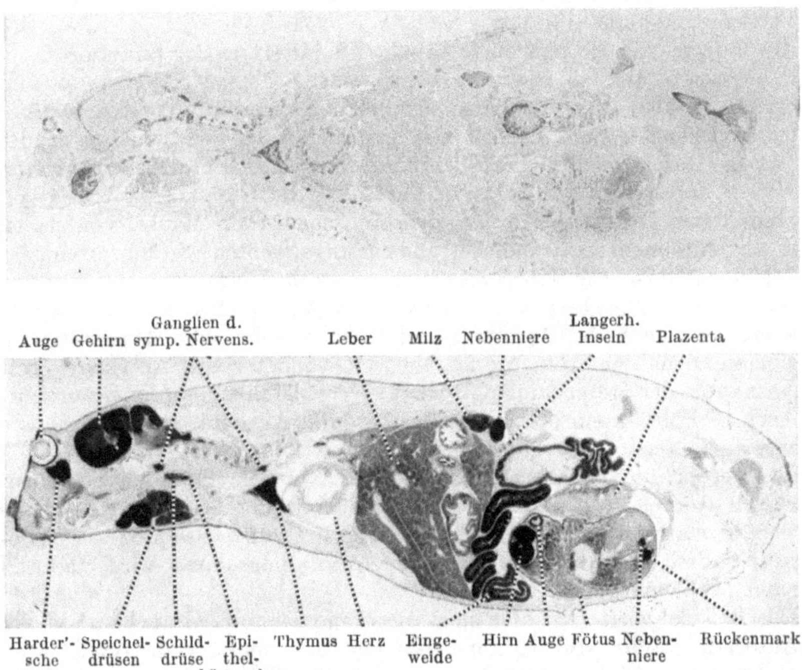

Abb. 31. Autoradiogramm (oben) und Ganztierschnitt (unten), die mit der in Abschn. 4.3.5. beschriebenen Methode nach ULLBERG angefertigt wurden. Das Versuchstier erhielt ^{14}C-markierte Ascorbinsäure. Näheres siehe HAMMARSTRÖM (179)

träger gebracht und mit einer alkohollöslichen Klebemasse (z. B. *Euparal*, Fa. Flatters u. Garnett, Manchester) unter ein Deckglas eingebettet.

4.3.6. Anwendungen der Ganztier-Autoradiographie

Wie bereits angedeutet, findet die Ganztier-Autoradiographie bei pharmakologischen Untersuchungen zu Übersichtsstudien der Verteilung von Pharmaka (116; 117; 339) oder deren radioaktiven Metaboliten, sowie zur Beobachtung der zeitlich abhängigen Aufnahme in einzelnen Organen und Geweben Verwendung. Diese Entwicklung wurde insbesondere durch Arbeiten von Ullberg et al. (449; 450; 451; 452; 453; 455; 456; 6; 366) stimuliert, die u. a. Untersuchungen über Verteilung und Exkretion von Penicillin, Östrogenen, 5-Hydroxytryptamin, 5-Hydroxytryptophan oder Atropin betreffen. In zweiter Linie folgen Untersuchungen über die Aufnahme und Verteilung anorganischer Ionen oder Molekeln, bei denen meist ein toxikologisches Interesse im Vordergrund steht (116).

Als Beispiel für die pharmakologische Orientierung der Ganztier-Autoradiographie soll eine Untersuchung von Sjöstrand, Cassano und Hansson (416) über die Verteilung von Chlorpromazin, einer psychotrop wirkenden Substanz, dienen. Ausmaß und Geschwindigkeit der Passage durch die Blut-Hirn-Schranke sowie durch die Plazenta waren hierbei neben dem Studium der Verteilung im Gesamtorganismus von besonderem Interesse. Als Versuchsobjekte dienten Mäuse, von denen in verschiedenem zeitlichem Abstand zur intravenösen ^{35}S-Chlorpromazin-Injektion (0,25 μC/g Körpergewicht) sagittale Gefrierschnitte (vorwiegende Dicke 20 μ) hergestellt wurden. Die Autoren beobachteten bereits kurze Zeit nach der Applikation der Droge sehr hohe Aktivitäten in einigen Hirnabschnitten. Sie fanden vier Stunden später im Hirn — mit Ausnahme der Hippocampus-Region — praktisch keine Aktivität mehr. Auch in Föten konnte man den Einbau von Aktivität beobachten. Die zitierte Untersuchung gewinnt noch dadurch an Wert, daß zusätzlich die Metaboliten chemisch charakterisiert wurden. Es konnte nachgewiesen werden, daß bereits 20 Minuten nach der Injektion erhebliche Veränderungen der Drogensubstanz durch Stoffwechselprozesse eingetreten sind. Die Interpretation der Autoradiogramme wird dadurch recht problematisch.

Das Beispiel wirft ganz allgemein die Frage nach der Brauchbarkeit der Autoradiographie für Untersuchungen mit markierten organischen Molekülen an biologischen Objekten auf. Im Grunde gibt es nur relativ wenige Substanzen, bei denen die Autoradiographie *allein* eine Klärung über Transportwege und Aufenthaltsorte im lebenden Organismus erbringen kann. Es sind dies die *nicht endogenen*, Stoffwechsel-inerten Substanzen. Nur bei diesen sind die Silberkörner des Autoradiogramms ein Indikator für das Vorhandensein dieser Stoffe im Präparat. In allen anderen Fällen repräsentieren Silberkörner lediglich die Anwesenheit des jeweiligen radioaktiven *Tracer*-Atoms, das durchaus eben auch irgendwelchen Metaboliten angehören kann. Auf die Gefahr, die sich bei Unkenntnis des Stoffwechsels der applizierten Substanz für Fehlinterpretationen von Autoradiogrammen ergibt, muß daher nachdrücklich hingewiesen werden. Solange der Stoffwechsel nicht bekannt ist, sollten Autoradiogramme eigentlich nur im Sinne negativer Aussagen interpretiert werden, etwa durch Beschreiben jener Organ- oder Gewebsteile, in denen offensichtlich kein Einbau von aktivem Material erfolgt; andernfalls kann man nur vom Vorhandensein „radioaktiver" Substanz sprechen.

Anders liegen die Verhältnisse bei autoradiographischen Untersuchungen mit anorganischen Ionen, wie z. B. Phosphat- (255) oder Jodid-Ionen (454), bei denen direkt aus der Schwärzung des Autoradiogramms auf das Ausmaß ihres Vorhandenseins zu schließen ist. Natürlich kann man über den jeweiligen chemischen Bindungszustand autoradiographisch nichts erfahren. Verteilungsstudien der letztgenannten Art stellen übrigens einen sehr großen Teil der bisher durchgeführten autoradiographischen Untersuchungen dar und dürften wohl nahezu von allen Elementen vorliegen. Teils sind sie von erheblichem Interesse im Zusammenhang mit der Inkorporation radioaktiver Substanzen, die bei atomaren Reaktionen, wie z. B. Atombombenexplosionen, freigesetzt werden und unter bestimmten Umständen durch allmähliche selektive Anreicherung in bestimmten Organen und Geweben latente Strahlenschäden verursachen können.

Andere Ganztier-autoradiographische Studien betreffen toxisch wirkende Substanzen, wie z. B. Quecksilberverbindungen. Es wurden Versuche mit dem Isotop ^{203}Hg durchgeführt, das ein relativ starker β-Strahler ist und eine Halbwertzeit von nur 47 Tagen hat. Im Gegensatz zu vielen anderen anorganischen Salzen, die in wäßriger Lösung weitgehend elektrolytisch dissoziiert sind, zeigen einige Quecksilbersalze bekanntlich ein abweichendes Dissoziationsverhalten, so daß bei diesen der anionische Bindungspartner die pharmakologischen und toxikologischen Eigenschaften mitbestimmen kann. Dementsprechend erstrecken sich auch die autoradiographischen Untersuchungen über Aufnahme, Verteilung und Ausscheidung von Quecksilber auf eine Anzahl verschiedener anorganischer und metallorganischer Verbindungen, wie z. B. Quecksilber-(II)-Chlorid (44), Methyl-Quecksilber-dicyandiamid (45) oder Phenyl-Quecksilber-acetat (46; 47). Die jeweils unter vergleichbaren Bedingungen angefertigten Autoradiogramme dieser Substanzen zeigen bedeutende Unterschiede. Interessant sind ferner auch die Ergebnisse von Untersuchungen, bei denen außer der markierten Quecksilberverbindung das bekannte Antidot 2,3-Dimerkaptopropanol („BAL"), verabreicht wurde (47; 43). Hierbei konnte z. B. ein beschleunigter Übertritt von Queck-

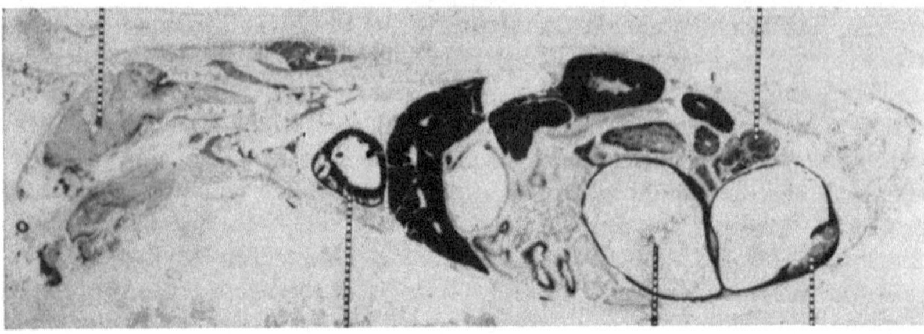

a)

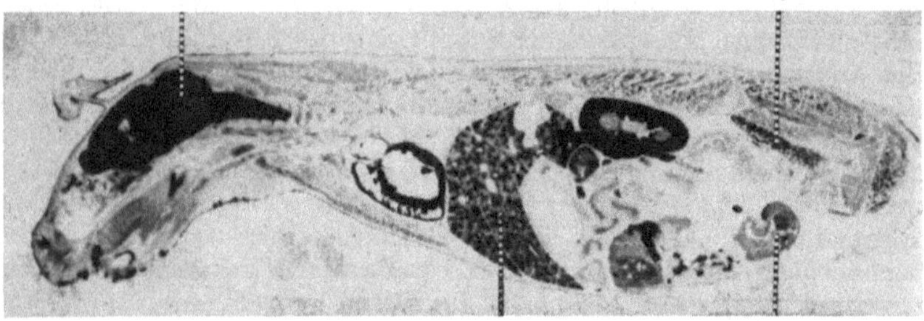

b)

Abb. 32. Autoradiogramme zur Verteilung von ^{203}Hg in sagittalen Ganzkörperschnitten von Mäusen: a) 8 Tage nach der Injektion von Phenyl-^{203}Hg-acetat, b) 8 Tage nach der Injektion von Phenyl-^{203}Hg-acetat und BAL. Man beachte die deutlichen Einbauunterschiede zwischen Hirn und Leber beider Präparate. Aus (47)

silber nach intravenöser Injektion von Methyl-^{203}Hg-Dicyandiamid festgestellt werden. Ferner war die Konzentration von Quecksilber im Hirn bei BAL-behandelten Mäusen besonders hoch (Abb. 32). Eine Zunahme der Quecksilberausscheidung der mit dem Antidot behandelten Tiere konnte nicht festgestellt werden. Diese Ergebnisse sind geeignet, Zweifel an der Nützlichkeit von BAL bei der Behandlung von akuten Quecksilbervergiftungen auszulösen.

Die umstrittene Frage nach der Aufnahme von elementarem Quecksilber über die Atemwege scheint demgegenüber bislang noch nicht autoradiographisch untersucht zu sein, was um so erstaunlicher ist, als doch gerade der Nachweis derartig kleiner Mengen eine Domäne der Autoradiographie ist. Gleiches gilt auch für den Nachweis der Aufnahme von metallischem Quecksilber bei versehentlicher oraler Inkorporierung.

Weitere Beispiele sinnvoller Anwendung der Ganztier-Autoradiographie betreffen toxikologisch wirksame Substanzen, wie Schädlingsbekämpfungsmittel und Herbizide. So untersuchten Bäckström, Hansson und Ullberg (24) Stoffwechselwege und Wirkungsorte von 1.1-p.p'-Dichlordiphenyl-2.2.2-trichloräthan („DDT") und Dieldrin. Auch bei Untersuchungen über seltenere Elemente im Organismus, z. B. Yttrium (9) oder Plutonium (456), das bei Atombombenexplosionen in die Atmosphäre gelangen kann und in Spuren durch die Nahrung vom Organismus aufgenommen wird, hat sich die Ganztier-Autoradiographie bewährt*. Schließlich ist noch auf eine Arbeit von Lal (247) über die Verteilung einer Enzymaktivität hinzuweisen. Die direkte autoradiographische Abbildung von Enzymen ist praktisch unmöglich, weil ihre extrakorporale radioaktive Markierung — deren Durchführung zwar prinzipiell nicht ausgeschlossen ist — kaum zum Ziele führt. Wegen der Schwierigkeit, ein markiertes Enzym an den Wirkungsort im Organismus zu bringen, bediente sich Lal einer Art indirekten Markierung, indem er nicht das eigentlich interessierende Enzym, die Urease, sondern Harnstoff als dessen Substrat in radioaktiver Form applizierte. In der Intensität der Schwärzung des Autoradiogramms wird ein Maß für die enzymatische Aktivität gesehen. Man geht dabei offensichtlich von der Vorstellung aus, daß sich Substrate oder deren Metaboliten in den Stätten höherer Enzymtätigkeit anreichern — eine Vorstellung, deren generelle Gültigkeit nicht für alle Enzyme bzw. deren Substrate erwartet werden darf. Lal gründet sein Verfahren und die Interpretation der Autoradiogramme auf ebenfalls autoradiographisch ausgewertete Experimente, in denen er anstelle markierten Harnstoffs inaktives Substrat, sowie auch Thioharnstoff und zusätzlich freie isolierte Urease verwendet hat. Seine autoradiographischen Enzymaktivitätsbilder stehen nicht im Widerspruch zu der bisher für einzelne Organe und Gewebe bekannten Verteilung der Urease.

Dasselbe Prinzip wurde auch auf mikroskopische Objekte übertragen. Ostrowski, Barnard et al. (331; 332; 333) haben die enzymatische Aktivität der Acetylcholinesterase im Mäusezwerchfell mit ^{3}H-Diisopropylphosphorofluoridat als spezifischer Inhibitor autoradiographisch untersucht. In vergleichenden Untersuchungen mit Acetylthiocholin, womit eine selektive Färbung der motorischen Endplatten möglich ist, konnte nachgewiesen werden, daß die autoradiographische Schwärzung streng auf die Endplatten beschränkt ist. Die gleiche Thematik wurde von Salpeter, Rogers und Barnard (393) elektronenmikroskopisch-autoradiographisch behandelt.

---

* Monographien zum Thema „Inhaleted Particles and Vapours" von C. N. Davies mit zahlreichen autoradiographischen Beiträgen sind 1961 bzw. 1965 im Verlag Pergamon Press, New York, erschienen.

4.4. Sonstige makroskopische Objekte

4.4.1. Eisenverteilung in Magnettonbändern

Die Wiedergabequalität akustischer Aufzeichnungen auf Magnettonbändern hängt unter anderem von der Homogenität der Verteilung des magnetisierbaren Materials ab, das in der Regel aus Eisen-(II, III)-oxid besteht. Makin und Nunley (281) haben eine Methode zur Kontrolle der Verteilung des magnetisierbaren Materials in Tonbändern entwickelt. Diese Methode bedient sich der Überführung von Eisen, das in der Natur als Isotopengemisch vorkommt, in die vorwiegend β-strahlenden Isotope ^{57}Fe und ^{58}Fe mittels Neutronenbestrahlung (s. Abschn. 4.1.1, Tab. 2). Die Autoren setzen Proben von Tonbändern während eines Zeitraumes von 5 Tagen in einer Neutronenquelle einem Neutronenfluß von etwa 10^{12} n/cm^2 sec. aus. Im Anschluß an die Neutronenaktivierung wurden die Proben auf *Kodaline*-Film (Kodak) gelegt und mit diesem etwa 24 Stunden exponiert.

Obwohl das zu untersuchende Material auf Grund seines relativ hohen Eisengehaltes für die Neutronenaktivierung besonders geeignet ist, war die Überprüfung auf nichteisenhaltige radioaktive Produkte unerläßlich. Die Autoren konnten anhand von Autoradiogrammen verschiedener

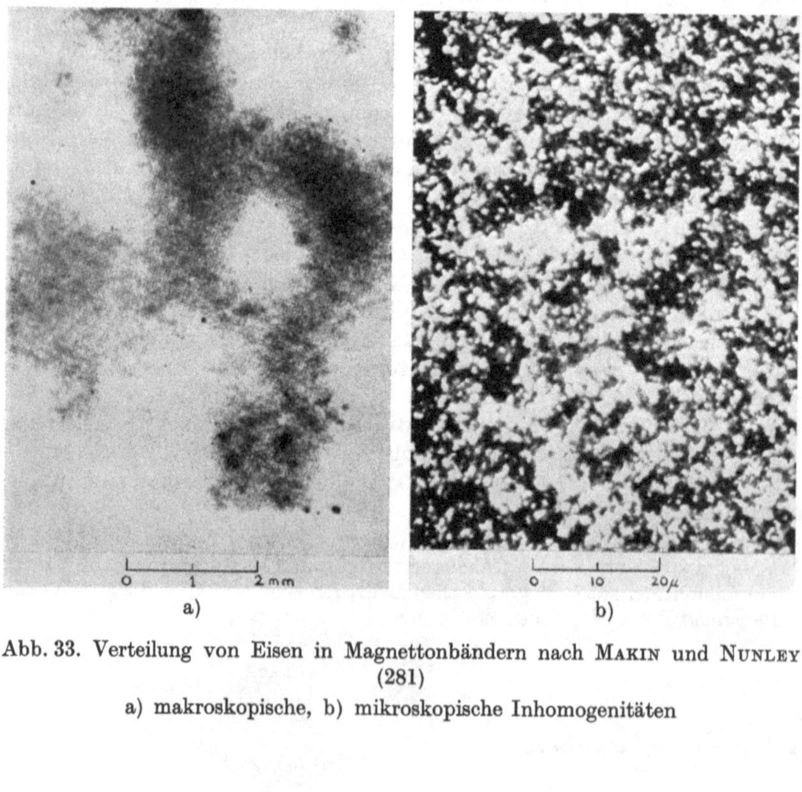

a) b)

Abb. 33. Verteilung von Eisen in Magnettonbändern nach Makin und Nunley (281)

a) makroskopische, b) mikroskopische Inhomogenitäten

Proben mit unterschiedlicher Neutronenaktivierungszeit, der Analyse des Gammastrahlenspektrums der aktivierten Tonbandproben sowie der Aktivitätsabklingzeiten nachweisen, daß unter den angegebenen Versuchsbedingungen kaum weitere Strahler vorhanden sind, die zu einer nennenswerten Verfälschung der autoradiographischen Abbildung der Eisenverteilung führen könnten.
Das untersuchte Tonbandmaterial wies sowohl makroskopische als auch mikroskopische Unregelmäßigkeiten in der Eisenverteilung auf. Bereits mit bloßem Auge ließen sich Unregelmäßigkeiten mit Abständen von 1 bis 3 mm feststellen (Abb. 33a). Außerdem zeigten sich im Mikroskop Inhomogenitäten im Bereich von 5 μ (Abb. 33b), die sich eindeutig auf die unterschiedliche Eisenverteilung zurückführen lassen.

4.4.2. Die kriminologische Untersuchung handgeschriebener Dokumente

Eine für die Kriminalistik wichtige Methode zum Nachweis von Korrekturen in Dokumenten haben Gordon und Lisichenko (161) beschrieben. Mit dieser Methode ist es möglich, alle jene Änderungen zu erfassen, welche mit Tinte vorgenommen wurden, die in ihrer chemischen Zusammensetzung von der zum Schreiben des Originals benutzten abweicht. Sogar Fälschungen mit derselben Tinte lassen sich nachweisen, wenn sich das Alter des Originals von dem der später vorgenommenen Änderung deutlich unterscheidet.
Der zu untersuchende Teil des Dokumentes wird entweder mit salpetersaurer 0,1 N Silbernitratlösung, die 1 mC ^{110}Ag/ml enthält, oder mit einer Lösung von Thalliumsulfat, in welcher sich das Isotop ^{204}Tl befindet, durchtränkt. Nach 5 Minuten wäscht man zur Entfernung des Reagensüberschusses mit 0,01 %iger Salpetersäure. Anschließend lagert man das getrocknete Schriftstück in engem Kontakt mit Photopapier im Dunkeln und entwickelt nach etwa 24 Stunden das Photopapier in üblicher Weise.

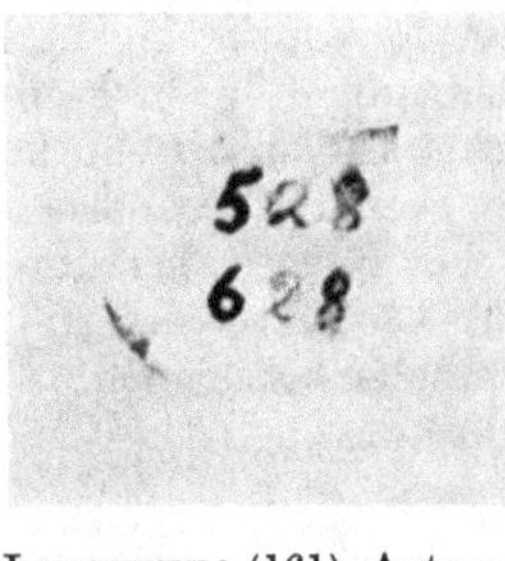

Abb. 34. Aus: Gordon und Lisichenko (161). Autoradiogramm einer mit salpetersaurer $^{110}AgNO_3$-Lösung behandelten Schriftprobe mit Methylviolett-Tinte. Die Zahlen „5" und „6" wurden eineinhalb Jahre später als der Haupttext mit den Zahlen „28" mit derselben Tinte zugefügt. Die Änderung gibt sich erst im Autoradiogramm zu erkennen

Das Prinzip dieses Verfahrens, das allen rein analytisch-chemischen Methoden der Dokumentenprüfung hinsichtlich der Nachweisempfindlichkeit überlegen ist, basiert auf der Bindung des radioaktiven *Tracers* an die Bestandteile der eingetrockneten Tinte, hauptsächlich an Chloridionen. Wegen ihrer geringen Löslichkeit bleiben die entstehenden Salze im Papier haften. Aber auch Anilinfarben, als Bestandteile vieler Tinten, adsorbieren Silber- und Thalliumionen, obwohl diese Tinten nur unbedeutende Chloridmengen enthalten, so daß auch derartige Schriftzüge radioaktiv markiert werden. Die Autoren konnten zeigen, daß das Ausmaß der Silberadsorption durch das Alter der Schrift bestimmt wird (Abb. 34). Im Gegensatz zu den sauren Farbstoffen, hängt der Adsorptionsgrad bei den basischen, welche die Isotope ^{110}Ag und ^{204}Tl adsorbieren, nicht vom Alter der Schrift ab.

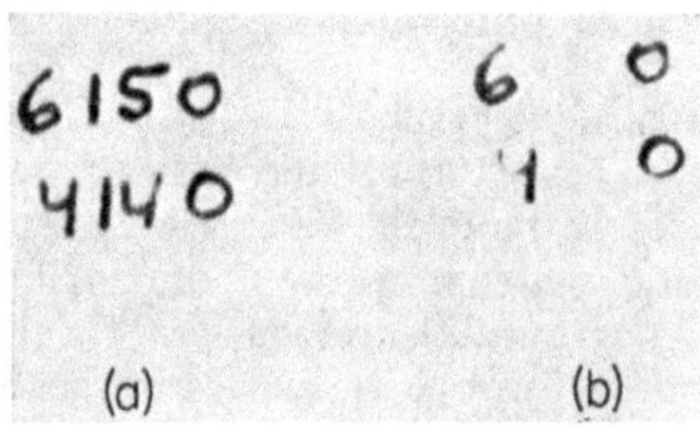

Abb. 35. Die Zahlen auf der linken Seite (a) wurden mit Methylenblau-Tinte geschrieben. Sie zeigen keine Farbtonunterschiede. Nach Behandlung mit Kaliumferro-^{14}C-cyanid deckt das Autoradiogramm dieser Zahlen (b) die Verwendung verschiedener Tinten auf. Aus: GORDON und LISICHENKO (161)

Außer mit Silber- und Thalliummarkierung haben GORDON und LISICHENKO auch mit komplexen Anionen wie $[Fe(CN)_6]^{4-}$, $[Zn(CNS)_4]^{2-}$, $[TlBr_4]^{-}$ und $[CdJ_4]^{2-}$ gearbeitet. In Übereinstimmung mit einer Regel von FAJANS und PANETH, wonach dasjenige Ion, das die schwerstlösliche Verbindung mit dem Farbstoff eingeht, am stärksten adsorbiert wird, erhielten sie mit den aufgeführten komplexen Anionen, die mit ^{35}S, ^{131}J oder ^{14}C markiert waren, deutliche autoradiographische Schwärzungsunterschiede. Somit ist es also auch möglich, zwischen Schriften mit Tinten gleicher Farbe, aber unterschiedlichen Fabrikates zu unterscheiden (Abb. 35). Das Verfahren soll sich auch zum Nachweis von Fälschungen mit Stempelfarben eignen.

4.4.3. Nachweis von Fingerabdrücken

Die allgemein gebräuchlichen Methoden zum Nachweis und zum Sichtbarmachen von Fingerabdrücken versagen bei Abdrücken auf Papier und Textilien. TAKEUCHI, SAKAGUCHI und NAKAMOTO (436) haben ein Verfahren ausgearbeitet, das diesen Mangel in der Alltagskriminalistik beseitigt und Fingerprints auf Papier, Holz und textilem Gewebe mit Ausnahme von Seide und Wolle nachzuweisen und aufzuzeichnen gestattet.

Das autoradiographische Fingerabdruckverfahren beruht im Prinzip auf der Affinität von gasförmigem Formaldehyd zu den stets vorhandenen Sekretionsprodukten der Haut (Aminosäuren, Amine), welche in Spuren an berührten Gegenständen haften bleiben und die Papillen der Finger abbilden. Im einzelnen gestaltet sich die Durchführung des Verfahrens etwa folgendermaßen: Radioaktiv markierter Formaldehyd, der z. B. als ^{14}C-Paraformaldehyd kommerziell erhältlich ist, wird mit Schwefelsäure behandelt und in ein evakuiertes Glasgefäß (ca. 20 Torr, 200 cm^3) geleitet, das über ein Ventil mit einem weiteren Glasbehälter verbunden ist, in welchem sich die zu untersuchenden Proben befinden. Zur Erhöhung der Reaktionsgeschwindigkeit wird dieses Gefäß etwa 10 Minuten mit einer Glühlampe bestrahlt. Nach dem anschließenden Absaugen des überschüssigen Aldehyds wird belüftet und die Proben aus dem Reaktionsgefäß entfernt. Mit einem Geiger-Müller-Zählrohr lassen sich die fingerabdruckverdächtigen Stellen abtasten und Fingerabdrücke lokalisieren. Die so ermittelten Bezirke werden bei geeigneter Dunkelkammerbeleuchtung mit Röntgenfilmen in festen Kontakt gebracht. Die weitere Lagerung erfolgt unter Lichtabschluß bei Temperaturen um + 5° C in trockener Atmosphäre. Aus der mit dem Zählrohr gemessenen Aktivität läßt sich die Expositionszeit abschätzen. Bereits in 24 Stunden erhält man ein gutes Fingerprint-Autoradiogramm, wenn die Messung 6 bis 8 Impulse/cm^2 ergab. Mitunter kommen deutlichere

Abb. 36. Autoradiogramm eines Fingerabdrucks auf Papier nach TAKEUCHI, SAKAGUCHI u. NAKAMOTO (436)

Bilder zustande, wenn die Proben vor der Exposition mit Röntgenfilm kurz gewässert werden, wobei überschüssiger, locker adsorbierter Aldehyd entfernt wird.
Weitere Verfahren zum autoradiographischen Nachweis von Abdrücken papillarer Linien finden sich bei LELENTHAL u. SZUCHNIK (256).

4.4.4. Die Verteilung von Füllstoffen in Gummi

Beim Herstellen von Gummiwaren, insbesondere Autoreifen, werden Füllstoffe verwendet, um die Qualität des Produktes auf dessen Beanspruchung abzustimmen. Korngröße und Verteilung der Füllstoffe sind dabei von wesentlicher Bedeutung. Beispielsweise nehmen bei gleicher Zusammensetzung des Ausgangsmaterials die Dehnungseigenschaften des fertigen Produktes mit dem Verteilungsgrad des Füllstoffs zu. In der Regel wird eine homogene Verteilung der Füllmittel angestrebt.
KIRSHENBAUM et al. (230) haben die Verteilung von Kohlenstoff, der dem Gummi als Ruß beigemischt wird, in Abhängigkeit von Art und Dauer der bei der Gummiproduktion auftretenden Misch- und Mahlvorgänge autoradiographisch untersucht. Die erforderliche Markierung des Füllmaterials mußte ohne Beeinflussung der normalen Korngrößenverteilung vorgenommen werden. Das gelang mit der in Abb. 37 dargestellten Anordnung. 25 g Ruß wurden in das Quarzrohr 3 eingefüllt und durch Er-

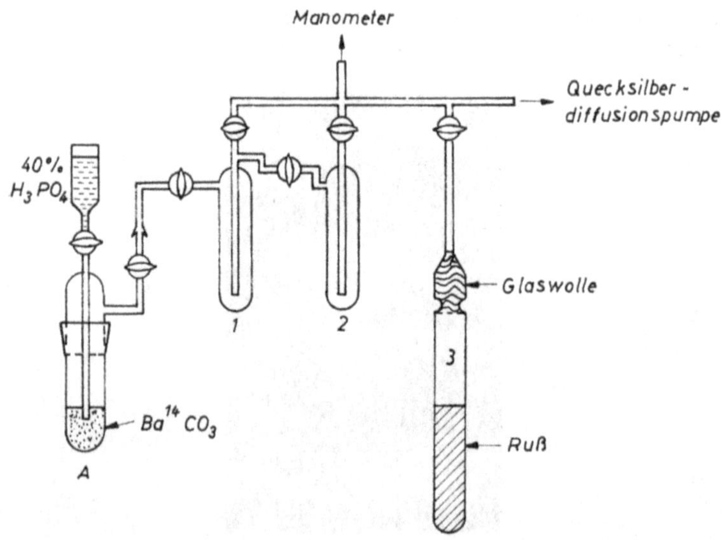

Abb. 37. Apparatur zur Erzeugung von ^{14}C aus $Ba^{14}CO_3$ nach KIRSHENBAUM et al. Erl. s. Text

hitzen auf 1000°C und Absaugen des adsorbierten Gases von flüchtigen Bestandteilen befreit. 35 mg $Ba^{14}CO_3$ (0,5 mC) wurden im Gasentwickler A mit Phosphorsäure umgesetzt. Das entweichende $^{14}CO_2$, in der Kühlfalle 1 getrocknet und in der Falle 2 mit flüssigem Stickstoff kondensiert, wurde in das Quarzgefäß 3 überdestilliert, wo es gemäß der Gleichung

$$C + {}^{14}CO_2 \rightleftharpoons {}^{14}C + 2CO$$

mit dem in großem Überschuß vorliegenden Kohlenstoff bei 900—1000°C reagierte, sodaß nach $5^1/_2$ Stunden nur noch Spuren der eingesetzten Aktivität im Gasraum nachzuweisen waren.

Der radioaktive Füllstoff, dessen Korngrößenverteilung sich bei der geschilderten Prozedur nicht verändert haben sollte, wurde mit inaktivem

a) b) c) d) e) f)

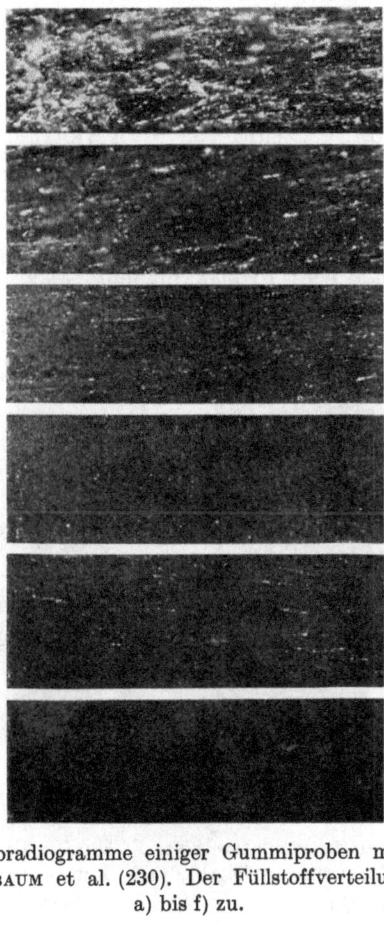

Abb. 38. Kontaktautoradiogramme einiger Gummiproben mit markiertem Füllstoff nach KIRSHENBAUM et al. (230). Der Füllstoffverteilungsgrad nimmt von a) bis f) zu.

Material verdünnt, bis zur homogenen Aktivitätsverteilung vermischt und direkt in den Produktionsprozeß eingesetzt.

Zur Herstellung von Autoradiogrammen wurden flache Gummischeiben von etwa 2,5 cm Durchmesser verwendet. Die Exposition erfolgte mit Röntgenfilm in gewöhnlichen Kopierrähmchen, wie man sie in Photolabors findet. Nach 3 Tagen wurde entwickelt und fixiert. Die Abb. 38 zeigt einige so entstandene Autoradiogramme von Gummiproben mit unterschiedlicher Füllstoffverteilung. Die Verfasser berichten, daß im Vergleich zu mikroskopischen Untersuchungen an 10 μ dicken Schnitten die autoradiographische Methode eine weitaus bessere Differenzierung der Füllstoffverteilung erlaubt, die auch dann noch möglich ist, wenn das Material im Mikroskop bereits homogen erscheint.

Herrmann, Hartmann, Bothe und Hofmann (188) beschreiben ein Verfahren zum Studium der Kieselsäure-Füllstoffverteilung in Gummi, das wir als ein Beispiel der selten anzutreffenden Markierung durch Ionenadsorption anführen wollen:

Aus den in der Produktion anfallenden Gummiplatten wurden Proben von 1 cm Durchmesser ausgestanzt, sorgfältig gereinigt und 2 Tage in eine verdünnte wäßrige Lösung von ^{32}P-markiertem K_2HPO_4 der spezifischen Aktivität 0,1 mC/ml getaucht. Nach Abspülen der anhaftenden radioaktiven Lösung wurden die Proben mit einem dünnen Film aus *Mowital*, einem Kunststoffemulgat, überzogen. Blindversuche hatten nämlich gezeigt, daß inaktiver Gummi bei direktem Kontakt die photographische Emulsion schwärzen kann, ein Effekt, den Kirshenbaum et al. (230) nicht erwähnt haben.

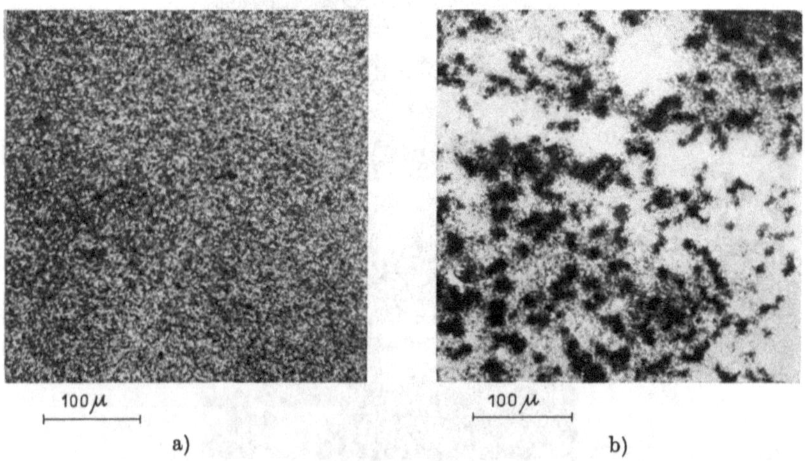

Abb. 39. Autoradiogramme von Kieselsäure-Füllstoff in Gummi nach Herrmann et al. (188). Die Markierung erfolgte durch Ionenadsorption von $K_2H^{32}PO_4$. a) Homogene, b) inhomogene Verteilung

Die Ionenadsorptionsmarkierung wurde gewählt, weil eine direkte Markierung der Kieselsäure — etwa mit ^{32}Si — wegen der notwendigen höheren Aktivitäten im normalen Produktionsprozeß nicht durchführbar ist. Das System Gummi-Füllstoff ließ erwarten, daß der eigentliche Gummi Phosphationen auch nicht annähernd so stark adsorbiert wie die Kieselsäure. Die Verfasser berichten über direkte Aktivitätsmessungen an Gummi mit verschiedenen Kieselsäure-Füllstoffgehalten, die eine etwa exponentiell ansteigende Abhängigkeit der adsorbierten Aktivität vom Füllstoffgehalt der Proben ergaben. Daraus läßt sich ableiten, daß Klumpungen des Füllstoffs autoradiographisch besonders stark abgebildet werden sollten.

Die Autoradiogramme (Abb. 39a u. b) wurden durch mäßigen Andruck ausreichend ebener Flächen an das Filmmaterial (Kernspurplatte *K2* bzw. Strippingfilm *K 102*, VEB Agfa-Wolfen) nach mehrtägiger Exposition erhalten. Zur Erhöhung der Schärfe wurde der Entwicklungsprozeß abgekürzt. Man entwickelte nur die präparatnahen Schichten der relativ dicken Emulsionen und nicht die tieferen Schichten, deren Schwärzung wegen der großen Reichweite und Streuung der Strahlung nur die Qualität der Abbildung beeinträchtigt hätte.

4.4.5. Untersuchungen über den Stofftransport in Erdproben

Um den Einfluß von Regenwasser auf den Transport von Mineralstoffen in Erdbodenproben untersuchen zu können, hat Johnston (219) natürliches Erdgut in durchsichtige Kunststoffrohre gefüllt, die zuvor in Längsrichtung halbiert worden waren. Den Zusammenhalt der beiden Rohrhälften bewirkt ein zweites umschließendes Rohr aus dem gleichen Material. Der innere Durchmesser des Hohlraumes, der die Bodenproben aufnimmt, beträgt etwa 6 cm. Mit dieser Anordnung lassen sich verschiedene Versuchsbedingungen verifizieren und natürliche Boden-Wasser-Verhältnisse simulieren. Um den Transport einer mineralischen Substanz, z. B. eines Düngesalzes, in Abhängigkeit von der Regenwassermenge zu verfolgen, werden zu entsprechenden Zeitpunkten einzelne Säulen in Trockeneis eingefroren und die Füllung nach Entfernen der Rohrmäntel auf einer Bandsäge geschnitten. Das umlaufende Sägeband wird durch angedrückte Bürsten vom anhaftenden „Sägemehl" gereinigt, um eine Kontamination der Schnittfläche zu verhindern.

Das Autoradiogramm wird im Kontaktverfahren hergestellt. Die Exposition muß bei Temperaturen unter dem Gefrierpunkt des Wassers durchgeführt werden, weil sonst die gefrorenen Erdproben auftauen und sich verlagern könnten. Zum Schutz gegen Chemographie deckt man die Oberfläche mit einer dünnen Kunststoff-Folie (ca. 5 µ) ab. Ähnliche Anordnungen zur Autoradiographie von Erdproben stammen von Süss (435) sowie Datta und Srivastava (90).

4.5. Objekte mit unregelmäßig geformter Oberfläche

Objekte mit unregelmäßiger Oberfläche bereiten methodische Schwierigkeiten. Strippingfilm-Technik (Kap. 5.1) oder Kontakt-Autoradiographie (Kap. 4) können nicht angewandt werden, da sie Objekte mit ebenen Oberflächen voraussetzen. Deshalb kommen in erster Linie nur solche Methoden in Betracht, bei denen durch Eintauchen der zu untersuchenden Objektflächen in eine flüssige Photoemulsion eine hinreichende Oberflächenbenetzung eintritt, so daß an der unebenen Oberfläche genügend Emulsion haften bleibt. Diese „*Dipping*"-Technik setzt allerdings voraus, daß keine Chemographie auftritt. Andernfalls müßte man die Oberfläche zuvor mit einem inerten Lack oder Kunstharzspray behandeln. Daß im übrigen trotz allem auch „*Stripping*"-ähnliche Verfahren angewandt werden, und wie man schwer zugängliche Hohlräume mit Kunstkniffen autoradiographisch untersuchen kann, zeigen die folgenden Beispiele.

4.5.1. Autoradiogramme von Knochen-, Muschel- und ähnlichen Festkörperoberflächen

Bei Untersuchungen über die Bildung von Muschelschalen standen Jodrey u. Wilbur (214) vor der Aufgabe, den Einbau und die Verteilung von ^{45}Ca- sowie ^{32}P-Verbindungen an Innenwänden von Muscheln autoradiographisch zu bestimmen. Vom einfachsten Verfahren, das sich hier anbietet, das Eintauchen der Objekte in flüssige Emulsion, versprach man sich ein zu ungleichmäßiges Bedecken der Oberfläche, das zwar für qualitative Untersuchungen ausreichend gewesen wäre, jedoch ebenfalls vorgesehene quantitative Arbeiten (Kap. 7.1) nicht ermöglicht hätte. So entschloß man sich, in Anlehnung an das Stripping-Verfahren (Kap. 5.1) von Röntgenfilmen (*Eastman Industrial X-ray Film, Type A*) die Emulsionsschicht abzulösen und in Streifen auf die Objektfläche zu kleben. Der Objektgröße angepaßte Röntgenfilmstückchen wurden zunächst in 30°C warmem Wasser etwa 5 Minuten lang gequollen. Mit einer Objektglaskante löste man die strahlungsempfindliche Gelatineschicht an einer Ecke von der übrigen Trägerfolie vorsichtig ab und zog diese dann völlig herunter. Die mit Emulsion zu bedeckenden Objekte werden von unten an die im Wasser schwimmende Emulssionschicht so herangeführt, daß beim Herausheben aus dem Wasserbad die strahlungsempfindliche Schicht mit der zu autoradiographierenden Objektstelle in Kontakt kommt. Der im gequollenem Zustand plastische Film schmiegt sich dem Objektprofil gut an. Notfalls kann er mit einem weichen, angefeuchteten Pinsel nachträglich sanft angedrückt werden.
Das Verfahren ist auch für Knochenoberflächen geeignet (Abb. 40).

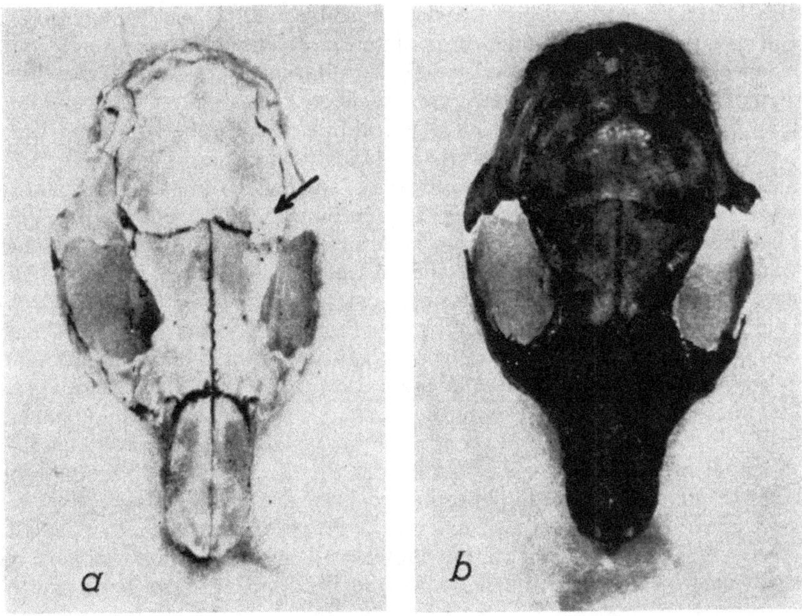

Abb. 40. Autoradiogramme nach Jodrey u. Wilbur (214)

a) Auch ein Schädel eines Meerschweinchens, dem kein radioaktives Material inkorporiert wurde, zeigt an einzelnen Schädelnähten starke Schwärzungen. Die nähere Umgebung der Sutura kann also nach dieser Methode nicht untersucht werden. Im Bereich des Pfeiles wurde der Schädelknochen entfernt.

b) Meerschweinchenschädel-Autoradiogramm. Das Tier erhielt 20 Stunden vor dem Töten 100 μC ^{32}P (vermutlich als Phosphat) intraperitoneal appliziert; Expositionsdauer 1 Tag. Man erkennt deutliche Schwärzungsunterschiede

4.5.2. *In vivo*-Autoradiographie innerer Körperoberflächen

Die erhöhte Aufnahme von Phosphaten in Tumorgeweben ist seit langem bekannt. 1949 wiesen bereits Selverstone u. Mitarb. (405) Hirntumore durch deren Anreicherung an ^{32}P nach. Später folgten ähnliche Versuche bei Krebsgeschwülsten im Bereich der Speiseröhre und des Magens (318). Der Nachteil dieser Methoden war ihre beschränkte klinische Brauchbarkeit, weil auf Grund der nur etwa 1 cm umfassenden Strahlungsreichweite des ^{32}P eine genaue Lokalisation der betreffenden Stellen nicht möglich erschien. Die *in vitro*-Autoradiographie resezierter Organe ergab dagegen gute topographische Übersichten über das Ausmaß der pathologischen Veränderungen. Daraufhin befaßten sich Ackerman, Shahon, McFee u. Wangensteen mit der Möglichkeit einer *in vivo*-Autoradiographie des Magens (13; 406).

Das Prinzip der von ihnen entwickelten Methode (2) ist recht originell. Ein gewöhnliches Kondom wurde zunächst an der Außenseite mit einer elastischen Spezialphotoemulsion (*Kodak Autoradiographic Elastic Film, Type 1*) beschichtet. Nachdem die Emulsion angetrocknet war, wendete man das Kondom, so daß sich die strahlungsempfindliche Schicht nunmehr innen befand, und befestigte an dem offenen Ende eine Magensonde, die zwei voneinander getrennte Kanäle enthielt (Abb. 41). Das Ganze wurde dem Patienten durch die Nase in den Magen intubiert. Am Vortage hatte man 500 µC ^{32}P als Natriumphosphat injiziert. Zunächst werden erst einmal annähernd 100 ml Luft in den Ballon geblasen. Die nun folgenden Maßnahmen können bei normaler Beleuchtung durchgeführt werden, da eine Belichtungsgefahr nicht mehr besteht. Durch den zweiten Kanal der Magensonde saugt man dem liegenden Patienten Sekretionsprodukte aus dem Magen. Bei einem Füllungszustand von 200 ml Luft wird der Ballon nun so tief in den Magen gedrückt, bis ein deutlicher Widerstand spürbar wird; sein proximales Ende befindet sich so am *Oesophagus*. Diese Festlegung ist für die spätere topographische Auswertung des Autoradiogramms wichtig. Durch Einblasen weiterer Luft erweitert man den Ballon schließlich auf maximal 1 Liter Inhalt. Nach mehrstündiger Exposition läßt man die Luft wieder entweichen und entfernt in der Dunkelkammer das Kondom. Um es beim photo-

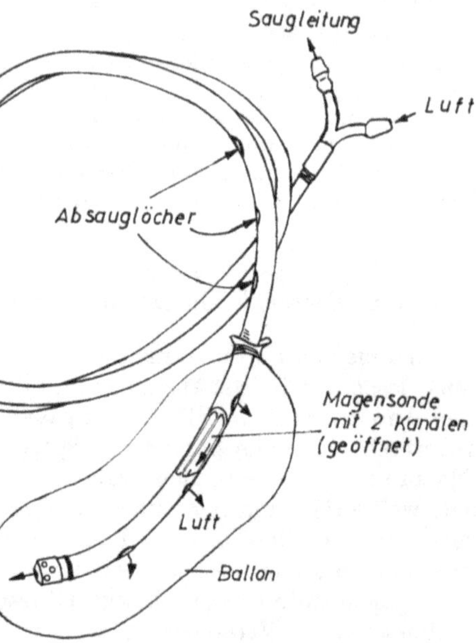

Abb. 41. Ballon-Autoradiographie mit Magensonde nach ACKERMAN, MCFEE u. WANGENSTEEN (2). Erl. s. Text

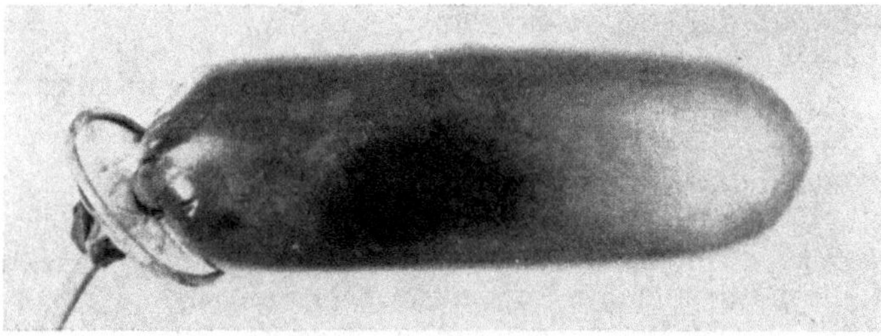

Abb. 42. *In vivo*-Ballon-Autoradiogramm des Magens mit starker Schwärzung infolge eines Karzinoms. Aus (3). Erl. s. Text

graphischen Entwickeln und später besser handhaben zu können, streift man dieses nach vorherigem Einreiben mit Glycerin, so über ein entsprechend dimensioniertes Reagenzglas, daß die Emulsion außen zu liegen kommt.

Das fertige Autoradiogramm zeigt an allen Stellen mit Neoplasma Schwärzungen, die diagnostisch verwertet werden können (Abb. 42).

Obwohl man erwarten würde, daß die Wand des aufgeblasenen Kondoms der β-Strahlung des ^{32}P kein besonderes Hindernis bieten dürfte, stellte sich beim Vergleich verschiedener Materialien heraus, daß das Polyurethan *Vithane* etwa 3—4 mal kürzere Expositionszeiten als Latex-Gummi gestattet, also offensichtlich einen sehr niedrigen β-Absorptionskoeffizienten (Kap. 7.4.) hat.

5. DIE AUTORADIOGRAPHIE MIKROSKOPISCHER OBJEKTE

5.1. Allgemeiner Überblick

Im vorliegenden Abschnitt wird die Autoradiographie von Objekten behandelt, die mit dem bloßen Auge nicht mehr genügend aufzulösen sind. Das betrifft sowohl Untersuchungen an Bakterien oder Einzellern, als auch größere Präparate, bei denen man sich für den Nachweis von Radioaktivität im mikroskopischen Bereich interessiert. Im Unterschied zur Autoradiographie größerer Objekte, die zuvor behandelt wurde, rückt nunmehr die Qualität der Zuordnung einer Schwärzung im Autoradiogramm zum Ausgangsort der Strahlung im Präparat in den Vordergrund des Interesses.

Prinzipiell hat man auch auf mikroskopisch kleine Objekte alle jene autoradiographischen Techniken angewendet, die zuvor im Zusammenhang mit größeren Objekten behandelt wurden. Wir finden also neben *Kontakt-Methoden* (*apposition-technique*), bei denen Objekt und photographische Schicht nach gemeinsamer Exposition voneinander getrennt weiterbehandelt werden, auch Techniken mit ständigem Kontakt von Präparat und Filmschicht. Hierzu gehören das *Strippingfilm-Verfahren*, bei dem mit fertigen Filmfolien gearbeitet wird, sowie auch jene Methoden, bei denen man von sog. flüssigen Emulsionen ausgeht. Zu den letzteren zählt man das *mounting-Verfahren*, bei dem die zu untersuchenden Gewebsschnitte direkt auf eine vorbereitete Photoemulsion geklebt werden, und dessen Umkehrung, deren Varianten man als *coating-Technik* bezeichnet. Bei der letzteren wird auf die vorbereiteten histologischen Schnitte die strahlungsempfindliche Schicht entweder durch Auftropfen einer verdünnten Emulsion und anschließendes Verteilen durch Ausstreichen oder, wie beim *dipping*-Verfahren, durch kurzes Eintauchen des Objektträgers in eine Emulsion entsprechender Konsistenz aufgebracht.

Von den vorgenannten Verfahren gibt es viele Varianten. Es werden im folgenden daher nur jene Techniken behandelt, die größere Bedeutung erlangt haben

5.2. Strippingfilm-Autoradiographie

5.2.1. Technik

Die Strippingfilm-Methodik hat seit ihrer Einführung durch Pelc (342; 344), MacDonald, Coobs, Solomon u. Steinberg (279) sowie Berri-

MAN, HERZ u. STEVENS (48) die weiteste Verbreitung unter den autoradiographischen Verfahren gefunden. Die häufige Anwendung läßt sich wohl damit erklären, daß man für diese Technik auf kommerziell erhältliches Filmmaterial zurückgreifen kann, das den Vorzug relativ leichter Handhabung mit dem einer nahezu universellen Anwendbarkeit auf praktisch alle in der Histochemie interessierenden Radioisotope bei relativ guter Strahlungsempfindlichkeit und gutem Kontakt zum Präparat in sich vereint.

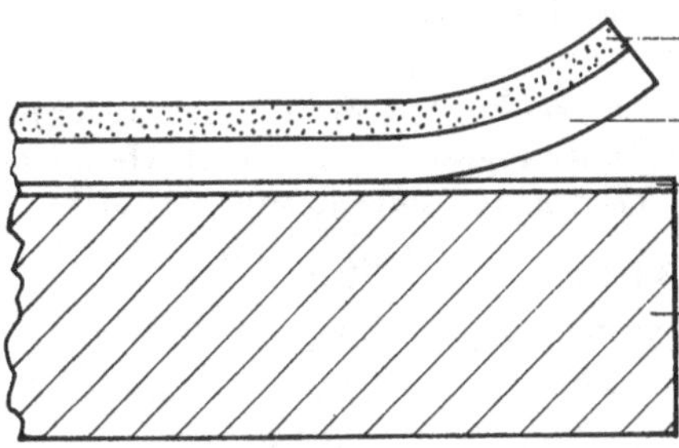

Abb. 43. Schnitt durch einen käuflichen Strippingfilm (schematisch)

Strippingfilme bestehen aus einer Nuclearemulsionsschicht, die mit einer Gelatineschicht fest verbunden ist. Das Fabrikat *AR 10* (Kodak), der Prototyp aller Strippingfilme, hat eine Dicke von 15 μ, wovon auf die eigentliche Emulsionsschicht nur etwa 4 μ entfallen. Aus Stabilitätsgründen wird das Filmmaterial auf Glasplatten in den Handel gebracht. Die Gelatineschicht befindet sich dabei unmittelbar am Glas. Die Bezeichnung *Stripping*film rührt daher, daß man von dieser Glasplatte Filmstückchen der gewünschten Größe, die man durch Ritzen mit einem scharfen Messer zuvor begrenzt hat, abzieht. Aus fabrikations- und verpackungstechnischen Gründen ist bei den *AR 10*-Platten, die eine Größe von 12 × 16,5 cm haben, an den Plattenrändern eine 0,5 cm breite Zone nicht zur Autoradiographie geeignet. Die im trockenen Zustand „abgestrippten" Filmstückchen werden bei Zimmertemperatur so auf die Oberfläche eines Wasserbades gelegt, daß die Emulsionsschicht nach unten zu liegen kommt. Der Strippingfilm erreicht ohne unterzusinken nach etwa 3 bis 5 Minuten durch Quellung seine maximale Ausdehnung. Zweckmäßig für das Aufbringen des Strippingfilms auf das zu autoradiographierende Objekt ist es, wenn sich dieses auf einem Glasobjektträger befindet. Für histologische Präparate, die in Form dünner Schnitte untersucht werden, trifft dies praktisch immer zu.

Um ein optimales Haften von Präparat und Strippingfilm zu ermöglichen, wird eine Gelatinierung der Glasobjektträger empfohlen. Dazu reinigt man die Objektgläser in verdünnter Chromschwefelsäure.

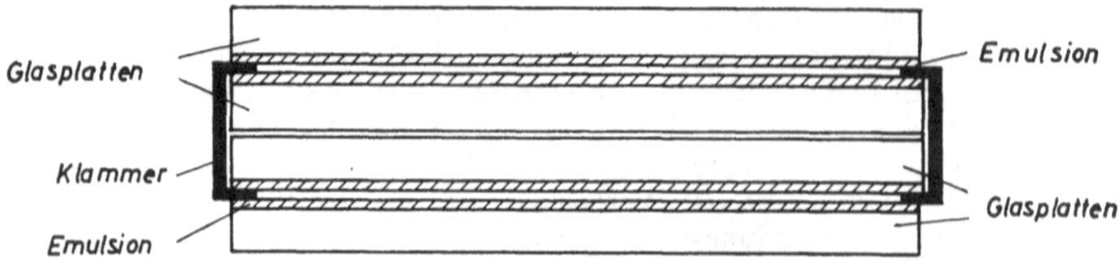

Abb. 44. Zum Schutz der Filmschicht kommen Strippingfilme in der dargestellten Verpackungsform in den Handel. Eine Kunststoffklammer sorgt für den notwendigen Abstand

Die Oberfläche des Glases ist „sauber", wenn sie sich gleichmäßig mit Wasser benetzen läßt. Die gut abgespülten, gesäuberten Glasobjektträger werden zum Gelatinieren in folgende Lösung getaucht

Gelatine	5,0 g
Chromalaun	0,5 g
Wasser ad	1000 ml

und anschließend ohne weiteres Spülen an der Luft getrocknet.
Mit den gelatinierten Objektträgern „fischt" man den Strippingfilm von der Wasseroberfläche so auf, daß sich die strahlungsempfindliche Schicht direkt auf das Präparat ablagert; überstehendes Filmmaterial wird um die Kante des Objektträgers geschlagen (Abb. 45). Zum Trocknen lagert man die bedeckten Präparate etwa 2 Stunden horizon-

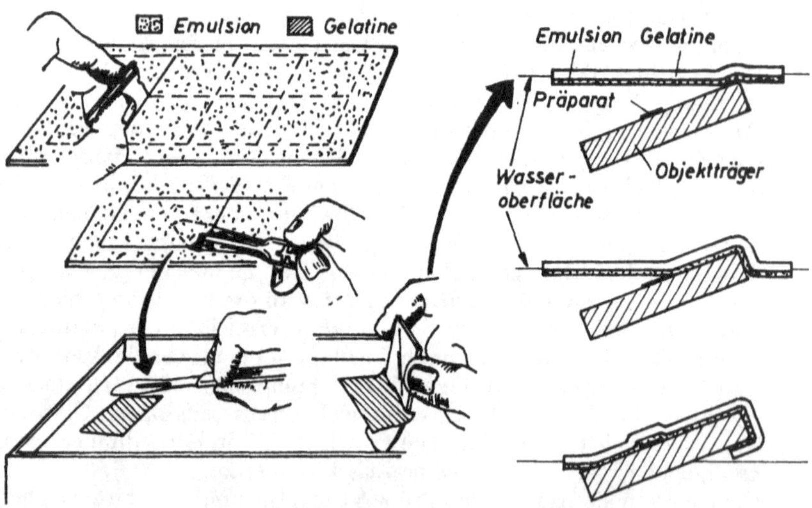

Abb. 45. Schematische Darstellung des Aufziehens eines Strippingfilms. Erläuterung siehe Text

tal an der Luft. Die Luftfeuchtigkeit soll 60—70% betragen. Beim Antrocknen des Strippingfilms in Räumen mit zu geringer Luftfeuchtigkeit kann es vorkommen, daß sich der Film spontan vom Objekt löst, oder daß sich elektrostatische Ladungen zwischen Film und Präparateglas bilden, die zu Belichtungen der Emulsion führen können (169; 299). Das gleiche gilt übrigens auch für das Ablösen der Filme von der Glasplatte, auf der sie geliefert werden. Beim zu schnellen Abziehen des Films in trockenen Räumen kann es zur Funkenbildung kommen. Alle Arbeitsgänge mit Strippingfilm müssen selbstverständlich in einer Dunkelkammer bei Schutzlicht ausgeführt werden. Für das Filmmaterial *AR 10* wird das *Kodak Safelight Filter Wratten 1* mit maximal 25 Watt Beleuchtung empfohlen. Selbst dann sollte so wenig Licht wie möglich auffallen. Nicht verbrauchtes Strippingfilmmaterial kann in der Originalverpackung bei Temperaturen unter + 20° C bis zu etwa einem halben Jahr aufbewahrt werden. Entsprechendes gilt für die autoradiographische Exposition. Über die notwendige Expositionszeit läßt sich natürlich keine generelle Aussage machen, weil diese von der Art des jeweils verwendeten Strahlers, dessen Konzentration und der mechanischen Beschaffenheit des Präparates abhängt. Als Faustregel gilt, daß 10 μ-Schnitte mit einer Aktivität von 1 $\mu C/cm^3$ Gewebe mindestens eine Expositionszeit von 14 Tagen benötigen.

Zur photographischen Entwicklung werden die Entwickler *D19* oder *D19b* (Kodak) empfohlen, wobei die Entwicklungszeit bis zu 30 Minuten betragen darf. Die Entwicklung ist praktisch nach 5 bis 10 Minuten abgeschlossen. Nach dem Unterbrechen der Entwicklung durch kurzes Wässern (30 Sek.) wird in dem Kodak-Fixierbad *F5* eine doppelt so lange Zeitspanne fixiert, wie zum völligen Klarwerden des zunächst im Fixierbad noch trüben Films notwendig war. Nach anschließendem Wässern in fließendem Wasser (1 Stunde) trocknet man die Strippingfilm-Autoradiogramme in staubfreier Luft, wobei die Filmschicht wiederum horizontal gelagert wird.

Tabelle 7

Zusammensetzung des Entwicklers *D19b* (Kodak)

Monomethyl-para-aminophenolsulfat (‚Metol‘, ‚Methol‘, ‚Elon‘)	2,2 g
Natriumsulfit, wasserfrei	72,0 g
(oder: $Na_2SO_3 \cdot 7H_2O$	144,0 g)
Hydrochinon	8,8 g
Soda, wasserfrei	48,0 g
(oder: $Na_2CO_3 \cdot 10H_2O$	130,0 g)
Kaliumbromid	4,0 g

Die Substanzen werden in der angegebenen Reihenfolge in Wasser gelöst und auf 1 Liter aufgefüllt.

Außer dem Film *AR10*, dessen Emulsion einen mittleren Silberhalogenid-Korndurchmesser von etwa 0,2 μ hat, werden auch noch andere Strippingfilm-Fabrikate angeboten, von denen allerdings nur relativ wenig Gebrauch gemacht wird. So stellt Kodak den Strippingfilm *AR50* mit einer etwa 12 μ dicken Emulsionsschicht her. Der mittlere Korndurchmesser ist größer als beim *AR10*, woraus sich eine höhere Strahlungsempfindlichkeit ergibt. Für histologische Zwecke gilt *AR50* hinsichtlich der autoradiographischen Auflösung als nicht ausreichend. Dieser Filmtyp kommt in erster Linie für die Autoradiographie makroskopischer Objekte in Betracht, wofür man derzeitig allerdings noch Kontaktverfahren mit einfacher zu handhabenden Röntgenfilmen bevorzugt. Weiterhin kann man noch den Kodak-Strippingfilm *V1062* mit der gleichen Emulsion und Emulsionsschichtdicke wie *AR10* im Handel beziehen, der jedoch keine stützende Gelatineschicht besitzt. Dieses Filmmaterial wurde für die Autoradiographie doppelt markierter Präparate geschaffen, bei der man zunächst mit Strippingfilm *AR10* exponiert, entwickelt und das erhaltene Autoradiogramm abermals mit Strippingfilm überzieht, erneut exponiert und schließlich nochmals entwickelt. Die zweite Exposition dient dem Nachweis solchen markierten Materials, das auf Grund höherer Strahlungsenergie und -reichweite das erste Autoradiogramm durchstrahlt und bei entsprechend langer Expositionszeit mit dem überliegenden Film ein zweites Autoradiogramm liefert. Dieses von Field, Dawson u. Stevens (133) sowie Field, Dawson u. Gibbs (132) für die Differenzierung bei Doppelmarkierung mit ^{3}H- und ^{14}C-haltigem Material beschriebene Verfahren hat keine große Verbreitung gefunden, was wohl hauptsächlich darauf zurückgeführt werden kann, daß Doppelmarkierungen relativ selten vorgenommen werden.

Ein geringer Vorteil gegenüber dem *AR10*-Film sollte sich bei Verwendung des Films *V1062* aus der weniger behinderten Färbemöglichkeit des Präparates als Folge der dünneren Abdeckung durch die photographische Schicht ergeben.

Außer den erwähnten Produkten bietet die gleiche Firma auch noch Spezialanfertigungen an, die sich vom Strippingfilm *AR10* durch noch dünnere Emulsionsschichten bis zu 1 μ Dicke herab unterscheiden. Dieses Material ist in Hinblick auf eine noch bessere autoradiographische Auflösung geschaffen worden, findet jedoch nur vereinzelt Verwendung. Ob sich mit derartigen extradünnen Strippingfilmen tatsächlich noch eine Verbesserung des Auflösungsvermögens erreichen läßt, ist nicht bewiesen. Man ist geneigt anzunehmen, daß die Verringerung der Emulsionsschichtdicke unter einen bestimmten Betrag keine besonderen Vorteile mehr erbringt, weil das Auflösungsvermögen nicht nur von der Filmschichtdicke abhängt.

Über die von der Firma Ilford angebotenen Strippingfilme wurden bisher nur wenig Erfahrungen mitgeteilt. Auch die Filmfabrik VEB Agfa-Wolfen stellt Strippingfilme her, von denen sich besonders die Fabrikate

K 102 sowie *K 105* in der Metallautoradiographie bewährt haben (459). Die Handhabung der zuletzt erwähnten Strippingfilme entspricht der für den Typ *AR 10* beschriebenen.

5.2.2. Beispiele

Es ist ausgeschlossen, die Vielzahl der Anwendungen von Strippingfilmen auch nur annähernd aufzuzählen. Vorwiegend macht man bei biologischen und medizinischen Fragestellungen von Strippingfilmen Gebrauch. Die beiden folgenden Beispiele, die für viele ähnlich erfolgreiche Anwendungen stellvertretend sind, mögen lediglich die Leistungsfähigkeit der Strippingfilm-Methode in der Autoradiographie mikroskopisch kleiner, biologischer Objekte demonstrieren.

Die Abbildung 46 zeigt das äußerst hohe Auflösungsvermögen eines Chromosomen-Autoradiogramms. Dennis u. Wake (96) isolierten Chromosomen aus *Bacillus subtilis*, dessen Kulturen etwa 2 Generationen auf einem ^{3}H-Thymidin enthaltenden Nährboden gewachsen waren. Auf Grund ihres hohen Thymidingehaltes erscheinen die Chromosomen-

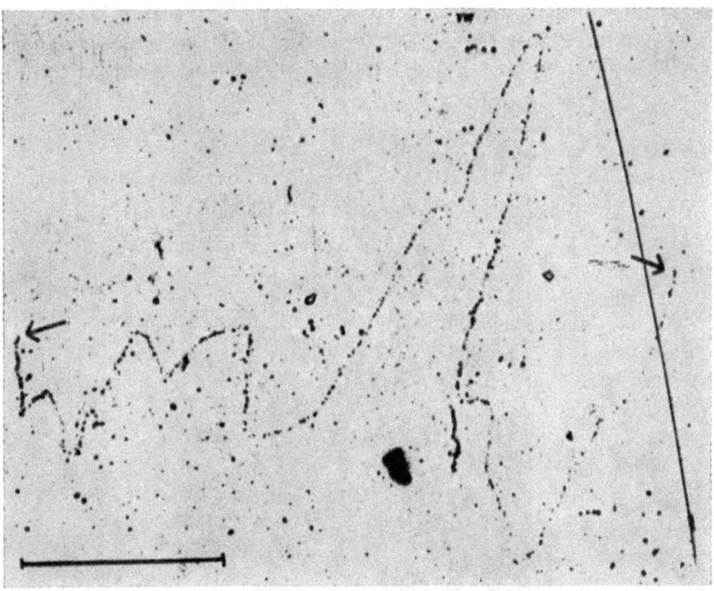

Abb. 46. Autoradiogramm eines intakten, entknäuelten Chromosomenfadens von *B. subtilis*; Markierung durch Zugabe von tritiiertem Thymidin in das Nährmedium der schnellwachsenden Zellen. Die Pfeile kennzeichnen die Enden des Chromosoms. Die eingezeichnete Mensur entspricht einer Länge von 100 μ. Aus (96)

stränge in ihrer gesamten Länge als fadenförmige Gebilde im Autoradiogramm.

Das nächste Beispiel demonstriert die Empfindlichkeit der Strippingfilm-Autoradiographie, die es gestattet, noch Autoradiogramme von Mäusen zu erhalten, denen zuvor weniger als 1 μg einer markierten Substanz verabreicht wurde.

Seit mehr als 100 Jahren ist die lähmende Wirkung des indianischen Pfeilgiftes *Curare* Gegenstand eingehender pharmakologischer Untersuchungen, deren wesentlichstes Ergebnis es war, daß man die motorischen Endplatten, also die Verbindungsstellen von Nerven und Skelettmuskeln, als den wahrscheinlichen Wirkungsort des Curare erkannte. Direkte Beweise und Untersuchungen über den Verbleib Curare-artiger Substanzen im Organismus erschienen lange Zeit nicht möglich, da die wirksamen Substanzmengen sehr klein sind. Erst durch Isotopenmarkierung gelang es in Verbindung mit der Autoradiographie, den Wirkungsort dieser Substanzgruppe direkt aufzufinden (462; 463; 464). Dazu wurde zunächst *Calebassen-Curarin I* mit relativ hoher spezifischer Aktivität (24 μC/mg) synthetisiert und Mäusen in minimaler letaler Dosis (0.22 μg) intravenös injiziert. Zunächst angefertigte Kontakt-Autoradiogramme mit Röntgenfilm der sofort entnommenen Zwerchfelle ergaben eine Anreicherung im Endplattenband. Erst die Strippingfilmtechnik erbrachte eindeutig eine Konzentrierung der Aktivität über den Endplatten selbst (Abb. 47). Um zumindest größenordnungsmäßig über die Besetzung der Rezeptorenfläche bei vollständiger Synapsen-

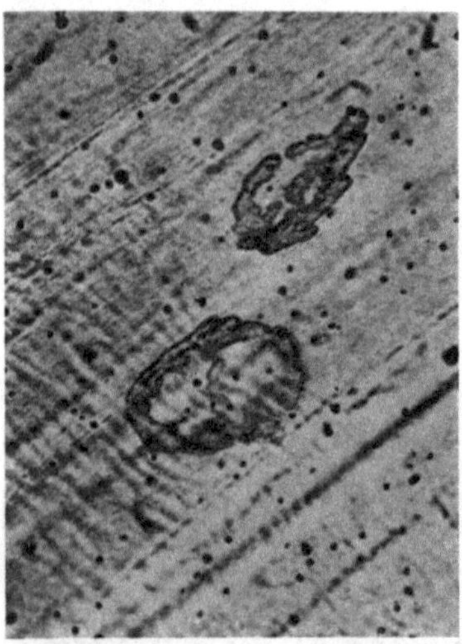

Abb. 47. Zwerchfellendplatten einer Maus nach Gabe von 0,22 μg ^{14}C-*Curarin*. Autoradiogramm mit Strippingfilm *AR 10*, Expositionszeit 60 Tage; Vergrößerung etwa 1000×. Aus (463)

blockade Aufschluß zu erhalten, wurde eine Berechnung der Anzahl der Curarin-Molekeln pro Endplatte approximativ durchgeführt. Danach werden bei Blockierung an einer Endplatte etwa $8 \cdot 10^6$ Curarin-Moleküle gebunden. Die Autoradiogramme erlauben es allerdings nicht, die Radioaktivität einer spezifischen Struktur in der Endplatte zuzuordnen, weil das Auflösungsvermögen hierzu nicht mehr ausreicht. Der aus anderen Experimenten her bekannte kompetitive Antagonismus gegenüber Acetylcholin macht es wahrscheinlich, daß die cholinergischen Rezeptoren der subneuralen Schicht mit Curare besetzt werden.

5.2.3. Vorteile und Grenzen

Wie bereits erwähnt, stellt das Kodak-Fabrikat *AR 10* den gebräuchlichsten Strippingfilm dar, so daß eine Beurteilung des Strippingfilm-Verfahrens hauptsächlich auf Erfahrungen mit diesem Filmmaterial beruht. Diese Beliebtheit der Strippingfilm-Methodik hat verschiedene Gründe, die außer in den Vorzügen einer verhältnismäßig leicht anzueignenden Technik wohl vor allem in der Beschaffenheit und den Eigenschaften des Filmmaterials selbst zu suchen sind.

Grundsätzlich läßt sich sagen, daß der Strippingfilm für alle diejenigen Laboratorien, in denen die Autoradiographie neben anderen analytisch-chemischen oder sonstigen Methoden gelegentlich zur Lösung spezieller Fragestellungen verwendet wird, schlechthin das geeignete autoradiographische Filmmaterial darstellt.

Beim Strippingfilm sind die Dicke der Emulsionsschicht, die Silberhalogenid-Kristallgröße, sowie auch Kornverteilung und Strahlungsempfindlichkeit wegen der fabrikationsmäßigen Herstellung stets konstant, so daß dieser Filmtyp alle Voraussetzungen für ein reproduzierbares qualitatives und quantitatives Arbeiten erfüllt. Auch die relativ gute Empfindlichkeit innerhalb eines großen Strahlungsenergiebereichs, die mit flüssigen Emulsionen kaum je erreicht wird, spricht für die Wahl von Strippingfilmen (85). Zudem lassen sich mit dem gleichen Material α- und β-Strahler nachweisen. Nahezu unübertrefflich ist die autoradiographische Auflösung bei mikroskopischen Objekten (s. Abschn. 5.2.4). So sollen sich noch Zuordnungen von Silberkörnern auf einzelne Objektdetails von nur $1\,\mu$ Durchmesser treffen lassen. Überhaupt erleichtert das direkt am Objekt adhärierende Filmmaterial die Auswertung.

In anderer Hinsicht kann sich die Strippingfilm-Methode aber auch als nachteilig erweisen. An erster Stelle ist hier die in Kap. 5.2.1 eingehend beschriebene Stripping-Prozedur, angefangen mit dem Ablösen des Films von der Platte bis zum Trocknen mit all ihren Ansprüchen bezüglich Luftfeuchtigkeit und manuellem Geschick zu erwähnen, die im Vergleich mit anderen Methoden, sofern diese routinemäßig betrieben werden, sehr aufwendig ist. Aber auch die ständige, untrennbare Verbindung von photographischer Schicht mit dem zu untersuchenden Präparat kann sehr hinderlich sein. Das gilt insbesondere für den in der Histoautoradiographie unentbehrlichen Färbevorgang, der von der fest anhaftenden photographischen Schicht und von der zusätzlich vorhandenen farbstoffadsorbierenden Stützschicht aus Gelatine stark beeinträchtigt werden kann. Das Verwenden von stützgelatinefreiem Strippingfilm bedeutet hier nur eine geringfügige Verbesserung, weil auch die Photogelatine Farbstoffe adsorbieren kann. Verschiedentlich wurde deshalb vorgeschlagen, histologische Schnitte schon vor der Strippingfilm-Autoradiographie zu färben (84). Dieses Vorgehen erfordert, durch vergleichende Untersuchungen zu prüfen, ob der Färbeprozeß die Autoradiographie beeinflußt. Gelegentlich wurde positive Chemographie nach histologischer Färbung beobachtet. So fand Deuchar (100) eine allgemeine Erhöhung des Silberkorn-Untergrundes nach Färbung mit Cölestinblau. Auch wenn keine Chemographie eintritt, ist die Färbung von histologischen Präparaten vor ihrer autoradiographischen Exposition problematisch. Es können dabei radioaktiv markierte Substanzen gelöst oder verschleppt werden (223; 252). In diesem Zusammenhang verdient auch eine Beobachtung von Stöcker und Müller (430) Beachtung, wonach sich die in der neueren Cytologie verwendete Orcein-Quetschtechnik ebenfalls nicht mit der Strippingfilm-Autoradiographie vereinbaren läßt. Sie stellten „Pseudoautoradiogramme“ von nicht radioaktiven, mit Orcein vorgefärbten Präparaten her und fanden bereits nach 24stündiger Exposition über zahlreichen Zellkernen Silberkörner vor. Zwischen der lokalen Absorption des Farbstoffes in den Chromozentren der Leberzellkerne, die besonders kompakte heterochromatische Kernstrukturen darstellen, und der jeweiligen örtlichen Silberkorndichte bestand dabei offenbar eine direkte Beziehung (Abb. 48). Im übrigen treffen die Ausführungen über die histologischen Färbereaktionen bei Verwendung flüssiger Emulsionen in Abschn. 5.3 auch für Strippingfilm-Präparate zu.

Ein anderer Nachteil besteht darin, daß spektrophotometrische Auswertungen autoradiographierter Präparate oft nicht möglich sind, weil die Eigenabsorption der Filmgelatine und vor allem die in ihr enthaltenen unregelmäßig verteilten Silbergranula die Mikrophotometrie vereiteln. Ferner stört das am Autoradiogramm anhaftende Präparat die Silberkornzählung im Durchlicht, so daß eine automatische Zählung daher nur reflexionsphotometrisch durchgeführt werden kann (s. Abschn. 7.).

Die autoradiographische Bilddokumentation ist verhältnismäßig schwierig. Insbesondere bei der Schwarz-Weiß-Wiedergabe werden Silberkörner häufig durch das Präparat getarnt. Diese Erscheinung, die häufig bei Publikationen unangenehm auffällt, läßt sich nur durch besondere mikrophotographische Techniken umgehen, die an anderer Stelle beschrieben sind (s. Abschn. 2.2.5).

Schließlich muß noch auf einen Nachteil hingewiesen werden: die Unbrauchbarkeit der Stripping-Technik für die Autoradiographie wasser-

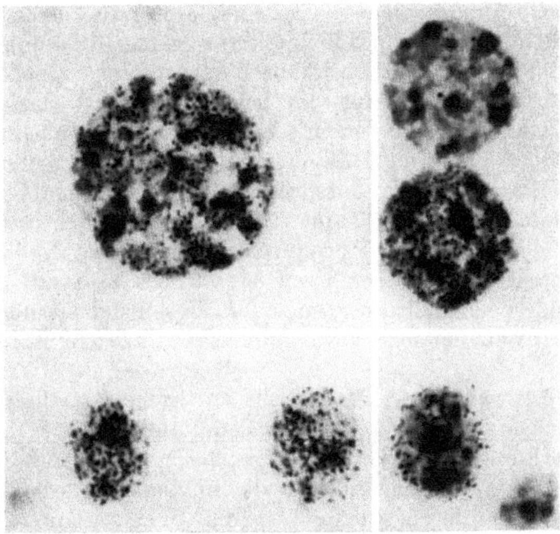

Abb. 48. Gegenüberstellung eines durch Chemographie entstandenen „Pseudoautoradiogramms" und eines durch Tritium-β-Strahlung induzierten Autoradiogramms. Aus (430)

a) u. b) Durch Orcein-Vorfärbung chemisch induzierte Silberkörner über Leberzellkernen einer ausgewachsenen, nicht mit radioaktiven Substanzen behandelten Maus; Orcein-Quetschpräparat

c) u. d) Zum Vergleich: typisches ^{3}H-Thymidin-Autoradiogramm von Leberzellkernen einer 12 Tage alten Maus; Quetschpräparat, HE-Nachfärbung; Vergrößerung jeweils etwa 1000 : 1.

löslichen Materials. Für Schnitte, bei denen bei erneutem Feuchtwerden Gefahr einer Dislokation von löslichen Substanzen besteht, ist die Methode ungeeignet. Es sind zwar Versuche unternommen worden, das zum Flotieren des Filmmaterials dienende Wasser durch andere Medien, wie z. B. Quecksilber zu ersetzen, um so zu einer Ausdehnung des Anwendungsbereichs auf die Autoradiographie wasserlöslicher Substanzen zu gelangen. Derartige Experimente haben aber bisher keine positiven Ergebnisse gezeitigt (184). In einem anderen Fall wurde Strippingfilm in üblicher Weise auf Wasser gebracht; anschließend wurde er durch Chloroform gezogen, um ihn schließlich auf das Präparat zu bringen. Dann folgte wiederum ein frisches Bad in trockenem Chloroform und rasche Trocknung in absolutem Alkohol und Luft (74).

5.2.4. Empfindlichkeit und Auflösungsvermögen

Zur Bestimmung der Strahlungsempfindlichkeit photographischer Emulsionen existieren bisher noch keine Meßverfahren, die auf die autoradiographische Praxis abgestimmt sind. Die DIN- oder ASA-Skalen beziehen sich auf die Empfindlichkeit für weißes, in seiner spektralen Verteilung dem Tageslicht angepaßtes Licht, und sagen kaum etwas über die Empfindlichkeit für die bei radioaktiven Zerfallsprozessen freigesetzte Strahlung und Energie aus. Als Faustregel gilt zwar auch hier, daß einem größeren DIN-Wert, dem im allgemeinen auch das größere Silberhalogenidkorn entspricht, eine höhere Strahlungsempfindlichkeit zukommt; jedoch kann durch Zusatz von Sensibilisatoren („Dotierung") bei gleichem Korndurchmesser die Empfindlichkeit einer Emulsion innerhalb gewisser Grenzen variiert und auf diese Weise sogar spezielle Sensibilisierungen oder Desensibilisierungen für bestimmte elektromagnetische sowie auch korpuskulare Strahlung erreicht werden.

Ideal wäre es, wenn man die durchschnittliche Anzahl der Energieträger exakt bestimmen könnte, welche auf einen Kristall treffen müssen, um diesen in einen photographisch entwickelbaren Zustand zu versetzen. Für jede Emulsion würde ein charakteristisches Empfindkeitsspektrum resultieren, aus dem dann z. B. ohne weiteres zu ersehen wäre, wieviel Photonen einer bestimmten Energie zur Belichtung eines Korns führen, oder, welche Strahlung auf die Emulsion treffen darf, ohne diese zu belichten. Leider stößt die Verwirklichung dieser Idee auf meßtechnische Hindernisse, oder erfordert zumindest einen erheblichen experimentellen Aufwand, so daß man sich mit groben Charakterisierungen, wie z. B. *pan*- oder *ortho*chromatisch begnügen muß. Immerhin können auch derartige Bezeichnungen bei der Planung autoradiographischer Untersuchungen wertvoll sein. So unterscheidet man bei Röntgenfilmen zwischen Emulsionen, die speziell für harte oder weiche Strahlung sensibilisiert sind. Diese Unterscheidung ist z. B. für die Auswahl von Filmmaterial für die γ-Autoradiographie insofern wichtig, als auch hier harte und weiche Strahler vorkommen. In der Praxis wird man bis auf wenige Ausnahmen stets auf die experimentelle Prüfung der Eignung eines Films oder einer Photoemulsion angewiesen sein. Selbst dann, wenn Filmempfindlichkeitsspektren der zuvor angedeuteten Art zugänglich sein sollten, werden sich dadurch spezielle Tests für die autoradiographische Eignung nicht erübrigen. Abgesehen von den jeweiligen Ansprüchen an das Auflösungsvermögen, von deren Zutreffen man sich nur experimentell überzeugen kann, kommen nämlich auch Qualität und Energieverteilung der auf den Film treffenden Strahlung wesentliche Bedeutung für die Überführung des Silberhalogenids in einen photographisch entwickelbaren Zustand zu. Das erklärt, weshalb selbst von dem gebräuchlichsten Strippingfilm *AR10* nur vereinzelt Werte über Empfindlichkeit, Auflösung und Nachweisbarkeitsgrenzen vorliegen, die entsprechend den jeweiligen Versuchsbedingungen zudem recht unterschiedlich ausfallen (85). Zur Orientierung über die Empfindlichkeit der Strippingfilme mögen einige Zahlenangaben über die sog. Kornausbeute dienen (Tab. 8). Unter der Kornausbeute versteht man die Anzahl der Energieträger, wie z. B. α- und β-Teilchen, Photonen oder sonstige Quanten und Partikel, die jeweils auf einen Kristall treffen müssen, um diesen photographisch entwickelbar zu machen. Praktisch wird die Kornausbeute jedoch meist so bestimmt, daß man die absolute Anzahl der Zerfallsakte in einem Präparat in Relation zur Menge der im Autoradiogramm vorhandenen Silberkörner setzt. Bei dieser letzteren Art der Bestimmung der Kornausbeute wird der Tatsache, daß zwischen den strahlungsempfindlichen Kristallen noch Lücken sind, in denen die Strahlung wirkungslos bleibt, nicht Rechnung getragen. Ferner muß man bedenken, daß immer nur die Hälfte der Strahlung in Richtung auf die Ebene der Emulsion emittiert wird und daß ein Anteil davon wiederum durch Absorption im Präparat unwirksam bleibt.

Besonders hervorzuheben sind deshalb die von MAURER u. PRIMBSCH (298) angegebenen Werte (Tab. 8), die sich auf 3 μ dicke Methacrylat-Schnitte beziehen. Die entsprechenden Präparate wurden verascht und ihre Tritium-Aktivität in einem Flüssigszintillationszähler gemessen. Man fand 16 Zerfallsprozesse pro Silberkorn. Da nur die Hälfte der β-Teilchen auf die Emulsion trifft und 3 μ dicke Methacrylat-Schnitte einen β-Selbstabsorptionskoeffizienten von 0,3 haben, beträgt die tatsächliche Anzahl der zur Belichtung eines Korns führenden Elektronen bei Tritium-Markierung 2,4. Nicht bei allen in der Tab. 8 angegebenen Werten sind diese Faktoren berücksichtigt. Daher verbietet sich ein Vergleich von Werten, die von verschiedenen Autoren stammen. Trotzdem sei auf die gute Übereinstimmung bezüglich der Kornausbeute für ^{32}P einerseits sowie für ^{35}S und ^{14}C andererseits hingewiesen. Maximale Energie, Energieverteilung und Reichweite der

Tabelle 8

Anzahl der Zerfallsprozesse pro entwickelbarem Silberkorn bei Verwendung des Strippingfilms *AR 10* (Kodak)

Isotop	β/Korn	Autor
^{3}H	1	HERZ (192)
^{3}H	5 bzw. 20	HUGHES, BOND, BRECHER, CRONKITE, PAINTER, QUASTLER, SHERMAN (211)
^{3}H	20	LAJTHA, OLIVER (246)
^{3}H	10,9	WIMBER, QUASTLER, STEIN, WIMBER (484)
^{3}H	100—200	KISIELSKI, BASERGA, VAUPOTIC (231)
^{3}H	16 bzw. 2,4	MAURER, PRIMBSCH (298)
^{14}C	0,5—0,6	LAJTHA, OLIVER (246)
^{32}P	1,3	HERZ (192)
^{32}P	1,3	LAMERTON, HARRISS (251)
^{32}P	1,3	LAJTHA, OLIVER (246)
^{35}S	0,6	LAMERTON, HARRISS (251)

beiden letztgenannten Strahler stimmen jeweils nahezu überein. Beim Vergleich der Werte aus Tabelle 8 fällt auf, daß die Tritiumaktivität weniger effektiv als die des Kohlenstoffisotops sein soll. Dieser Sachverhalt steht im Widerspruch zur *Energieabgabe-Weg-Relation* (s. Kap. 2 u. 6.2.1) und kann sich deshalb nur entweder aus den unterschiedlichen experimentellen Gegebenheiten bei der Bestimmung der Kornausbeuten oder aus einer speziellen Sensilibisierung der Emulsion erklären. In diesem Zusammenhang möchten wir auf einen Vorschlag von Herz hinweisen, wonach durch Entwicklerzusätze eine Empfindlichkeitssteigerung von Strippingfilmen zu erreichen ist (194). Dieses als *Hypersensitivierung* bezeichnete Verfahren hat aber unseres Wissens keine Verbreitung gefunden.

Noch problematischer als ein Vergleich von zahlenmäßigen Angaben zur Strahlungsempfindlichkeit sind Aussagen zum autoradiographischen Auflösungsvermögen, weil unter dieser Bezeichnung unterschiedliche Sachverhalte verstanden werden. Für sinnvoll halten wir die Begriffsbestimmung nach Stevens (426), der unter Auflösung denjenigen Abstand zweier radioaktiv markierter Linien eines Strichgitters versteht, welcher sich gerade noch autoradiographisch bestimmen läßt. Wir wollen uns dieser Definition ihrer Anschaulichkeit wegen anschließen, auch wenn bisher nur wenige auf dieser Grundlage experimentell ermittelte Werte vorliegen. So haben Stevens (427) und Herz (193) das Auflösungsvermögen für das Jodisotop ^{131}J mit 2,5 μ bestimmt. Es ist anzunehmen, daß sich das Auflösungsvermögen für ^{14}C- sowie auch ^{3}H-markierte Präparate hiervon nur unwesentlich unterscheidet, zumal für ^{32}P das Auflösungsvermögen in analoger Weise ebenfalls mit 2,5 μ bestimmt wurde (54; 55). Damit scheint die Ansicht von Stevens, wonach die Strahlungsenergie keinen Einfluß auf das autoradiographische Auflösungsvermögen hat, sofern nur die Strahlungsreichweite größer als die Emulsionsschichtdicke ist, für Strippingfilme bestätigt zu sein.

Eine mathematische Behandlung der Zusammenhänge zwischen Strahlungsenergie und Auflösungsvermögen findet sich bei Herrmann, Hartmann und Brust (189; 190).

5.2.5. Mikroskopie und Mikrophotographie von Autoradiogrammen

Da vom Zeitpunkt des Bedeckens eines Präparates mit Stripping-Film keine Veränderung der gegenseitigen Orientierung von Präparat und photographischer Schicht mehr stattfindet, ergeben sich im Gegensatz zum Kontaktverfahren bei der Auswertung der Strippingfilm-Autoradiogramme keine besonderen technischen Zuordnungsprobleme. Die Autoradiogramme können ohne weiteres lichtmikroskopisch ausgewertet werden. Zum Betrachten bei höherer Vergrößerung werden sie, wie normalerweise in der Lichtmikroskopie üblich, mit einem Deckglas abgedeckt. Auch Immersionsöle dürfen verwendet werden, sofern sie die entwickelte photographische Schicht nicht angreifen. Der Abstand zwischen Präparat- und Filmebene macht sich allerdings bei höheren Vergrößerungen insofern unliebsam bemerkbar, als immer nur eine Ebene im Bereich der mikroskopischen Schärfentiefe liegt. Für die Praxis der Auswertung ist dieser Effekt jedoch nicht störend, weil die mögliche visuelle Trennung der beiden Bilder u. U. eine unvoreingenommenere Beurteilung ermöglicht. Der Vorteil, ein bestimmtes Objektdetail für eingehendere qualitative oder auch quantitative Untersuchungen wahlweise entweder nach histologischen Kriterien, oder nach Gesichtspunkten, die sich aus dem Autoradiogramm ergeben, aussuchen zu können, ohne daß der Mikroskopierende selbst unbewußt durch das Verteilungsmuster der Silberkörner oder durch das autoradiographierte Präparat beeinflußt wird, hat viel für sich.

Man kann die Autoradiogramme eigens für die Auswertung im Durchlicht auch so entwickeln, daß größere Silberkörner entstehen. Ein solches Autoradiogramm weist praktisch immer eine größere Anzahl von Untergrundkörnern („Blindwert“) auf, die bei der Betrachtung im Durchlicht unsichtbar bleiben, im Dunkelfeld jedoch das Bild eines „Sternenhimmels“ bieten.

Wenn man es mit „schwachen“ Autoradiogrammen, also solchen mit nur kleinen Zonen geringer Schwärzung, zu tun hat, hilft eine Überentwicklung zu großen Körnern natürlich nicht weiter. Hier ist allein die Dunkelfeld-Betrachtung der Silberkornverteilung zu empfehlen, bei der allerdings dem Betrachter jeglicher direkte Bezug des Autoradiogramms zum Präparat fehlt.

Bei der Mikrophotographie ergeben sich aus der unterschiedlichen Lage von Präparat- und Filmebene mehrere Möglichkeiten. Die Photographie im Durchlicht erfordert ebenso wie die visuelle Beobachtung eine optische Ausrichtung auf die Ebene des zu photographierenden Objektes. Daraus folgt, daß man im Durchlicht entweder das Autoradiogramm mit guter Schärfe auf dem Untergrund des nur undeutlich wiedergegebenen Präparates abbilden kann, oder aber das Präparat exakt photographiert und dabei in Kauf nimmt, daß die Silbergranula kaum oder nur andeutungsweise zu erkennen sind. Beide Alternativen sind unbefriedigend, zumal auch immer eine Tarnung der Silberkörner durch das Objekt, das den Bilduntergrund darstellt, stattfindet.

Eine bessere Lösung stellt die Mikrophotographie des Autoradiogramms im Dunkelfeld dar, die durch eine zweite Aufnahme, das zugehörige Präparat im Durchlicht-Hellfeld, ergänzt wird (Abb. 49a u. b). Beide Aufnahmen sowie die zugehörigen photographischen Abbildungen müssen selbstverständlich mit gleicher optischer Vergrößerung hergestellt werden, damit die Zuordnung der autoradiographischen Schwärzung zu den Objektdetails erhalten bleibt. Eine Hilfe stellt die Verwendung von transparentem Positivpapier dar, auf dem man die Autoradiogramme

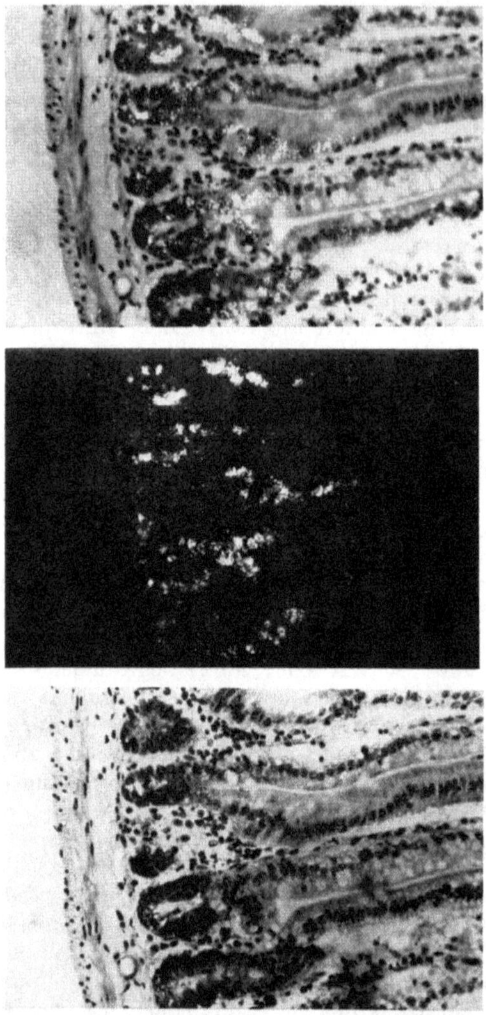

a)

b)

c)

Abb. 49. Einige grundsätzliche Möglichkeiten zur Mikrophotographie von Autoradiogrammen, die mit dem zugehörigen Präparat fest verbunden sind. Das Präparat stellt einen gefärbten Dünndarmschnitt vom Buschbaby (*Galago demidoffi*) dar. Das Tier erhielt 24 Std. vor der Tötung ^{3}H-Thymidin. Aus (370)

a) Autoradiogramm und Präparat wurden gemeinsam im Durchlicht-Hellfeld photographiert. Auf Grund der unterschiedlichen Lage von Silberkörnern und autoradiographiertem Präparat steht man vor der Alternative, entweder das Objekt oder das Autoradiogramm scharf abzubilden. In beiden Fällen werden die autoradiographischen Silberkörner durch den Objekthintergrund getarnt. Im hier gezeigten Beispiel wurde auf das Präparat fokussiert.

b) Mikrophotographie des Autoradiogramms im Auflicht-Dunkelfeld.

c) Aufnahme mit kombinierter Durchlicht-Hellfeld- und Auflicht-Dunkelfeldbeleuchtung (Leitz-*Ultropak*, Objektiv 22x).

kopiert, so daß sich durch einfaches Aufeinanderlegen der Autoradiogramm- und Präparatkopie der richtige Bezug zueinander ergibt. Schließlich sei noch auf die Möglichkeit einer simultanen Mikrophotographie von Autoradiogramm und Präparat hingewiesen, die durch eine kombinierte Auflicht-Dunkelfeld- und Durchlicht-Hellfeldbeleuchtung zu erreichen ist. Hierzu eignet sich das *Ultropaksystem* der Firma Leitz, Wetzlar (370).

Beim Leitz-Ultropaksystem wird das Objekt allseitig schräg durch einen um das Objekt herum angeordneten Ringkondensor mit höherer Beleuchtungs- als Objektivapertur beleuchtet. Hinzu kommt ein Vertikal-Illuminator, in dem ein halbdurchlässiger Spiegel oder einseitig asymmetrisch angeordnete Prismen oder Vollspiegel den beleuchtenden Strahl durch das Objektiv auf die Probe richten. Die letztgenannte Beleuchtungsart ist keine Dunkelfeldbeleuchtung im eigentlichen Sinne, da die Beleuchtungsapertur im Rahmen der Objektivapertur bleiben muß. Wenn die mikroskopische Betrachtung von Strippingfilm-Autoradiogrammen mit dem Ultropak-Illuminator unter Verwendung schwacher Objekte, z. B. des Ultropak-Objektivs *UO 22x* erfolgt, kann die Untersuchung des gefärbten Schnittes im Durchlicht und die der photographischen Schicht bei Auflicht-Dunkelfeldbeleuchtung erfolgen. Bei gleichzeitiger Benutzung beider Beleuchtungssysteme lassen sich beide Bilder leicht einander zuordnen und vor allem gemeinsam mikrophotographisch festhalten. In diesem Fall werden die zwei Beleuchtungssysteme hinsichtlich ihrer Helligkeit aufeinander abgestimmt, um ein kontrastreiches Bild von Schnitt und Emulsion zu erzeugen (Abb. 49c).

Mit der Mikrophotographie ungefärbter autoradiographierter Präparate befaßt sich Brück (66).

5.3. Autoradiographie mit „flüssigen“ Emulsionen

Bélanger u. Leblond (34; 40) beschreiben eine Technik, bei der eine flüssige Emulsion auf dem zu untersuchenden Präparat dünn ausgestrichen wird. Diese Technik verspricht einen möglichst innigen Kontakt zwischen Untersuchungsobjekt und der strahlungsempfindlichen Schicht und darüber hinaus auch die Möglichkeit, die Schichtdicke durch Verwenden entsprechend verdünnter Emulsionen optimal gestalten zu können. Die diesbezüglichen Erwartungen wurden weitgehend bestätigt.

Für diese und die nachfolgend aufgeführte Dipping-Technik sind vor allem die für kernphysikalische Belange entwickelten Kernspuremulsionen geeignet, über die Tabelle 9 einen Überblick vermittelt. Die dort in der Spalte 0 aufgeführten Emulsionen sind ausschließlich zur α-Autoradiographie geeignet. β-Teilchen werden von ihnen nicht registriert. Die Emulsionen der folgenden Spalten sind zum Nachweis von

Tabelle 9

Übersicht über einige zur Flüssig-Emulsionstechnik verwendbare Emulsionen und deren Strahlungsempfindlichkeit nach der Ilford-Skala. Nach A. W. Rogers (s. Fußnote Seite V).

Hersteller	Korndurchmesser (μ)	Empfindlichkeit 0	1	2	3	4	5
Ilford	0,27	G0	G1	G2	G3	G4	G5
Ilford	0,20	K0	K1	K2	K3	K4	K5
Ilford	0,15	L0	L1	L2	L3	L4	
Eastman-Kodak	0,40						NTB-4
Eastman-Kodak	0,30		NTA	NTB	NTB-2		NTB-3
Eastman-Kodak	0,04			NTE			
Agfa-Gevaert	0,15						NUC 7.15
Agfa-Gevaert	0,07				NUC 3.07		

niederenergetischen β-Strahlern, also insbesondere für Tritium sowie für das Jodisotop ^{125}J geeignet. Radiokohlenstoff und das nahezu energiegleiche Schwefelisotop ^{35}S werden erst von den ab Spalte 3 aufgezählten Emulsionen nachgewiesen. Die ganz rechts stehenden Emulsionen lassen sich zur β-Bahnspur-Autoradiographie (Kap. 7.2) verwenden.

Die Emulsionen kommen in kolloidalem Zustand als Gel in den Handel und sollten entsprechend den Vorschriften ihrer Hersteller aufbewahrt und behandelt werden. Die optimale Temperatur, bei der sie längere Zeit verwendungsfähig bleiben, liegt bei etwa +4° C; tiefere Temperaturen sollen irreversible Umwandlungen der Gelatine zur Folge haben und so die Emulsion unbrauchbar machen. Die Haltbarkeit der Emulsionen ist sehr begrenzt und wird von den Herstellern meist mit etwa 2 Monaten angegeben. Beim Arbeiten mit flüssigen Emulsionen dürfen natürlich auch nur die jeweils vorgeschriebenen Dunkelkammerbeleuchtungen verwendet werden. Auch auf das Einhalten der empfohlenen Luftfeuchtigkeit sollte man achten, da zu stark ausgetrocknete Emulsionsschichten häufig ein Ansteigen des Untergrundes bewirken.

Um die Emulsionen für autoradiographische Untersuchungen verwenden zu können, werden sie zunächst durch Erwärmen im Wasserbad verflüssigt. Die Temperatur — auch des Wasserbades! — sollte 40—45° C nicht übersteigen. Vor ihrer weiteren Verwendung muß man die Emulsionen im allgemeinen mit dest. Wasser verdünnen. Der Verdünnungsgrad richtet sich nach der Art des nachzuweisenden Strahlers und der späteren Auswertung des Autoradiogramms. Ist ein möglichst hohes Auflösungsvermögen erwünscht, so sollte die Dicke der Emulsion nach ihrem Auftragen und dem Verdunsten des Wassers zwischen 1—2 μ betragen; stärkere Schichtdicken sollten bei quantitativen Auswertungen vorliegen. BÉLANGER und LEBLOND verteilen die Emulsion über dem Präparat durch Verstreichen mit einem feinen Pinsel. Sie verwenden eine vorgewärmte Pipette, mit der sie eine kleine Emulsionsmenge auf ebenfalls vorgewärmte Objektträger tropfen. Damit die Emulsion nach dem Verteilen noch gleichmäßig verlaufen kann, werden die so hergestellten Präparate etwa 1 Minute bei einer Temperatur von etwa 40° C gehalten. Schließlich läßt man die Präparate in horizontaler Lage abkühlen, wobei die Emulsion geliert und fest antrocknet. Bei dieser Methode kann es vorkommen, daß die Emulsion ungleichmäßig wird, so daß Inhomogenitäten in bezug auf die Dicke und die Silberkornverteilung der Filmschicht resultieren. Diese unerwünschten Effekte lassen sich durch eine vielfach angewendete, abgewandelte Technik vermeiden, indem man die Objektträger soweit in die erwärmte und verdünnte Emulsion eintaucht, bis die Präparate vollständig von Emulsion bedeckt sind. Beim langsamen Herausziehen des Objektträgers und anschließender lotrechter Lagerung des Objektglases läuft diese bis auf eine dünne Schicht, die relativ homogen ist und gut haftet, wieder ab. Dieses Vorgehen wird als *Dipping*-Technik bezeichnet (215; 216; 217; 240; 305). Die zum Herstellen der erwünschten Schichtdicke notwendige Verdünnung der Emulsionen muß zuvor in Versuchen mit entsprechenden Verdünnungsreihen herausgefunden werden. Sie liegt je nach Emulsion zwischen 1 bis zu 10 Teilen Wasser pro Volumenteil Emulsion (vgl. Tab. 11).

Die weitere Exposition der Präparate wird bei etwa +4° C in lichtdichten Präparateboxen vorgenommen. Darüber, ob die Anwesenheit eines Trockenmittels einen Einfluß auf Blindwert, Fading des latenten Bildes und etwaige chemographische Effekte hat, herrscht in den bisherigen Publikationen keine übereinstimmende Meinung; das gilt auch bezüglich der Zusammensetzung der Atmosphäre, in welcher die Präparate zu exponieren sind (194).

Das Zusammenkommen wäßriger Emulsionen mit den zu untersuchenden Präparaten bedingt, daß sich die hier beschriebenen Techniken nur auf den Nachweis strukturgebundener Substanzen und somit geringer Wasserlöslichkeit beschränken. Um zu einer Ausdehnung des Anwendungsbereichs zu gelangen, wurden verschiedentlich Versuche unternommen, durch entsprechende Schutzschichten das Eindringen von Feuchtigkeit in die Präparate zu verhindern. So wird ein Celloidin-Überzug empfohlen, den man sich durch wiederholtes Eintauchen in eine 1%ige Lösung von Celloidin in einer Mischung von Äther und Alkohol herstellt. Auch PVC-Schutzfilme werden verwendet. Letztere erhält man entweder durch Aufbringen eines Tropfens 6,4%iger PVC-Lösung auf Wasser, Unterfahren des entstehenden Filmes mit dem Objektträger bzw. Auflegen des Schnittes auf den Film, oder durch Eintauchen des Objektträgers in verdünnte PVC-Lösungen. Die durchschnittliche Dicke solcher Schutzfilme beträgt 0,12—0,24 μ. Die Nachteile derartiger Zwischenschichten sind offenkundig; sowohl die Auflösung in der Tritium-Autoradiographie sowie auch die Färbbarkeit der Präparate werden beeinflußt (394).

Die Unbrauchbarkeit für die Untersuchung wasserlöslicher Substanzen teilt die Flüssig-Emulsionstechnik mit der Strippingtechnik. Da sie der letzteren gegenüber nicht einmal den Vorteil reproduzierbarer Dicke und Qualität hat, ist die Flüssigemulsionstechnik in den letzten Jahren immer mehr zugunsten der Strippingtechnik in den Hintergrund getreten. Beiden gemeinsam sind auch die Schwierigkeiten, die sich im Zusammenhang mit dem Färben histologischer Präparate ergeben.

In Hinblick auf das Färben gibt es zwei Möglichkeiten: Entweder färbt man vor dem Aufbringen der Emulsion oder nach beendeter photographischer Entwicklung. Die Autoradiographie bereits gefärbter Präparate beinhaltet eine Reihe von Störungen, die sich durch Wechselwirkung des Farbstoffs mit dem Silberhalogenid der photographischen Schicht ergeben können. Von einigen Färbungen ist bekannt, daß sie positiv bzw. negativ chemographisch wirken.

Positiver Chemographie durch Farbstoffe waren wir u. a. bereits im Zusammenhang mit der Strippingtechnik begegnet (Abb. 48). Unter *negativer Chemographie* versteht man die Erscheinung, daß bestimmte Stellen eines Präparates trotz genügender Aktivität und ausreichender Expositionszeit offensichtlich infolge Oxidation des latenten autoradiographischen Bildes keine adäquate Schwärzung ergeben.

Eine Beurteilung relativ häufig angewendeter Färbemethoden unter dem Aspekt möglicher Fehlerquellen in der autoradiographischen Technik findet sich bei Thurston und Joftes (441). Färbungen, die *vor* dem Auftragen der Emulsion vorgenommen werden dürfen, ohne Artefakte befürchten zu müssen, sind u. a. Feulgen-Fastgreen, Hämatoxylin-Phloxin und Aldehydfuchsin-PAS. Bei nachträglicher Färbung gaben Cölestinblau-Hämalaun nach Mayer, Metanilgelb-Eisenhämatoxylin, Lithiumkarmin-Pikrinsäure, saures Eisenhämatoxylin nach Weigert, Methylgrün-Pyronin, Indigokarmin-Pikrinsäure sowie Toluidinblau die besten Ergebnisse. Die Gelatineschicht wird kaum angefärbt.

Von Färbungen, bei denen ein Färbegang vor dem Überziehen mit Emulsion und ein zweiter nach der photographischen Entwicklung und Fixation vorgenommen werden kann, haben sich Trichrom-PAS, Hämatoxylin-Eosin und Anilinblau-Karbolfuchsin am besten bewährt. Natürlich ist stets zu prüfen, ob durch eine Färbung vor der Exposition nicht eine Dislokation oder eine Abnahme von Radioaktivität im histologischen Präparat durch Auswaschen der markierten Substanz, eintritt. Mit Methoden zur nachträglichen PAS- und Feulgenfärbung bei entwickelten autoradiographierten Paraffinschnitten befaßten sich v. Deimling, Witsch und Rossner (93).

5.4. Methoden zur Autoradiographie dislozierbarer Substanzen

5.4.1 Vorbemerkung

Die in den vorangehenden Abschnitten behandelten Methoden können dann versagen, wenn die nachzuweisenden Substanzen in den bei histologischen Präparationen üblichen Lösungsmitteln oder Fixationsgemischen leicht löslich sind. Allein schon das Einwirken von Luftfeuchtigkeit oder Wasser aus der photographischen Emulsion kann bereits zu unerwünschten Dislokationen oder sogar zum Herauslösen der markierten Stoffe führen.

Die Begrenzung der konventionellen autoradiographischen Techniken auf die praktisch unlöslichen, insbesondere auch strukturgebundenen Stoffe, ist seit langem bekannt. Weniger bekannt ist das Ausmaß, in welchem man mit dem Auftreten von Dislokationen zu rechnen hat. Blanck und Mitarb. berichten, daß von phosphorhaltigen Zellbestandteilen, die sich mit ^{32}P markieren lassen, nahezu 40% in Formalin oder Bouin-Lösung extrahiert werden. Zur Gruppe der herausgelösten Substanzen gehören außer der großen Zahl einfacher phosphorylierter Verbindungen und Nukleinsäurevorstufen auch kurze Nukleotidketten, wahrscheinlich bis zu einem Molekulargewicht von 2000 und mehr (52). Vincent (458) berichtet, daß sich bei der konventionellen Fixierung von Seeigeleiern auch Ribonukleinsäure (RNA) als lösliche Fraktion entfernen kann. Eine Übersicht über den möglichen Verlust von RNA und ihren Vorläufern aus verschiedenen Geweben der Maus nach ^{3}H-Cytidin-Markierung geben Schneider und Maurer (399); über ähnliche Resultate mit Mäuselebern berichten Kopriwa und Leblond (240). Auch bei Formolfixierung von menschlichem Gehirngewebe gibt es Stoffverluste (400). Die Beispiele beweisen, daß für die Herstellung von Autoradiogrammen biologischer Objekte die Fixierung sorgfältig gewählt oder am besten auf jede chemische Fixierung unter Verwendung von Lösungsmitteln verzichtet werden sollte.

Zusammenfassende Übersichten zu den Versuchen der autoradiographischen Darstellung „wasserlöslicher" Substanzen finden sich bei Feinendegen (130) und Appleton (13).

Die konsequente Eliminierung aller jener Faktoren beim Herstellen histologischer Präparate und ihrer Autoradiogramme, bei denen offensichtlich mit einer Veränderung der ursprünglich vorhandenen Verteilung und Zuordnung der Radioaktivität zu rechnen ist, führt dahin, daß praktisch nur Kombinationen von Gefriertrocknungs- bzw. Gefrierschnitt-Techniken einerseits mit dem Kontaktverfahren andererseits den gestellten Ansprüchen in bezug auf das Vermeiden von Dislokationen genügen. Ferner wäre es im Interesse der optimalen Auflösung, besonders beim Arbeiten mit Tritium-markierten Substanzen, unbedingt wünschenswert, das Objekt ohne eine haftende Zwischenschicht in unmittelbaren Kontakt mit der Photoemulsion zu bringen. Trennschichten

würden außerdem nur zu erneuten Zweifeln bezüglich ihrer Wirkung auf die Substanzverteilung im Präparat führen.
Die Mikro-Histoautoradiographie „diffusibler“ markierter Substanzen wird gegenwärtig entweder nach dem von APPLETON (10; 11; 12; 13) angegebenen Verfahren, einer Art Umkehrmethode (33), oder der in Anlehnung an methodische Vorläufer von FITZGERALD u. Mitarb. (138) von WERNER u. Mitarb. (473—481; 60) ausgearbeiteten Kontaktmethode betrieben. Beide Verfahren werden im folgenden beschrieben.

5.4.2. Die Methode nach APPLETON

Die Gewebsproben werden zunächst in Isopentan, das mit flüssigem Stickstoff gekühlt wird, tiefgefroren und einige Zeit in flüssigem Stickstoff aufbewahrt. Dann werden im Kryostaten bei —30°C 4—6 μ dicke Gefrierschnitte hergestellt, die man unter Schutzlicht (*Kodak Wratten Series 1*) auf vorgekühlte Objektträger von —5° C überführt (Abb. 50). Diese Objektträger wurden zuvor mit Strippingfilm so überzogen, daß die Emulsionsschicht außen zu liegen kommt. Unter den angegebenen Bedingungen haftet der histologische Schnitt ohne Schmelzvorgang auf der photographischen Schicht. Die Ursache dieser Adhäsion ist noch umstritten. Die zu keinem Zeitpunkt aufgetauten Präparate werden bei —25° C exponiert. Anschließend fixiert man bei Zimmertemperatur in 5%igem essigsaurem Alkohol, wäscht, entwickelt und färbt. Schließlich überführt man die Präparate samt anhaftendem Film so auf Glasobjektträger, daß der Schnitt auf dem Glas zu liegen kommt und nach außen von der Emulsion eingeschlossen ist (Abb. 50).
Verglichen mit der nachfolgend beschriebenen Kontaktmethode erscheint uns das Verfahren von APPLETON umständlich und besonders für die routinemäßige Anwendung bei großen Schnittserien wenig geeignet. Ob die zugrunde liegende Idee der konsequenten Manipulation mit tiefgefrorenem Material tatsächlich eine Gewähr für das Vermeiden diffusions- oder konvektionsbedingter Dislokationen darstellt, ist zu bezweifeln. Wahrscheinlich sind die Vorgänge beim Schneiden für stattfindende Veränderungen der ursprünglichen Substanzverteilung verantwortlich (vgl. Kap. 4.3.2.) und somit das entscheidende Faktum bei der Autoradiographie leicht dislozierbarer Stoffe überhaupt. Als Vorteil gegenüber der Kontaktmethode darf das relativ einfache Auswerten der Präparate angesehen werden, das bei der Kontaktmethode größeren technischen Aufwand voraussetzt. Die Methode nach APPLETON umgeht zwar geschickt die Schwierigkeiten des normalen Stripping-Verfahrens, indem sie eine Umkehrtechnik (33) benutzt, teilt jedoch mit dem Stripping-Verfahren jene Nachteile, die sich durch den Kontakt von Emulsion und Präparat während des photographischen Prozesses ergeben können (s. Kap. 5.3).

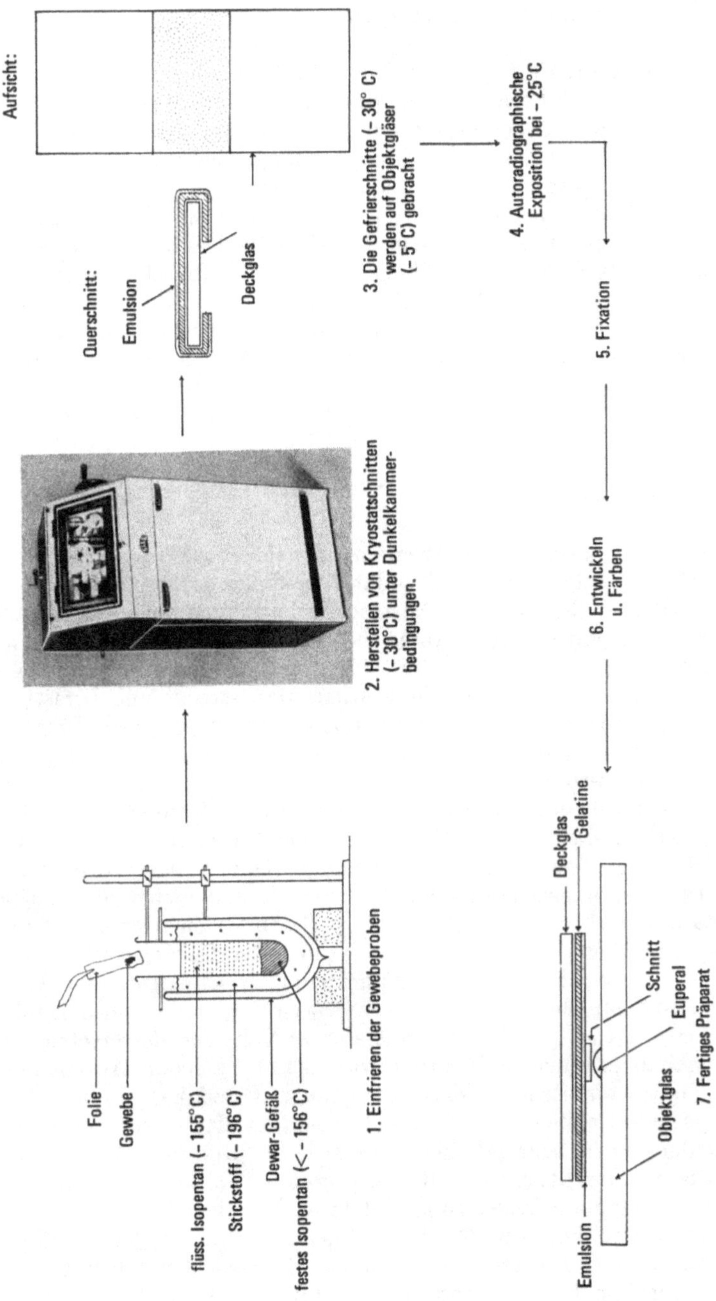

Abb. 50. Schema der Methode nach APPLETON (13). Erläuterungen s. Text

5.4.3. Die Kontakt-Autoradiographie

Der mit der autoradiographischen Kontakt-Methodik erreichbare Grad der Zuordnung einer Filmschwärzung zum Ausgangsort der Strahlung im Objekt ist geringer als bei Verfahren, die auf einem praktisch unlösbaren Kontakt von Filmschicht und Objekt beruhen. Dennoch kommt der Kontakt-Autoradiographie große praktische Bedeutung zu, weil sie *die* Methode zum Nachweis *aller* — also auch gelöster oder leicht diffusibler — markierter Substanzen, die nicht merklich flüchtig sind, darstellt. Die folgenden von WERNER u. Mitarb. speziell in Hinblick darauf ausgearbeiteten Verfahren sind sowohl in Kombination mit der histologischen Gefrierschnitt-Technik als auch für die nach der Gefriertrocknungs-Technik hergestellten Präparate geeignet (60, 473—481). Sie wurden vielfach übernommen und modifiziert (433; 434; 150).

5.4.3.1. Gefrierschnitte

Die entnommenen Organe werden mittels Kohlensäure-Schnee auf Gefriertische aufgefroren und sodann in einem zugeschweißten Polyäthylen-Beutel, der vor dem Austrocknen schützen soll (s. Kap. 4.3.2), mehrere Stunden im Kryostaten bei —25° C aufbewahrt. Man stellt Schnitte von etwa 10 μ Dicke her, die im Kryostaten auf dort gelagerte, gekühlte Objektträger gebracht werden. Man streckt und befestigt die Gefrierschnitte dadurch, daß man mit einem angepreßten Finger den Objektträger von der Unterseite her vorübergehend auf einige Grad über den Gefrierpunkt bringt.

Es ist überraschend, daß durch das kurzzeitige „Antauen" der Schnitte kaum nachweisbare Dislokationen verursacht werden; dies erklärt sich möglicherweise daraus, daß die Zellwände beim Gefrieren nicht wesentlich mechanisch geschädigt worden sind. Befindet sich die markierte Substanz jedoch extrazellulär, z. B. im Darmlumen oder den Sammelröhren der Niere, so sind bei Anwendung der Gefrierschnitt-Methode Verschmierungen zu erwarten. Wahrscheinlich werden diese z. T. auch durch den Schneidevorgang verursacht, weil sich hierbei ein kurzzeitiges Schmelzen des Präparates in unmittelbarer Nähe der Messerschneide naturgemäß nicht umgehen läßt (vgl. Kap. 4.3.2). Nach dem Antauen liegen die Schnitte auf dem Objektträger plan auf und haften ausreichend. Die geringe Luftfeuchtigkeit im Kryostaten darf sich während des Schneidens nicht sehr erhöhen, was sich dadurch erreichen läßt, daß man die Armdurchführungen des Kryostaten während seiner Bedienung durch Schaumgummipolsterung abdichtet. Vor dem Herausnehmen der Schnitte sollten diese zum Gefriertrocknen mehrere Stunden im Kryostat offen aufbewahrt werden. Damit sich beim Herausnehmen kein Kondenswasser auf dem Organschnitt bildet, muß das Objektglas zuvor innerhalb des Kryostaten mit einem Finger oder einer kleinen Heizbank auf etwa Zimmertemperatur erwärmt werden.

5.4.3.2. Paraffinschnitte

Bei Anwendung der Gefriertrocknungs-Methode geht man folgendermaßen vor: Dem getöteten Tier werden wiederum so schnell wie möglich Organproben entnommen und kleine Anteile davon in Isopentan von etwa —160° C gebracht, das bei dieser Temperatur zähflüssig ist. Schnelles Arbeiten ist angebracht, um eine mit dem Tod möglicherweise eintretende Veränderung in der Verteilung der nachzuweisenden Substanzen zu verhindern. Über das Ausmaß der postmortalen Enzym- und Diffusionsprozesse, das ohnehin für verschiedene Substanzen unterschiedlich ist, herrscht noch wenig Klarheit (286). Die gefrorenen Organteile überführt man in vorgekühlte Glasröhrchen von —30° C bis —40° C, in denen sich im Vakuum entgastes Paraffin befindet. Hier werden sie etwa 3 bis 4 Tage unter dauerndem Evakuieren bei 10^{-3} Torr belassen. Die Temperatur des Kühlbades wird von —30° C allmählich bis auf Zimmertemperatur am letzten Tag erhöht. Sodann wird das Paraffin in den Röhrchen durch Eintauchen derselben in ein Wasserbad zum Schmelzen gebracht. Die getrockneten Organstückchen sinken dabei in das Paraffin ein und werden noch etwa eine halbe Stunde bei +65° C darin belassen, dann ausgegossen und zu Paraffinschnitten verarbeitet. Diese werden auf Objektträger gebracht, die mit Eiweiß-Glycerin präpariert sind, und beispielsweise mit einer Teflonplatte oder einem Stück Fließpapier vorsichtig angedrückt. Hierauf bleiben die Schnitte bei +37° C einige Zeit auf dem Strecktisch und werden entweder ohne weitere Vorbehandlung mit der Photoemulsion in Kontakt gebracht oder vorher mit absolut wasserfreiem Xylol entparaffiniert. Es empfiehlt sich, die Schnitte unmittelbar nach dem Entparaffinieren mit der photographischen Schicht zu bedecken, um die Aufnahme von Wasser aus der Luft zu vermeiden.

5.4.3.3. Filmmaterial, Exposition und Entwicklung

Als Filmmaterial haben sich selbstangefertigte Ausstriche der Emulsion Ilford *G 5* sehr gut bewährt. Diese Emulsion ist in Gelform erhältlich. Man verdünnt sie mit dest. Wasser im Verhältnis 1:1 und erwärmt auf 40—42° C. Zur Herstellung des Filmmaterials schneidet man sich 2 cm breite und etwa 20 cm lange Streifen aus einer mit Haftstoff substratierten optisch isotropen Filmunterlage, die als Röntgenfilmfolie zu beziehen ist, und klebt diese mit *Tesafilm D* entlang der Ränder auf einer auf etwa 40° C vorgewärmten Kunststoff-Platte fest. Nun wird auf die erste Bahn der Filmunterlage ein Tropfen der erwärmten Emulsion gebracht und diese sofort mit Hilfe der abgerundeten schmalen Kante eines

Objektträgers gleichmäßig in Längsrichtung ausgestrichen. Nach dem Antrocknen der Emulsion löst man den *Tesafilm* wieder ab und schneidet etwa 2 × 2 cm große Stücke aus dem entstandenen Filmstreifen. Inhomogen beschichtete Stückchen verwirft man. Während dieser Prozedur darf die Filmunterlage nicht mit bloßen Fingern berührt werden (481).
Die mit Emulsion bedeckten Filmplättchen werden mit der Schichtseite gegen die Organschnitte gelegt, mit einem zweiten etwa 4 cm kürzeren

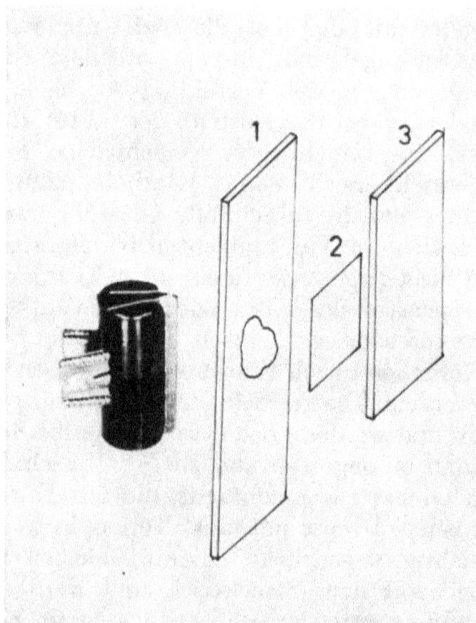

Abb. 51. Komponenten und Anordnung der autoradiographischen Exposition. 1: Objektträger mit Organschnitt; 2: Folie mit Photoemulsion; 3: kleiner Objektträger; 4: Klammer mit der die ganze Anordnung zusammengepreßt wird. Aus (481)

Objektträger bedeckt und sodann mit einer Klammer zusammengepreßt. Der zweite Objektträger hat die Funktion, für den gleichmäßigen Andruck der selbstangefertigten flexiblen Filmstückchen zu sorgen (Abb. 51). Das Verfahren gestaltet sich wesentlich einfacher, wenn man von bereits fertig mit der gleichen Filmschicht bedeckten Objektträgern ausgeht, die im Handel erhältlich sind.
Beschichtete Objektträger kann man sich durch Eintauchen („Dippen") auch leicht selbst herstellen. Wichtig ist, daß die Emulsion genügend fest am Glas haftet. Dies ist nach unseren Erfahrungen durch Zugabe von *Hostapon T* (Farbwerke Hoechst AG), einem oberflächenaktiven Stoff, gut zu erreichen.
Wir gingen so vor, daß zu 25 ml H_2O 5 Tropfen einer 10%igen wäßrigen Hostapon-Lösung gegeben werden und dann mit Ilford-G5-Emulsion

auf 50 ml aufgefüllt wurde, wobei das Gefäß bei 40—42° C in einem Wasserbad gehalten wird. Nach Durchmischen, wobei Schaumbildung vermieden werden sollte, wird die Temperatur auf 30° C gehalten und ein sorgfältig gereinigter Objektträger in die Emulsion getaucht. Danach zieht man in möglichst gleichförmiger Bewegung den Objektträger wieder heraus, streift den Überschuß von Emulsion am Rande ab, setzt auf Filterpapier ab und stellt den beidseitig beschichteten Objektträger schräg in die Rillen von eigens dazu konstruierten Brettchen zum Trocknen. Nach etwa 12 Stunden kann man mit diesen beidseits beschichteten Objektträgern in gleicher Weise, wie zuvor im Zusammenhang mit der emulsionsbeschichteten Folie beschrieben, histologische Schnitte bedecken. Es empfiehlt sich dabei, darauf zu achten, daß die Emulsionsschicht im Bereich des zu bedeckenden Schnittes homogen ist. Die dem Schnitt zugewandte Seite der Emulsion kann man mit einem Bleistift beschriften.

Die Präparate bewahrt man zusammen mit einem mit Silicagel gefüllten Leinensäckchen als Trockenmittel in gebräuchlichen Präparatekästen, die in Licht-undurchlässige Kunststoffbeutel gehüllt sind, im Kühlschrank bei etwa +4° C auf. Nach beendeter autoradiographischer Exposition müssen die dem Kühlschrank entnommenen Präparatekästen zum Temperaturausgleich in verpacktem Zustand zunächst einige Stunden bei Zimmertemperatur lagern, um zu verhindern, daß beim Öffnen der Präparatekästen Wasser auf Schnitt oder Film kondensiert. Nach ihrer Autoradiographie können die histologischen Präparate in herkömmlicher Weise gefärbt werden.

Zur photographischen Entwicklung emulsionsbeschichteter Objektträger verwendet man zweckmäßigerweise die aus der histologischen Färbetechnik bekannten Küvetteneinsätze. Die selbstangefertigten Filmstückchen hängt man in Gestelle aus Edelstahl, die speziell für die Entwicklung von Röntgen-Zahnfilmen Verwendung finden (481). Man entwickelt 6 Min. bei 20° C in *D 19b* (Kodak), wässert kurz in Leitungswasser, fixiert und wässert abermals in fließendem Leitungswasser. Die emulsionsbeschichteten Filmstückchen müssen darüber hinaus noch etwa eine Stunde in dest. Wasser gebadet werden. Die fertig-substratierten sowie die selbsthergestellten emulsionsbeschichteten Objektträger dürfen dagegen nur ganz kurz mit dest. Wasser abgespült werden. Beim darauffolgenden Trocknen muß auf Staubfreiheit der Luft geachtet werden.

Die Rückseite der selbstangefertigten emulsionsbeschichteten Objektträger, die keine autoradiographische Schwärzung aufweist, wird während des Wässerns nach dem Fixieren abgewischt; evtl. noch verbleibende Reste können dann nach dem Trocknen mit wäßr. Ammoniak endgültig entfernt werden. Das Autoradiogramm wird mit einem Deckgläschen in *Eukitt* eingebettet, die Beschriftung mit Zaponlack konserviert. Die Filmstücke werden mit *Eukitt* auf gewöhnliche Objektträger so aufgeklebt, daß das Autoradiogramm nach innen zu liegen kommt.

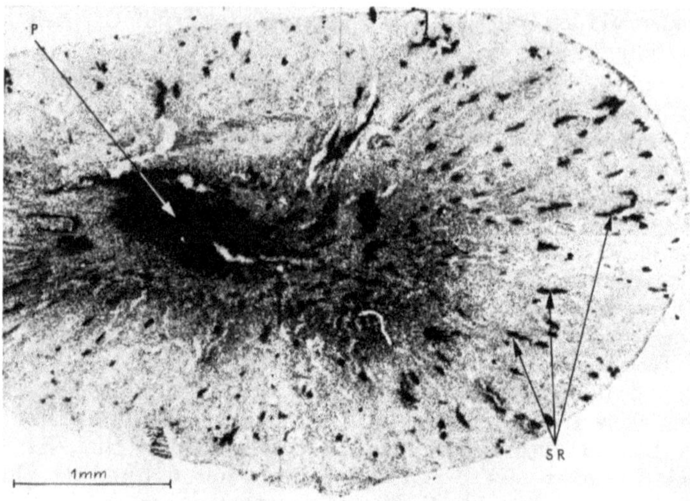

a)

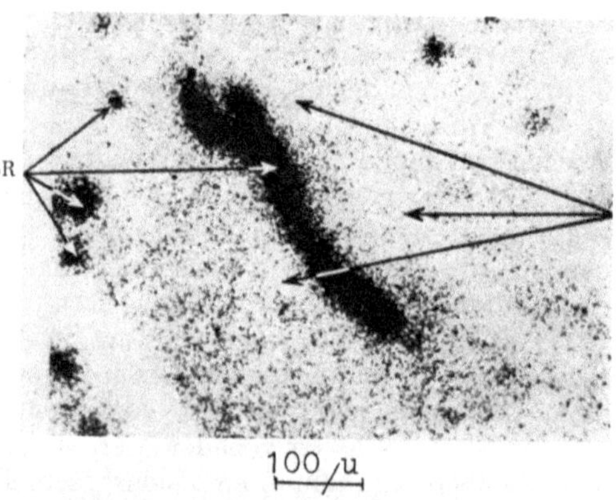

b)

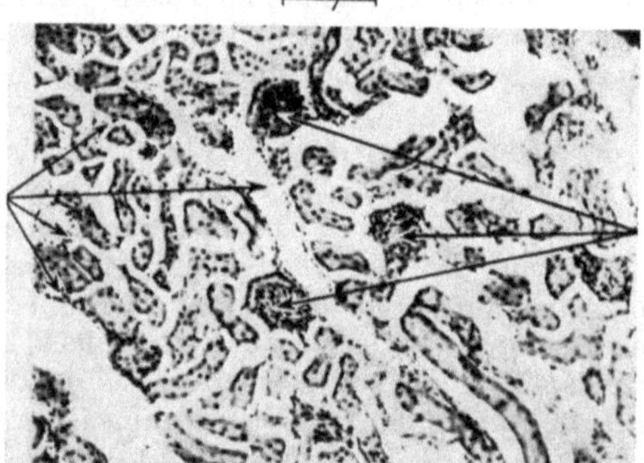

c)

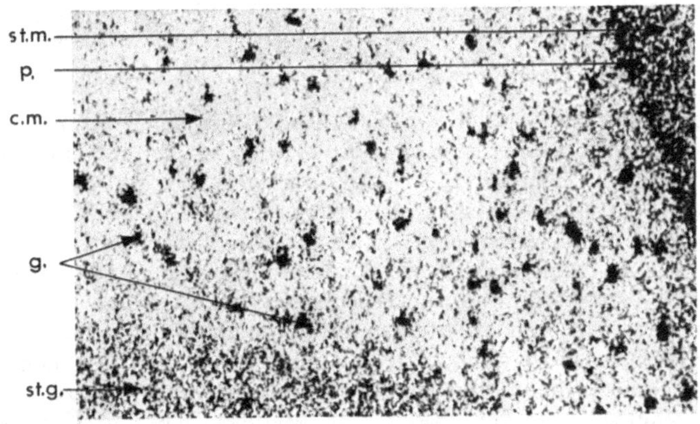

d)

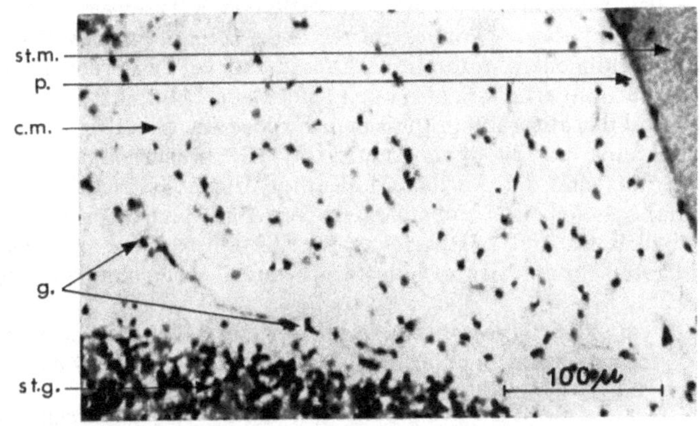

e)

Abb. 52 d u. e. Autoradiogramm (d) und Gefrierschnitt (e) aus dem Cerebellum einer Ratte. 95 Min. vor dem Exitus wurden mittels einer kalibrierten Glaskugel 54 μl = 180 μC ^{3}H-Glutaminsäure, gelöst in physiol. NaCl, in den linken Seitenventrikel injiziert. Der Schnitt wurde vor der Exposition durch Beträufeln mit Xylol, das sofort wieder abgesaugt wurde, von aufliegenden Cholesterin-Kristallen befreit. May-Grünwald-Giemsa-Färbung nach beendeter autoradiographischer Exposition. Expositionszeit: 12 Wochen.
st. m. = *stratum moleculare*, p = *pia*, c. m. = *corpus medullare*, g = *glia*, st. g. = *stratum granulosum*

← Abb. 52a, b, c

a) Kontakt-Autoradiogramm eines nach der Gefriertrocknungs-Technik hergestellten Nieren-Schnittes einer Maus nach *i. p.* Injektion einer wäßrigen Lösung von polytop-markiertem ^{3}H-Atropinsulfat. Die Tötung erfolgte 10 Minuten nach der Injektion. Exposition 5 Wochen. Die natürliche Größe des Präparates beträgt etwa 5 mm in der Längsrichtung
b) Ausschnitt aus a)
c) zu b) gehöriger Ausschnitt des histologischen Präparates nach HE-Färbung. Abb. b u. c aus (481)

G = Glomerulus, P = Papille, SR = Sammelrohr

5.4.3.4. Artefakte durch Kristalle

Auf Artefakte, die speziell bei der Autoradiographie von Gehirn- und Rückenmark-Gefrierschnitten zu beobachten sind, muß hingewiesen werden*. Nach mehrstündiger Lagerung von Kryostat-Schnitten bei Raumtemperatur lassen sich nach etwa einem Tag über der weißen Substanz Kristalle nachweisen (Abb. 53a), die man mitunter bereits mit bloßem Auge erkennen kann. Die Kristalle bestehen aus Cholesterin, das die ^{3}H-Strahlung des darunterliegenden Schnittes derart absorbiert, daß an den betreffenden Stellen autoradiographisch keine Aktivität mehr nachweisbar ist (Abb. 53 b u. c). Derartige Artefakte lassen sich nur vermeiden, indem die Kristallbildung verhindert wird. Solange Gefrierschnitte ununterbrochen Temperaturen unter —20° C ausgesetzt sind, beobachtet man keine Kristalle. Bereits kurzzeitiges Erwärmen auf Zimmertemperatur genügt, um die Kristallbildung auszulösen. Um Artefakte zu umgehen, müßte man konsequent bei entsprechend niedrigen Temperaturen arbeiten, also auch beim Bedecken mit Photoemulsion und während der autoradiographischen Exposition. Das würde praktisch eine Anlehnung an das von Appleton (13) beschriebene Verfahren bedeuten. Wir sind der Ansicht, daß unter diesen Voraussetzungen ein routinemäßiges Arbeiten mit einer großen Anzahl von Schnitten nicht mehr möglich ist und haben folgendes Verfahren ausgearbeitet*, um das Auftreten kristallinen Cholesterins auf Gefrierschnitten zu verhindern:

Die im Kryostaten hergestellten Schnitte (vgl. 5.4.3.1) werden unmittelbar nach ihrem Herausnehmen in eine abgeschlossene Kammer (Petri-

* Korr, H., Fischer, H. A., Seiler, N. und Werner, G.: Cholesterinkristalle in Kryostat-Gefrierschnitten von nervösem Gewebe als Ursache von Artefakten in Autoradiogrammen. Histochemie **23** (1970) 138.

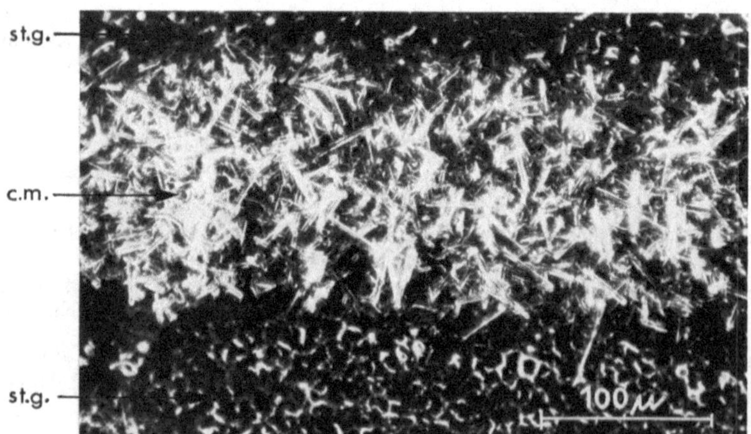

a)

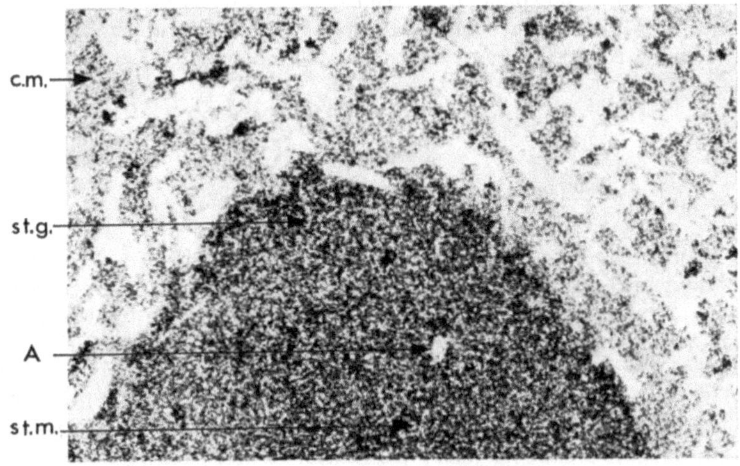

b)

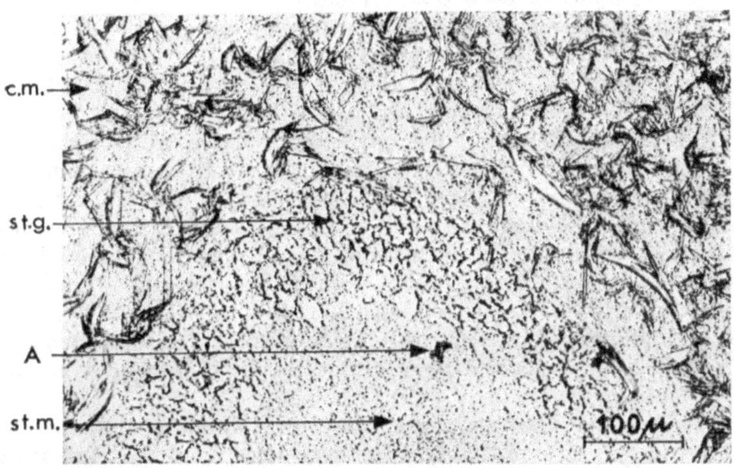

c)

Abb. 53. Durch Kristallbildung bedingte Artefakte auf Kontakt-Autoradiogrammen von Gefrier-Schnitten:

a) Cholesterin-Kristalle auf ungefärbtem Schnitt aus dem Cerebellum eines Pinselohraffen. Dunkelfeldaufnahme.

b) u. c) Autoradiogramm (b) und ungefärbter Schnitt (c) aus derselben Region im Hellfeld. Man erkennt deutlich die durch Kristalle auf dem Schnitt bedingten Artefakte im Autoradiogramm (vgl. Abschn. 5.4.3.4).

Präparat: Pinselohraffe, 8 Std. nach Gabe (i. p. u. per os) von 64 mC ^{3}H-*Encephabol* (Fa. E. Merck, Darmstadt)

st. g. = *stratum granulosum*, c. m. = *corpus medullare*, st. m. = *stratum moleculare*, A = Artefakt, z. B. durch Kontaminierung mit Fremdkörper schale) von +80° C überführt, die trockenes Paraformaldehyd enthält. Die entstandene Formaldehyd-Atmosphäre wirkt nun derart auf die trockenen Schnitte ein, daß nach etwa 6 bis 8-stündiger Behandlung später keine Kristallbildung mehr beobachtet wird.

5.4.4. Vor- und Nachteile des Kontaktverfahrens

Der Hauptvorteil des Kontaktverfahrens besteht darin, daß es generell für alle markierten Substanzen in biologischem Material geeignet ist, sofern diese unter den gegebenen experimentellen Bedingungen nur unerheblich flüchtig sind. Hinzu kommt seine verhältnismäßig einfache Durchführbarkeit, die es gestattet, fortlaufend anfallende Serienschnitte mit einem vertretbaren Zeitaufwand routinemäßig zu autoradiographieren. Weiterhin ist es möglich, von ein und demselben Präparat beliebig viele Kontaktautoradiogramme herzustellen. Diese Möglichkeit ist etwa dann von Bedeutung, wenn Präparate mit sehr unterschiedlichen Aktivitätsverteilungen vorliegen und die optimale Auswertung eine unterschiedliche Wahl der Expositionszeit erfordert. Die nach Abschluß der autoradiographischen Exposition erfolgende Trennung von Film und Schnitt macht auch direkte histochemische Untersuchungen am autoradiographierten Objekt möglich. Man ist also nicht wie bei anderen Verfahren auf vergleichende Untersuchungen an benachbarten Schnitten angewiesen. Selbstverständlich fallen auch alle jene störenden Faktoren fort, die sich z. B. beim Strippingverfahren wegen der dort zwangsläufig gemeinsamen Behandlung von Film und Präparat mit den zur photographischen Entwicklung erforderlichen Reagenzien ergeben. Die bei anderen Verfahren sich hieraus ableitenden chemographischen Effekte treten beim Kontaktverfahren nicht auf. Ferner kann es zu keinen emulsionsbedingten Störungen von Färbereaktionen kommen.

Nachteilig ist die zwangsläufig erschwerte Auswertung des Autoradiogramms, da ja ein unmittelbarer Kontakt von Film und Präparat nicht mehr besteht. Die Zuordnung autoradiographischer Schwärzungen zu Objektdetails setzt daher zunächst voraus, daß gewisse Möglichkeiten bestehen, Autoradiogramm und zugehöriges histologisches Präparat wieder so zusammenzubringen, daß ihre ursprüngliche gegenseitige Orientierung wieder hergestellt wird. Die Lösung dieses Zuordnungsproblems (Abschn. 5.4.5.) war entscheidend für die routinemäßige Anwendung der Kontaktmethode bei der Autoradiographie mikroskopischer Objekte. Schließlich erlaubt das vom Objekt unabhängig zu beobachtende Autoradiogramm auch die quantitative Auswertung durch Lichtabsorptionsverfahren, da die Eigenabsorption eines anhaftenden Präparates nicht die Messung beeinflußt (135) (Abschn. 7.3).

5.4.5. Die Zuordnung in der Kontakt-Autoradiographie

Es wurden verschiedentlich Möglichkeiten ausprobiert, nach dem Färben des histologischen Präparates bzw. Entwickeln des zugehörigen Autoradiogrammes Gewebe und Film wieder deckungsgleich zusammenzubringen, um sie gemeinsam betrachten und auswerten zu können. Z. B. wurden vor der Exposition mit einer radioaktiven Tinte Kreuze auf den Objektträger gezeichnet, die sich in der Photoemulsion abbildeten und als Markierung dienten, um die Kongruenz von Schnitt und Autoradiogramm leichter herstellen zu können (202). Hoecker und Roofe (198) bedienen sich einer Klappanordnung, bei der sich die Schnitte auf einem flexiblen Objektträger befinden. Emulsion und Schnitt können nach beendeter autoradiographischer Exposition auseinandergeklappt werden und lassen sich beim Entwickeln und Färben getrennt handhaben.
Andere Autoren haben Bahnspuren von α-Teilchen in Kontakt-Autoradiogrammen dadurch lokalisiert, daß die zuvor gefärbten Gewebsschnitte nach beendeter Exposition als Lichtabdruck photographisch abgebildet wurden, und zwar auf der gleichen Emulsion, welche die Bahnspuren bereits als latente Bilder enthielt. Das Gewebe erscheint dann als eine Art Schattenbild, dem sich das Autoradiogramm überlagert. Die Anwendung dieses Verfahrens beschränkt sich allerdings nur auf die α-Bahnspurdarstellung, da die durch β-Teilchen erzeugten Schwärzungen sich nicht von dem durch sichtbares Licht hervorgerufenen unterscheiden lassen (397; 396).
Alle diese Verfahren haben den Nachteil, routinemäßiges Arbeiten zu erschweren bzw. sich nur auf eine bestimmte Strahlungsart zu beziehen. Einen Fortschritt stellte daher die Entwicklung einer apparativen Anordnung dar, mit der es möglich ist, Präparat und zugehöriges Kontakt-Autoradiogramm mikroskopisch in derselben optischen Ebene abzubilden (Abb. 54): Auf einer gemeinsamen Basisplatte befinden sich zwei gleichartige Mikroskope, von denen jedes ein eigenes Beleuchtungssystem besitzt. Zur Halterung von Autoradiogramm und histologischem Präparat dienen zwei Drehtische, auf welchen beide Objekte jeweils unabhängig voneinander in zwei Koordinatenrichtungen bewegt werden können. Ein Mikroskop trägt einen Binocularaufsatz. In den Strahlengang dieses Mikroskops kann über ein optisches Umlenksystem, bestehend aus zwei Umlenkprismen und seitlichen Tuben, das Bild des Objektes im zweiten Mikroskop projiziert werden. Dadurch wird es möglich, beide Präparate in derselben optischen Ebene abzubilden. Unter der Voraussetzung gleicher optischer Verhältnisse auf beiden Bildebenen lassen sich zwei identische Präparate kongruent abbilden. Damit erfüllt diese Anordnung also alle Voraussetzungen für die richtige Zuordnung von Autoradiogramm zum histologischen Präparat. Eine zusätzlich an einem Präparatetisch angebrachte Höhenverstellung erlaubt es, etwaige Unterschiede in der Dicke der verwendeten Objektträger auszugleichen. Es sei noch auf

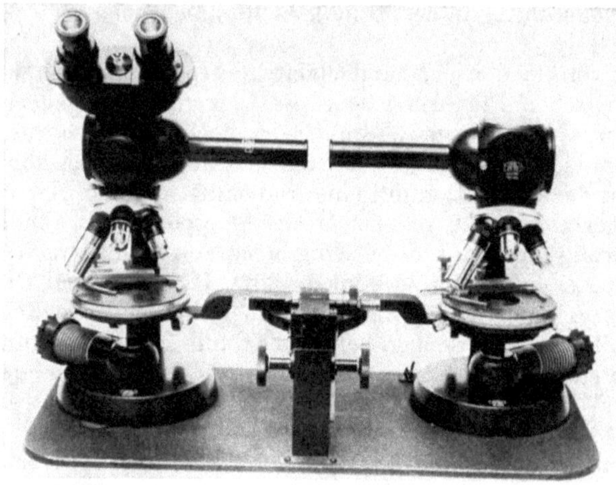

Abb. 54. Doppelmikroskop-Anordnung für die Zuordnung autoradiographischer Schwärzungen an histologische Strukturen bei der Kontakt-Autoradiographie lichtmikroskopischer Präparate nach WERNER et al. (137). Erläuterungen siehe Text

den sowohl horizontal als auch vertikal gemeinsam erfolgenden Transport beider Objekttische hingewiesen. Wenn die Objekte richtig orientiert sind, lassen sich alle Einzelheiten beobachten, ohne daß die bestehende optische Deckung verlorengeht. Die gewünschte genaue Orientierung von Autoradiogramm und Schnitt ergibt sich bei dieser Methode ohne große Mühe dadurch, daß man entweder zunächst bei niedriger Vergrößerung ihre äußeren Konturen zur optischen Deckung bringt oder andere augenfällige, bereits als stark markiert bekannte Objektdetails, mit ihrem zugehörigen Schwärzungsbild überlagert. Soll nur eines der beiden Präparate beobachtet werden, so läßt sich das Bild des komplementären Objektes durch Reduktion seiner Beleuchtungsstärke ausblenden. Dieses Doppelmikroskop hat sich bei der topographischen Auswertung unserer Autoradiogramme bewährt.

Ähnliche Anordnungen sind mittlerweile auch im Handel erhältlich. Die Firma Leitz kombiniert z. B. zwei *Ortholux*-Mikroskope mit einer sog. Vergleichsbrücke, die es u. a. auch erlaubt, zwei gleiche Präparate optisch zur Deckung zu bringen. Leider ermöglicht dieses Gerät keinen simultanen Präparatetransport, so daß die zu vergleichenden Präparate bei jeder neuen Mikroskop-Einstellung stets wieder neu zueinander justiert werden müssen. Dadurch wird insbesondere das bei Serienuntersuchungen notwendige schnelle Durchmustern von Autoradiogrammen äußerst stark erschwert und zumindest bei hohen Vergrößerungen verhindert.

6. DIE AUTORADIOGRAPHIE ELEKTRONENMIKROSKOPISCHER OBJEKTE

6.1. Einleitung

Das Auflösungsvermögen der lichtmikroskopischen Autoradiographie (Kap. 5.) erreicht in günstigen Fällen etwa 2 bis 3 μ und erlaubt somit gerade noch, grobe Zuordnungen im intrazellulären Bereich zu treffen. Seit sich durch die Anwendung der Elektronenmikroskopie das Wissen über die Struktur und den Bau der Zellen stark erweitert hat, wird der Entwicklungsstand der hochauflösenden Autoradiographie in Hinblick auf cytochemische Fragestellungen noch nicht als zureichend betrachtet.

Die ersten Impulse zur Entwicklung solcher autoradiographischen Techniken, die mit den technischen Gegebenheiten der Elektronenmikroskopie vereinbar waren, gehen auf HAMM und COMER (178) sowie LIQUIER-MILWARD (271) zurück. Seitdem sind eine größere Anzahl von Publikationen über Techniken zur elektronenmikroskopischen Autoradiographie erschienen, die unseres Erachtens jedoch in methodischer Hinsicht nicht als abgeschlossen oder ausgereift angesehen werden können.

Im vorliegenden Kapitel wollen wir die wichtigsten bisherigen Ansätze zur elektronenmikroskopisch-autoradiographischen Technik beschreiben und kritisch zur Methodik Stellung nehmen. Da bisher mehr als 300 Veröffentlichungen mit speziellem Bezug zur elektronen-mikroskopischen Autoradiographie erschienen sind, müssen wir uns auch hier auf einige wenige Arbeiten beschränken*. Um vor allem eine für den praktischen Gebrauch ausgerichtete Darstellung der methodischen Probleme geben zu können, werden theoretische Betrachtungen nur kurz behandelt.

Zunächst soll jedoch die Frage nach dem theoretisch erreichbaren Auflösungsvermögen behandelt werden, da die Kombination der Autoradiographie mit der Elektronenmikroskopie einige Besonderheiten methodischer Art mit sich bringt. Das gilt insbesondere für die Zuordnung der Silberkörner zum autoradiographierten Objekt. Wie noch im einzelnen zu erläutern sein wird, ist die unterschiedliche Auflösung von Autoradiogramm und elektronen-mikroskopischem Bild das Kardi-

---

* Übersichten finden sich bei L. CARO: Progress in Biophysics and Molecularbiology 16 (1966) 171; L. REIMER: Elektronenmikroskopische Untersuchungs- und Präparationsmethoden, Springer-Verlag, 1967, S. 556; F. S. SJÖSTRAND: Electron Microscopy of Cells and Tissues, Vol. I, Academic Press, 1967, S. 413ff.; siehe auch: D. NEUMANN: (320).

nalproblem. Das beste bisher erreichte autoradiographische Auflösungsvermögen ist rund zwei Zehnerpotenzen schlechter als das des Elektronenmikroskops dessen Auflösung — je nach Gerätetyp — gegenwärtig ca. 5—10 AE beträgt. Die Auflösungsverhältnisse sind also genau entgegengesetzt denen der lichtmikroskopischen Autoradiographie, bei der — wie STEVENS (426; 427) zeigte — das autoradiographische Auflösungsvermögen u. U. besser als das beim gleichen Filmmaterial mit Licht erreichbare sein kann.

6.2. Das Auflösungsvermögen

6.2.1. Theoretische Erwägungen

Der erste grundlegende Ansatz zu einer mathematischen Erfassung der Faktoren, die das Auflösungsvermögen bestimmen, geht auf DONIACH und PELC (108) zurück. Den Betrachtungen liegt eine idealisierte, punktförmige Strahlenquelle zu Grunde. In Hinblick auf die endliche Ausdehnung der markierten Objekte in der Autoradiographie haben HERRMANN, HARTMANN und BRUST (189) eine mathematisch gut fundierte Berechnung der Zusammenhänge zwischen Auflösungsvermögen und maximaler Energie eines Strahlers vorgenommen. Leider beziehen sich die Ausführungen in beiden Fällen auf Strippingfilm-Emulsionen von etwa 3 μ Dicke, so daß die zugrunde liegenden Modelle und Vorstellungen keine direkte Übertragung und Aussagen für die Verhältnisse bei der elektronenmikroskopischen Autoradiographie erlauben. Hinzu kommt folgendes:

1. Zur elektronenmikroskopischen Autoradiographie werden im Gegensatz zu den übrigen Anwendungen extrem dünne photographische Schichten mit hohem Silberhalogenidgehalt benötigt, die im Idealfall nur aus einer einzigen Halogenidkornschicht bestehen sollten. Die physikalisch-chemischen Eigenschaften derartig dünner, strahlungsempfindlicher Schichten unterscheiden sich erheblich von jenen des dickeren Filmmaterials.

2. Abgesehen von der andersartigen Beschaffenheit und Struktur der photographischen Emulsion gilt das Modell von DONIACH und PELC überhaupt nur für größere Schnittdicken; denn ebenso, wie sich entsprechend der geringeren Filmdicke andersartige Schwärzungseigenschaften ergeben, muß man bei den notwendigerweise sehr dünnen elektronenmikroskopischen Präparaten Strahlungseffekte berücksichtigen, die bei dickeren Präparaten zu vernachlässigen sind. Der Weg, den ein emittiertes niederenergetisches β-Teilchen durch ionisierbare Materie nimmt, ist gekennzeichnet durch häufige elastische und unelastische Stöße, die einen ständigen Richtungswechsel des Teilchens bedingen. Dieser Richtungswechsel muß bei einer theoretischen Behandlung des Auflösungsvermögens berücksichtigt werden. Auf keinen Fall ist es in

jenen Dimensionen, die durch elektronenmikroskopische Vergrößerungen zugänglich gemacht werden, statthaft, sich die von einer punktförmig lokalisierten Strahlungsquelle ausgehende Strahlung linear in alle Raumrichtungen ausbreitend vorzustellen, weil bei den ohnehin nur verwendbaren niederenergetischen Strahlern (s. Abschn. 6.8) die Streuung relativ stark ist.

Trotz dieser Schwierigkeiten sind verschiedene Ansätze zur mathematischen Behandlung des Auflösungsvermögens elektronenmikroskopischer Autoradiogramme gemacht worden (77; 346; 22); in diesen Publikationen wurde teilweise auch den zuvor genannten Besonderheiten Rechnung getragen. Zu recht optimistischen Ergebnissen kommt Caro (77), der das maximal erreichbare Auflösungsvermögen für tritiumhaltige Präparate mit etwa 860 AE angibt. Caros Betrachtungen liegt ein Objekt zugrunde, in welchem sich eine punktförmige Strahlungsquelle in 500 AE Abstand unter einer photographischen Emulsion, mit einem mittleren Silberhalogenid-Korndurchmesser von 1000 AE befindet (Abb. 55). Die Dichte des zu autoradiographierenden Objektes und die der Gelatinekomponente der strahlungsempfindlichen Emulsion setzt er mit jeweils 1,1 g/cm^3 an. Ausgehend vom bekannten Energie- und Reichweitenspektrum der im Vakuum von Tritium ausgehenden Strahlung hatte bereits Lea* das Reichweitenspektrum für ein Medium der Dichte 1,0 abgeschätzt. Hierauf aufbauend extrapoliert Caro die entsprechenden Daten für Medien mit der Dichte 1,1 und findet, daß im Umkreis von 1 μ zwischen der punktförmigen Strahlenquelle und der Emulsion 20% der Strahlung auf die Emulsion trifft. Beim Erweitern des Umkreises auf 2 μ erhöht sich dieser Wert nur noch um weitere 2%. Mit anderen Worten: eine Erhöhung der Schnittdicke auf mehr als 2 μ sollte folglich auch keinen Einfluß mehr auf die Expositionszeit und das Auflösungsvermögen haben. Soweit uns bekannt ist, wurde dieser Sachverhalt, der für die Autoradiographie mikroskopischer Präparate von Interesse wäre, bisher noch nicht experimentell überprüft.

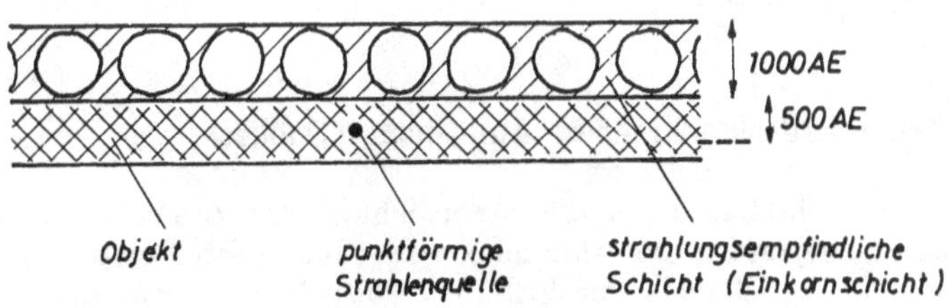

Abb. 55. Modell der Anordnung, die der Abschätzung des maximalen Auflösungsvermögens nach Caro zugrunde liegt. Erl. s. Text

* D. E. Lea, „Actions of Radiations on Living Cells“, Cambridge Univ. Press, London, 1956.

Anhand der in verhältnismäßig einfachen quantitativen Formulierungen auszudrückenden Strahlungsverteilung um eine einzelne punktförmige Strahlenquelle untersucht CARO als nächstes die Strahlungsverteilung um zwei Strahlungsquellen gleicher Intensität (Abb. 56) in Abhängigkeit von ihrem Abstand und bestimmt diejenige Entfernung, bei der mit Sicherheit anhand der Schwärzungen der photographischen Schicht noch beide Strahlenquellen getrennt erkennbar sind. Als Kriterium für „noch auflösbar" gilt hierbei das RAYLEIGH'sche Postulat, wonach noch eine Auflösung möglich ist, wenn sich die Intensität der überlagernden Strahlung auf der Verbindungslinie ihrer Ausgangspunkte um mindestens 50% von der Maximalintensität unterscheidet (Abb. 56). CARO findet,

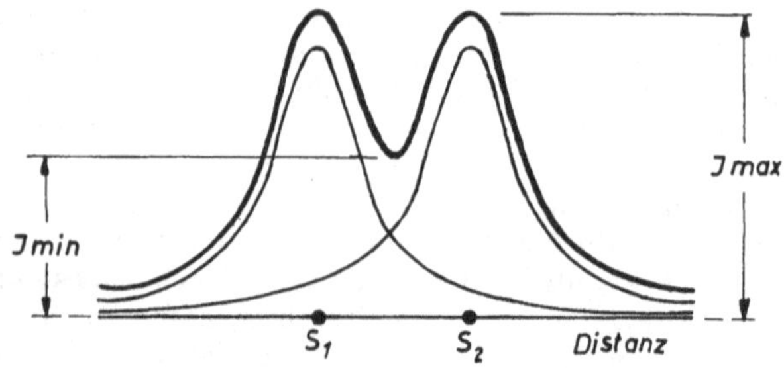

Abb. 56. Strahlungsverteilung über zwei punktförmigen Strahlenquellen S_1 und S_2. Das RAYLEIGH'sche Kriterium verlangt $I_{min} \geqq \frac{I_{max}}{2}$ als notwendige Voraussetzung für die Unterscheidung zweier Strahlenquellen

wie bereits erwähnt, daß ein Abstand von 860 AE noch auflösbar ist. Hiernach würde das Auflösungsvermögen etwa dem Durchmesser der Silberhalogenidkristalle in der Emulsion entsprechen. CARO konnte die von ihm bestimmte Größenordnung für das Auflösungsvermögen experimentell bestätigen. Auch andere Autoren kommen zu ähnlichen Ergebnissen (346; 22).

6.2.2. Das praktisch erreichbare Auflösungsvermögen

Theoretische Abschätzungen der zuvor behandelten Art haben sicherlich sehr dazu beigetragen, die zahlreichen experimentellen Bemühungen um die Entwicklung allgemein praktikabler Methoden zu stimulieren. Dennoch haben die bisher vorgeschlagenen Techniken die in sie gesetzten Erwartungen nicht erfüllt. Die Diskrepanz zwischen dem theoretisch möglichen und dem praktisch erreichbaren Auflösungsvermögen erklärt sich unseres Erachtens daraus, daß bei der theoretischen Behandlung einigen Faktoren zuwenig Beachtung geschenkt wurde, nämlich

1. der Tatsache, daß die photographische Schicht nicht mehr als homogene Schicht angesehen werden darf,

2. dem photographischen Prozeß, und

3. dem Vorgang der Strahlungsenergieabgabe bzw. -energieübertragung auf die Photoemulsion, sowie

4. dem Ausmaß der Expositionszeit und dem Blindwert.

Zu 1.: Jede photographische Emulsion besteht aus mindestens zwei Komponenten mit unterschiedlicher mechanischer Dichte, den Silberhalogenidkristallen (Dichte 6,47) als dem strahlungsempfindlichen Bestandteil und einem Bindemittel, der Gelatine (Dichte etwa 1,1). Zur „elektronenmikroskopischen Autoradiographie" muß man Emulsionen mit hohem Silberhalogenidgehalt und möglichst kleinem Kristalldurchmesser verwenden, um eine homogene und dichte Belegung der Präparatoberfläche zu erhalten. Der Korndurchmesser feinkörniger Emulsionen, deren Herstellung erst in letzter Zeit in größerem Umfange technisch möglich wurde, beträgt etwa 700 bis 1000 AE und liegt damit genau in der Größenordnung des theoretisch möglichen Auflösungsvermögens.
Nun enthalten jene Überlegungen, die zur theoretischen Begründung eines Auflösungsvermögens von 860 AE führten, das RAYLEIGH'sche Kriterium. Jedoch hat man bei der weiteren Betrachtung stillschweigend vorausgesetzt, daß eine auf die Hälfte reduzierte Strahlungsintensität sich zwangsläufig in einer entsprechend verringerten Schwärzungsintensität im Film zu erkennen gibt. Das ist nur dann möglich, wenn ein entsprechendes Filmmaterial vorliegt, das in diesen Dimensionen, also im Bereich von 1000 AE strahlungsproportionale Schwärzungsintensitätsunterschiede wiedergeben kann. Mit den 500—1000 AE großen Körnern der derzeitig erhältlichen Emulsionen ist das aber nicht zu erreichen!

Zu 2.: Die Bedenken, die sich aus der noch unvollkommenen Kenntnis der photographischen Vorgänge gegen die bisherigen theoretischen Beurteilungen des Auflösungsvermögens ergeben, bestehen in folgendem:

a) Es gibt keinen Beweis dafür, daß die autoradiographischen Silberkörner genau an jenen Stellen entstehen, an denen die latenten Bildkeime erzeugt wurden. Man neigt heute sogar zu der Ansicht, daß sich nicht einmal das latente Bild notwendigerweise an der vom Elektron oder Photon getroffenen Stelle des Kristalls befindet*.

b) Bei der photographischen Entwicklung wächst je nach den Entwicklungsbedingungen wahrscheinlich vom Ort des latenten Bildes ein Silberkeim in Form eines wurmförmigen Filamentes, welches sich verschiedentlich winden und im ungünstigsten Falle nahezu geradlinig von seinem Entstehungsort wegwachsen kann (Abb. 57).

---

* Näheres siehe: FRIESER, H., HAASE, G. und KLEIN, E.: Grundlagen der photographischen Prozesse mit Silberhalogeniden. 3 Bände, Akad. Verlagsges. Frankfurt/M. 1968.

c) Selbst die Frage, ob aus einem einzigen Silberhalogenidkristall durch den photographischen Entwicklungsprozeß mehr als ein Silberkorn entstehen kann, ist bislang noch nicht eindeutig entschieden.

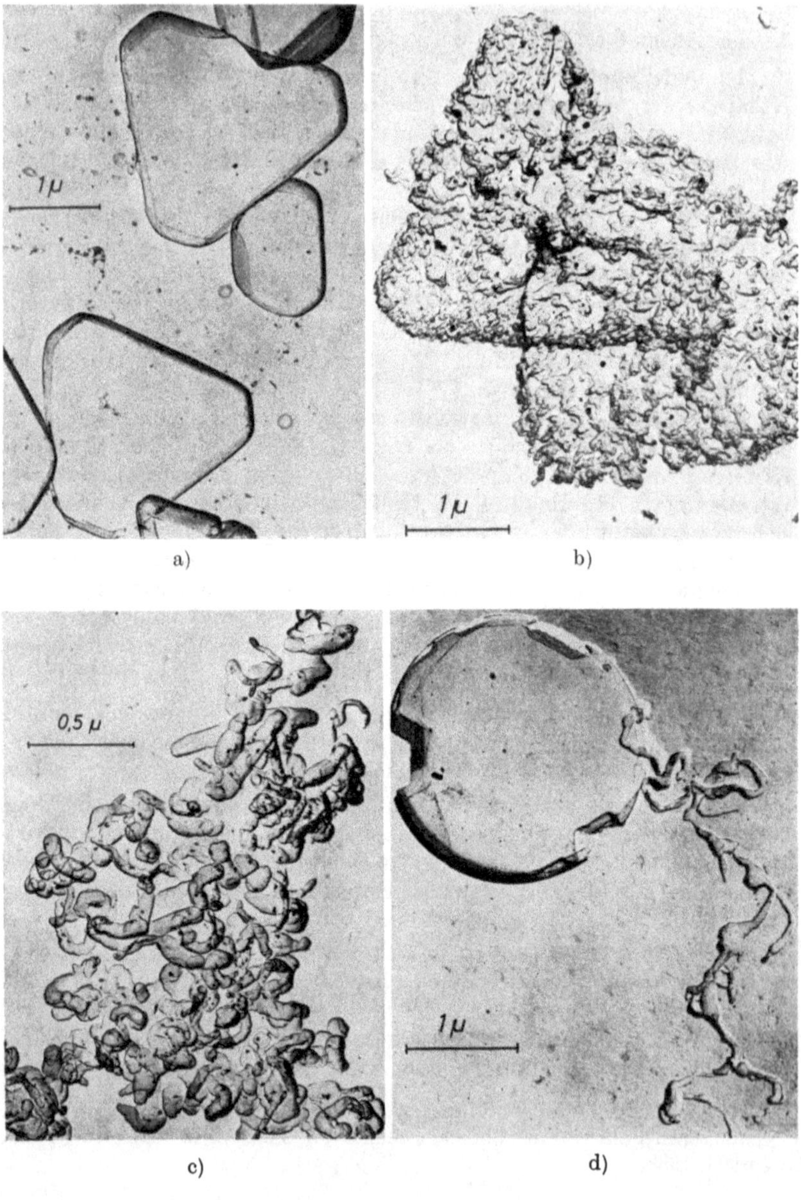

a) b)

c) d)

d) Hinzu kommt als weiterer Unsicherheitsfaktor, der bei theoretischen Betrachtungen Vorsicht gebietet, die Frage nach dem Ausmaß des Übertritts der photographischen Entwicklung auf Kristalle, die selbst zwar nicht latent belichtet wurden, sich jedoch in der unmittelbaren Nachbarschaft zu belichteten Kristallen befinden.
Eine Vorstellung vom Aussehen des Endproduktes des photographischen Prozesses, dem entwickelten „Korn", vermitteln die Abbildungen 57 a—d. Die Gestalt der entwickelten Granula hängt, wie deutlich zu kennen ist, von der chemischen Zusammensetzung der Entwickler ab. Die absolute Größe der Silberhalogenidkristalle ist für das Aussehen der Entwicklungsprodukte nur von untergeordneter Bedeutung. Die Abbildungen sind lediglich Beispiele für die Mannigfaltigkeit der möglichen

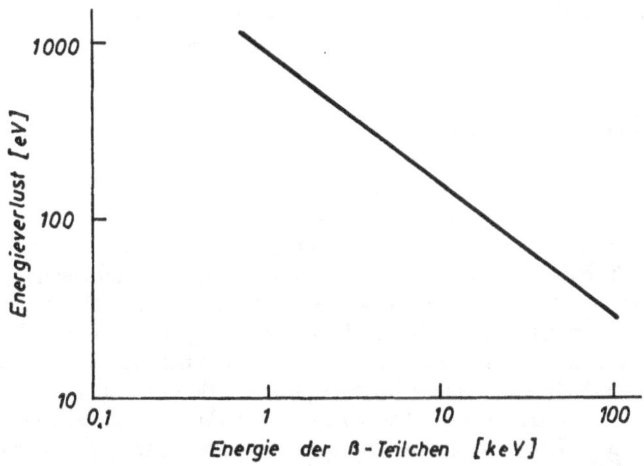

Abb. 58 Energieverlust von β-Teilchen, die eine 100 AE dicke Silberbromidschicht durchlaufen, in Abhängigkeit von ihrer Eigenenergie. Nach PELC (346).

←

Abb. 57. Einfluß der photographischen Entwicklung auf die Struktur des entstandenen Silbers. Aus Klein (232)

a) Kohleabdruck des unentwickelten Silberhalogenidkristalls. (Aus: F. S. SJÖSTRAND, Electron Microscopy of Cells and Tissues, Acad. Press. N. Y. 1967, Seite 417).
b) Entwicklungsprodukt in einem Hydrochinonentwickler. Das Korn entsteht in gleicher Form und wahrscheinlich auch am selben Ort wie der ursprüngliche Kristall.
c) Knäuelförmiger Silberfaden als Ergebnis der Entwicklung in einem p-Phenylendiaminentwickler, der Silberbromid zu lösen vermag.
d) Kompaktes Silberkorn mit anhängendem Faden. Physikalischer Entwickler. Der Ausgangsort des Entwicklungsprozesses läßt sich nicht ermitteln.

Kornformen, denen man auch bei feinkörnigeren Emulsionen begegnet.

Zu 3.: Beim radioaktiven Zerfall erhält jedes freigesetzte β-Teilchen eine bestimmte kinetische Energie. Der mittels dieser Energie maximal zurücklegbare Weg, die sog. Reichweite, hängt von der Anfangsenergie des emittierten Teilchens und dem Medium ab, in welchem sich das Elektron bewegt. Zwischen der Reichweite und der Strahlungsenergie besteht kein linearer Zusammenhang. Vielmehr nimmt die Reichweite schneller zu, als es dem Energiezuwachs nach zu erwarten wäre. Diese Beobachtung erklärt sich u. a. aus der Abhängigkeit des Energieverlustes vom Absolutwert der noch vorhandenen Energie des Teilchens (Kap. 2). Durchlaufen z. B. Elektronen verschiedener Energie jeweils das gleiche Medium in gleicher Schichtdicke, so verliert zwar jedes Elektron Energie; je höher jedoch die Ausgangsenergie eines Elektrons ist, desto geringer ist der Energieverlust nach Durchdringen der Schicht. 10 keV-Elektronen erfahren in einem Silberhalogenidkristall mit 0,01 μ Durchmesser einen mittleren Energieverlust von 150 eV, 100 keV-Elektronen verlieren dagegen nur 17 eV (346). Einem Energiezuwachs auf das zehnfache entspricht in diesem Fall also einem rund zehnmal geringeren Energieverlust nach Durchlaufen der gleichen Schicht (Abb. 58). Für jeden Silberhalogenidkristall ist aber ein bestimmter Mindestenergiebetrag nötig, der unbedingt aufgebracht werden muß, um den Kristall in einen entwickelbaren Zustand zu bringen. Nach Pelc, Coombes und Budd (347) sind hierzu etwa 35 eV pro Korn erforderlich. Wegen der Abhängigkeit der Energieabgabe von der Eigenenergie des Teilchens kann daher die Einwirkung von Elektronen höherer Energie auf eine photographische Schicht u. U. zu weniger Belichtungen führen als die Einwirkung der gleichen Anzahl von niederenergetischen Elektronen auf die gleiche photographische Schicht. Es wäre also denkbar, daß Elektronen, die von einer unmittelbar unter einem Silberhalogenidkristall gelegenen Quelle ausgehen, wegen ihrer zu hohen Energie nicht zur Belichtung dieses Korns führen, jedoch in größerem Abstand wegen des bis dahin erfolgten Energieverlustes durchaus in der Lage sind, andere entferntere Kristalle entwickelbar zu machen. Speziell bei besonderen feinkörnigen Emulsionen, könnte sich dieser Effekt negativ auf das Auflösungsvermögen auswirken.

Zu 4.: Schließlich wird bei theoretischen Betrachtungen zum Auflösungsproblem unserer Meinung nach der Expositionszeit zu wenig Beachtung geschenkt. Um den Einfluß der Expositionszeit auf die Auflösung qualitativ zu behandeln, wollen wir uns das Autoradiogramm eines elektronenmikroskopischen Präparates, das mehrere punktförmige Strahlenquellen enthält, vorstellen. Der Abstand benachbarter Quellen soll dabei gerade noch so groß sein, daß es anhand der Strahlungsverteilung nach dem Rayleigh'schen Kriterium zumindest theoretisch möglich wäre, jede Strahlenquelle für sich aufzulösen bzw. aus dem Autoradiogramm zu erschließen. Es läßt sich zeigen, daß entsprechend dem heutigen Entwicklungsstand der Emulsionen die Anzahl der autoradiographischen Silberkörner im Einflußbereich jedes Strahlers viel zu gering ist, als daß sich die Lage der Strahlenquellen zu irgendeinem Zeitpunkt der autoradiographischen Exposition eindeutig zu erkennen gibt. Solche Schwärzungsverteilungen, die der über jeder einzelnen Strahlenquelle vorhandenen Strahlung entsprechen, lassen sich innerhalb des relativ kleinen Bereichs, den die Strahlung erreicht, wegen der Größe der Silberkörner nicht realisieren. Beginnt man mit der photographischen Entwicklung in einem frühen Stadium der Exposition, dann ist die Anzahl der Silberkörner so gering, daß man vom optischen Eindruck her auf eine gleichmäßige Aktivitätsverteilung im Präparat schließen würde. Auf homogene Aktivitätsverteilung würde man natürlich erst recht schließen, wenn das Autoradiogramm nach extrem langer Exposition entwickelt wird, weil bei einer Überexponierung alle Schwärzungsunterschiede zwangsläufig nivelliert werden — eingeschlossen sogar diejenigen Areale, die überhaupt nicht von Strahlung getroffen worden sind, doch mit der Zeit einen Untergrund („Blindwert") bekommen. Bei Vorliegen diskreter Strahlungsquellen kann zwischen den gezeigten Extremen im günstigsten Fall ein Zeitpunkt existieren, zu welchem man aus der Silberkornverteilung die Lage der Strahlungsausgangspunkte erschließen kann. Allein durch visuelle Auswertung des Autoradiogramms ist eine Zuordnung von Silberkörnern zu den jeweiligen Strahlungsquellen nicht möglich; es ist vielmehr eine Analyse der Kornverteilungsdichte erforderlich, bei der für jedes Korn ein gewisser Umkreis angenommen werden muß, in welchem die Strahlungsquelle zu suchen ist. Die Expositionszeit, innerhalb welcher eine derartige Analyse möglich ist, hängt von der Strahlungsintensität des Präparates ab. Je höher diese ist, desto schneller vollzieht sich der Umschlag von der anfänglichen zur erneuten quasihomogenen Silberkornverteilung. Der Umschlag ist deshalb so kritisch, weil er durch die Belichtung einer zahlenmäßig recht kleinen Anzahl von Silberhalogenidkristallen bewirkt wird. Dem könnte man entgegenhalten, daß man eben versuchen sollte, mit kleineren Aktivitäten auszukommen, um eine entsprechend lange Zeitspanne für diesen Umschlag zur Verfügung zu haben. Das ist nur bedingt richtig. Die Aktivität pro Schnitt ist nämlich in der elektronenmikroskopischen Autoradiographie ohnehin meist schon äußerst gering und die erforderlichen Expositionszeiten bereits überaus lang.

Auch den Blindwert darf man bei Betrachtungen über Expositionszeiten nicht außer Acht lassen. Bei entsprechend langen Expositionszeiten hat man u. U. mit erheblichen Blindwerten zu rechnen, ein Umstand, der die Interpretation von Autoradiogrammen verständlicherweise sehr ungünstig beeinflußt, zumal in der Praxis niemals diskrete Strahlenquellen vorkommen, statt dessen aber mehr oder weniger diffuse Anreicherung von Aktivität. Eine Unterscheidung, ob ein Silberkorn dem von vornherein vorhandenen Blindwert einer Emulsion zugehört oder erst durch

Strahlung während der Exposition entstanden ist, kann nach unseren Beobachtungen nicht getroffen werden. Die elektronenmikroskopische Autoradiographie kann also auch nur dann sinnvoll angewandt werden, wenn Emulsionen mit vernachlässigbarem Blindwert zur Verfügung stehen. Sonst bliebe die Interpretation der Autoradiogramme innerhalb weiter Grenzen der Willkür des Auswertenden überlassen und wäre keinesfalls mehr objektiv.

Vom Beispiel diskreter Strahlungsquellen ausgehend, haben wir nunmehr die Lokalisationsschwierigkeiten in Abhängigkeit von der Expositionsdauer qualitativ behandelt. Publikationen, in denen das Zuordnungsproblem unter Berücksichtigung von Strahlungsempfindlichkeit der Emulsion, Korngröße, Blindwert und Expositionszeit quantitativ dargestellt wird, sind unseres Wissens bisher nicht erfolgt. Wir mußten jedoch auf diese Problematik besonders eingehen, um jeden, der den Gebrauch elektronenmikroskopisch-autoradiographischer Methoden plant, vor übertriebenen Hoffnungen und falschen Vorstellungen zu warnen. Erfahrungen zufolge ist es gegenwärtig bei biologischen Objekten bestenfalls möglich, noch zu unterscheiden, ob sich die aktive Substanz etwa im Nukleolus, an der Kernmembran, in den Cisternen des endoplasmatischen Reticulums oder in den Mitochondrien befindet. Zwischen einem Vorkommen in den Cristae oder der Mitochondrienmatrix läßt sich nicht mehr mit Sicherheit unterscheiden (Reimer*).

In Hinblick auf die praktische Auswertung elektronenmikroskopischer Autoradiogramme ist es nützlich, ein unmittelbares Maß dafür zu haben,

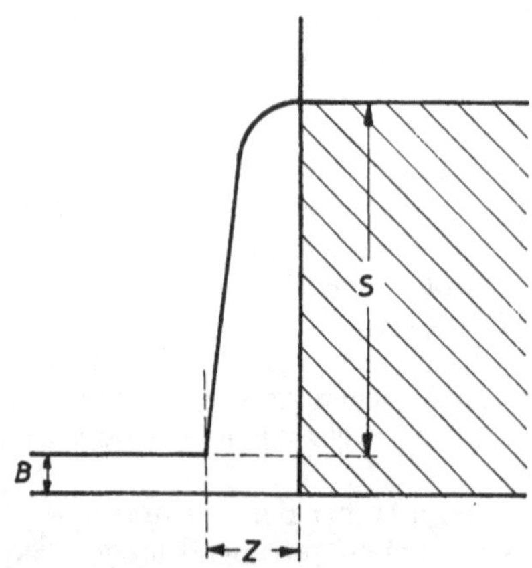

Abb. 59. Zum Verlauf der Silberkornhäufigkeit beim Übergang vom inaktiven zum aktiven Teil eines Einkornschichtpräparates. Nach Fischer u. Werner (136). Die Silberkornhäufigkeit (S) über dem tritiumhaltigen Präparat fällt nach 3 bis 4 Silberkorndurchmessern Abstand (Z) vom radioaktiven Präparat auf das Niveau des Blindwertes (B) ab

* s. Fußnote Seite 101.

in welchem Umkreis zu einem Silberkorn die radioaktive Substanz lokalisiert sein kann, die zur Bildung des Korns geführt hat. Entsprechend den Ergebnissen eigener Untersuchungen (136) nimmt die Häufigkeit, mit welcher Silberkörner in der Nachbarschaft eines tritiumhaltigen Präparates gefunden werden, im Abstand von 3 bis 4 Silberkorndurchmessern vom radioaktiven Objekt rasch ab (Abb. 59). Diese Beobachtung deckt sich gut mit den zuvor angeführten Betrachtungen zum Auflösungsvermögen und gibt anschaulich die Mindest-Unschärfe der elektronenmikroskopischen Autoradiographie wieder. Neuere Experimente zum Auflösungsvermögen finden sich bei SALPETER, BACHMANN u. SALPETER (392).

6.3. Das Filmmaterial

Eine der Hauptforderungen an die strahlungsempfindliche Schicht betrifft die Korngröße der emulgierten Silberhalogenidkristalle, weil von ihr (wie in Abschn. 6.2. dargelegt) im wesentlichen das Auflösungsvermögen abhängt. Seit einigen Jahren gibt es mehrere Emulsionen, die wegen ihrer Feinkörnigkeit zur elektronenmikroskopischen Autoradiographie verwendet werden können (162; 163; 488). Ihre Korngrößen und Empfindlichkeiten gegenüber der Tritium-β-Strahlung sind in der Tabelle 10 zusammengestellt.

Tabelle 10

Korndurchmesser und Empfindlichkeit einiger feinkörniger Emulsionen, die verschiedentlich zur hochauflösenden Autoradiographie verwendet wurden

Emulsion	Korndurchmesser (AE)	Anzahl der Silbergranula pro Tritiumzerfall
Eastman Kodak NTE*)	300—500	1,30
Gevaert-Agfa NUC 3.07**)	700	1,50
Ilford L4	1200	1,32
Gevaert-Agfa NUC 7.15**)	1500	1,80
Ilford K5	1800	1,00
Kodak V1055	1700	0,51
Kodak AR10	2000	0,57
Kodak NTA	2200	?
Eastman Kodak NTB3	2300	0,48
Eastman Kodak NTB2	2700	0,94

*)Daten nach SALPETER und BACHMANN (391)

**)Daten nach YOUNG und KOPRIWA (488). Alle anderen Daten von CARO und VAN TUBERGEN (82)

In der dritten Spalte der Tabelle 10 ist die Kornausbeute aufgeführt. Da diese Werte teilweise aus älteren Arbeiten verschiedener Autoren entnommen sind, können Abweichungen bei einer Nachbestimmung auftreten. Im übrigen ist das Reproduzieren quantitativer Daten oft schon allein wegen der unterschiedlichen Qualität ein und desselben Emulsions-Fabrikates häufig gar nicht möglich. Mitunter genügen schon Spuren verunreinigender Substanzen, um die Empfindlichkeit markant zu verändern. Auffallend ist die relativ hohe Kornausbeute der Emulsionen vom Typ *NTE* und *NUC*, die den kleinsten mittleren Korndurchmesser aufweisen. Normalerweise nimmt die Empfindlichkeit mit steigender Korngröße zu, so daß die feinkörnigeren Emulsionen die geringste Empfindlichkeit haben sollten. Durch Zusatz besonderer Sensibilisatoren, die entweder der Gelatine zugefügt werden oder adsorptiv an das Silberhalogenid gebunden sind („Dotierung"), ist es gelungen, die Empfindlichkeit feinkörniger Emulsionen derjenigen mit großem Korndurchmesser anzupassen. Hierbei spielt insbesondere die Fähigkeit mancher Substanzen zur kurzfristigen Strahlungsenergieabsorption eine Rolle, bei der die Energie in kurzlebigen molekularen Anregungszuständen gespeichert wird. Diese Energie wird sukzessiv in Form energiearmer Quanten an das Silberhalogenid abgegeben, wodurch schließlich eine größere Anzahl latent belichteter Kristalle resultiert, als es bei Abwesenheit dieser Substanzen der Fall wäre. In der Entwicklung noch wirkungsvollerer Sensibilisatoren liegt möglicherweise die große Chance der hochauflösenden Autoradiographie. In Verbindung mit noch feinkörnigeren Emulsionen wäre eine wesentliche Verbesserung des Auflösungsvermögens sowie eine Verkürzung der Expositionszeit denkbar.
Außer genügend feinem Korn und guter Strahlungsempfindlichkeit werden noch andere Ansprüche an eine photographische Emulsion für die elektronenmikroskopische Autoradiographie gestellt. So verlangen die technischen Besonderheiten der Elektronenmikroskopie äußerst geringe Filmdicken. Abgesehen davon, daß der zur Mikroskopie notwendige Elektronenstrahl meist schon in sehr dünnen Schichten absorbiert wird, findet während der Auswertung eine beträchtliche Erwärmung der Präparate im Mikroskop statt. Das Filmmaterial muß folglich zu sehr dünnen Schichten zu verarbeiten und thermisch soweit resistent sein, daß es keine störenden Veränderungen während der Mikroskopie erleidet. Von letzterem ist praktisch nur die Gelatine betroffen, die durch Schrumpfungen zum Verlagern in sie eingebetteter Silberkörner Anlaß geben könnte. Es ist gelungen, derartige Effekte auf ein Mindestmaß zu reduzieren. Dennoch kann man insbesondere bei ganz jungen oder auch gealterten Emulsionen beobachten, daß sich das Autoradiogramm unter demEinfluß des Elektronenstrahls krümmt oder gar zusammenrollt. Ein ebenfalls unerwünschter Effekt besteht darin, daß Silberkörner vermutlich auf Grund mangelnder Gelatineeinbettung verlorengehen. Im Autoradiogramm erkennt man solche Stellen, an welchen ursprünglich Silberkörner hafteten, an den in der Gelatine verbliebenden Abdrücken („Katzenfüße").

Für die Praxis ist es wichtig, daß die Emulsion entweder von Anfang an einen hohen Silberhalogenidgehalt aufweist, oder vor ihrer Verwendung eine entsprechende Anreicherung gestattet und sich mit möglichst gleichmäßiger Kornverteilung auf das Präparat auftragen läßt. Die Methoden hierzu werden im nächsten Abschnitt behandelt.

6.4. Beschreibung einiger Techniken

6.4.1. Vorbemerkung

Es sind mehrere Techniken zur Herstellung und zum Aufbringen dünnster Emulsionsschichten auf elektronenmikroskopische Präparate vorgeschlagen worden. Eine bevorzugte Standardmethode existiert bisher nicht — ein Beweis dafür, daß die methodischen Schwierigkeiten nicht immer optimal überwunden werden konnten. Es fehlt auch an objektiven Vergleichsmöglichkeiten zwischen den verschiedenen vorgeschlagenen Präparationstechniken. Wir beschränken uns deshalb darauf, einige bisher publizierten Methoden darzulege und Hinweise zu geben, um den Interessierten bei der Wahl einer für ihn geeigneten Methode zu unterstützen.

6.4.2. Die Methode von Liquier-Milward

Das Verfahren von Liquier-Milward (271) ist in der hier wiedergegebenen, ursprünglichen Form für moderne Fragestellungen der Histochemie nicht brauchbar, weil die seinerzeit zur Verfügung stehende Emulsion zu grob und die Filmdicke viel zu stark war, so daß das erreichbare Auflösungsvermögen bestenfalls dem der lichtmikroskopischen Autoradiographie gleichkommen würde. Wenn wir das Verfahren dennoch erwähnen, so deshalb, weil es den Ausgangspunkt der Entwicklung der elektronenmikroskopischen Autoradiographie darstellt und in wesentlich verfeinerter und modifizierter Form Grundlage bei der Entwicklung späterer Verfahren war.
Gebräuchliche Glasobjektträger wurden mit einer dünnen Kollodium- oder Formvar-Folie überzogen. Auf diese kamen die zu autoradiographierenden Präparate zu liegen. Dann wurde Ilford-*G5*-Emulsion auf 50° C erwärmt, mit Wasser verdünnt, auf die Präparate getropft und nach dem Antrocknen zusammen mit den Glasobjektträgern in einem lichtdichten, dickwandigen Bleibehälter exponiert. Im Anschluß an die autoradiographische Exposition entwickelte man mit dem Universalentwickler *D 19*, fixierte etwa 2 Min., wässerte 30 Min. und trocknete. Anschließend wurden die Präparate zusammen mit der anhängenden

Folie und dem Autoradiogramm vorsichtig vom Objektträger gelöst und auf einem geeigneten Präparatehalter in das Elektronenmikroskop eingeführt.
Abb. 60 zeigt eine elektronenmikroskopische Aufnahme eines derart gewonnenen Autoradiogramms. Aus den deutlich sichtbaren Silberspuren läßt sich auf den Ausgangsort der Strahlung schließen.

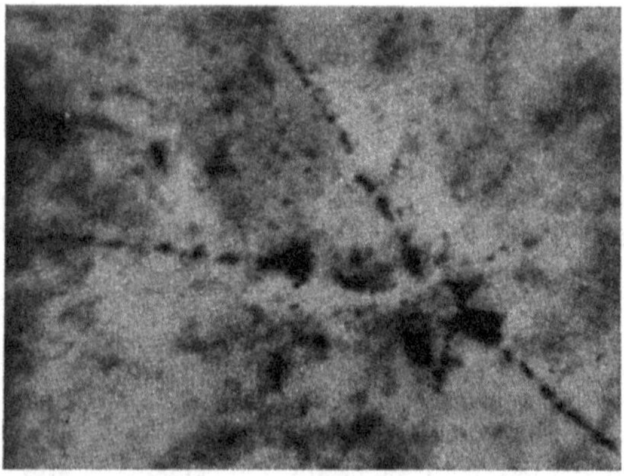

Abb. 60. Elektronenmikroskopische Aufnahme (Vergr. etwa 2000×) eines β-Track-Autoradiogramms. Die Strahlung geht von Tumorzellkernen aus, die mit ^{60}Co (β_{max} = 0,3 MeV) markiert sind. Aus (271)

6.4.3. Die Membranmethode

Pelc, Coombes und Budd (347) spannten zunächst Formvar-Folien über kleine Kunststoffplatten mit mehreren Bohrungen von etwa 7 mm Durchmesser. Um zu verhindern, daß die Formvar-Membranen verletzt wurden, hatte man den oberen Grat jeder Bohrung etwas abgestumpft. Die Kunststoffplatten waren zur Erleichterung der Arbeitsgänge an einem Stativ befestigt (Abb. 61). Auf der Formvar-Membran, genau in der Mitte über jedem Loch, deponierte man in Methacrylat oder Araldit eingebettete Dünnschnitte (Abb. 62).
Auf die Schnitte wurden bei rotem Dunkelkammerlicht (*Wratten-Filter, Serie 1*) verschiedene strahlensensible Emulsionen wie *G 5*, *L 4* (Ilford) oder *NUC 3.07* (Gevaert-Agfa) aufgebracht. Die Emulsionen wurden zuvor auf 40° bis 45° C erwärmt und im Verhältnis 1:5 bzw. 1:10 mit Wasser verdünnt. Mit Hilfe einer Pipette brachte man jeweils 1 Tropfen der so zubereiteten Emulsion auf jeden Schnitt und entfernte nach 10 Sek. die überschüssige Emulsion. Die dann noch am Präparat haftende Emulsion ließ man für einige Min. bei 45° C auf einer gewärmten Platte antrocknen. Dann wurden die getrockneten Präparate bis zu 2 Monate

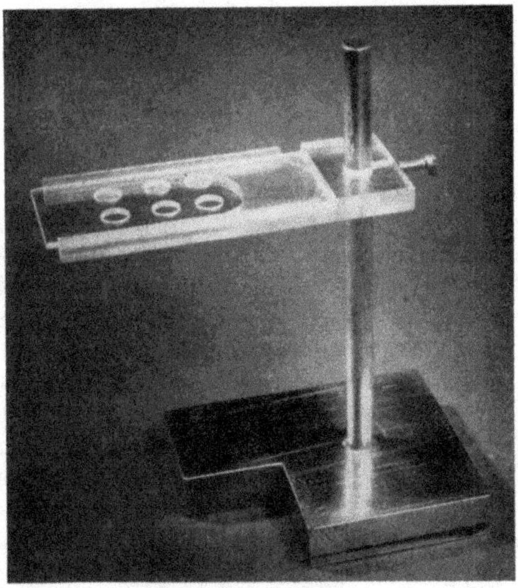

Abb. 61. Halterung für die Kunststoffplatte mit Bohrungen (∅ 7 mm) bei der Membranmethode nach Pelc. Aus: (70)

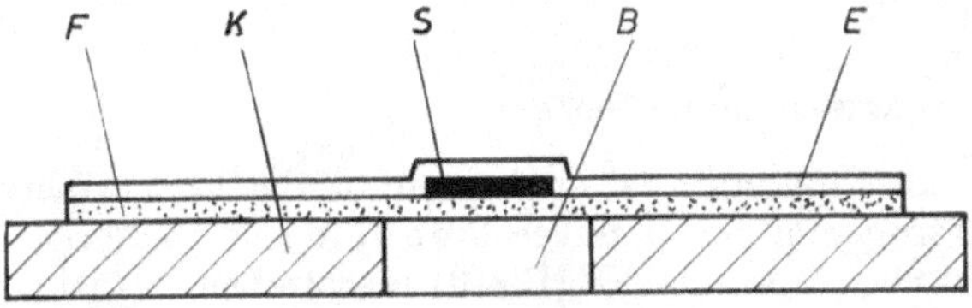

Abb. 62. Querschnitt durch ein emulsionbeschichtetes Präparat nach Pelc, Coombes und Budd. B = Bohrung, E = photographische Emulsion, F = Formvar-Membran, K = Kunststoffplatte, S = Dünnschnitt. Das Objektträgernetz wird nach der photographischen Entwicklung und Kontrastierung von unten durch die Bohrung B an die Formvar-Membran herangebracht. Mit einem Skalpell trennt man sodann das Objekt-*Sandwich* heraus

in lichtdichten Behältern exponiert. Nach der Exposition entwickelte man die Autoradiogramme bei 20° C in unverdünntem *D19b*-Entwickler, wobei eine Zeitspanne von 2 Min. als ausreichend und auch hinsichtlich der Silberkorngröße als optimal angesehen wurde. Dann wusch man die Präparate kurz in dest. Wasser und fixierte sie anschließend 5 Min. in einem 20%igen Natriumthiosulfat-Bad. Im Anschluß an diese photographische Entwicklung können die Präparate noch mit alkalischer Bleisalzlösung oder Uranylacetat kontrastiert werden. Erst jetzt drückte man angefeuchtete Objektträgernetze an die ebenfalls mit Wasser benetzte Unterfläche der Formvar-Membran und schnitt dieselbe vorsichtig um das Netz herum aus (347; 70).

6.4.4. Methoden mit blasenförmigen Emulsionslamellen

6.4.4.1. Prinzip

Wie bereits dargelegt, ist im Interesse eines hohen Auflösungsvermögens, das zu untersuchende Präparat möglichst nur mit einer einzigen Lage dicht und gleichmäßig gepackter Silberhalogenidkristalle zu überziehen. Die beiden zuvor beschriebenen Verfahren (Abschn. 6.4.2. u. 6.4.3.) gestatten nur eine ungenügende Kontrolle der Qualität der photographischen Schicht. Faktoren wie Verdünnungsgrad, Sedimentationsgeschwindigkeit der Kristalle, ihre Adsorption an der Präparatoberfläche, Trocknungsgeschwindigkeit, Luftfeuchtigkeit und die Temperaturabhängigkeit all dieser Größen erschweren es, Emulsionsschichten mit reproduzierbarer Dicke und Kristalldichte herzustellen. Es wurden daher viele Versuche unternommen, Verfahren zu entwickeln, bei denen gut reproduzierbare Verhältnisse eingehalten werden können (239). Die folgenden Methoden beruhen auf der Idee, das Prinzip der Bildung von Seifenlamellen beim Eintauchen von Schlingen und Rohren in Seifenlösungen auf die Herstellung dünner Photoemulsionshäutchen zu übertragen. Die Ansätze hierzu gehen unter anderem auf O'Brien und George II (325), George II und Vogt (152), Hampton und Quastler (180) sowie auch Meek, Moses und Eiring (303) zurück.

6.4.2.2. Die Drahtschlingenmethode

Caro und van Tubergen (82) haben ein originelles Verfahren zum Bedecken elektronenmikroskopischer Präparate mit Einkornschichten der photographischen Emulsion *L4* (Ilford) beschrieben. Es ist z. Z. das verbreitetste Verfahren, das vornehmlich in der Histoautoradiographie angewendet wird. Die Methode eignet sich auch zur Autoradiographie von α- und Protonenstrahlung (269).

Die Emulsion, die in Gelform zur Verfügung steht, wird zunächst im Wasserbad bei 45° C „aufgetaut“ und mit dest. Wasser verdünnt. Auf 10 g Emulsion gibt man etwa 20 ml Wasser, das mit einem Glasrührer längere Zeit bis zur Homogenität verrührt werden muß. Damit die Emulsion eine für die nachfolgend beschriebene Verwendung geeignete Viskosität bekommt, wird das Wasserbad innerhalb von 2 bis 3 Min. mit Eis auf Raumtemperatur abgekühlt. Nach weiteren 30 Min. ist die jetzt visköse Emulsion verwendungsfähig. Nun taucht man eine ovale Drahtschlinge aus Platin — von der Verwendung von Kupferdrahtschlingen, die ersatzweise empfohlen werden, ist abzuraten — mit einem Durchmesser von 4 cm in die Emulsion und zieht sie langsam wieder heraus. Bei richtiger Konsistenz der photographischen Emulsion bildet sich in der Schlinge ein dünner Film, der alsbald geliert. Man deckt die Drahtschlinge mit Filmhäutchen vorsichtig auf die Oberfläche eines Objektträgernetzes, auf dem schon das zu autoradiographierende Präparat

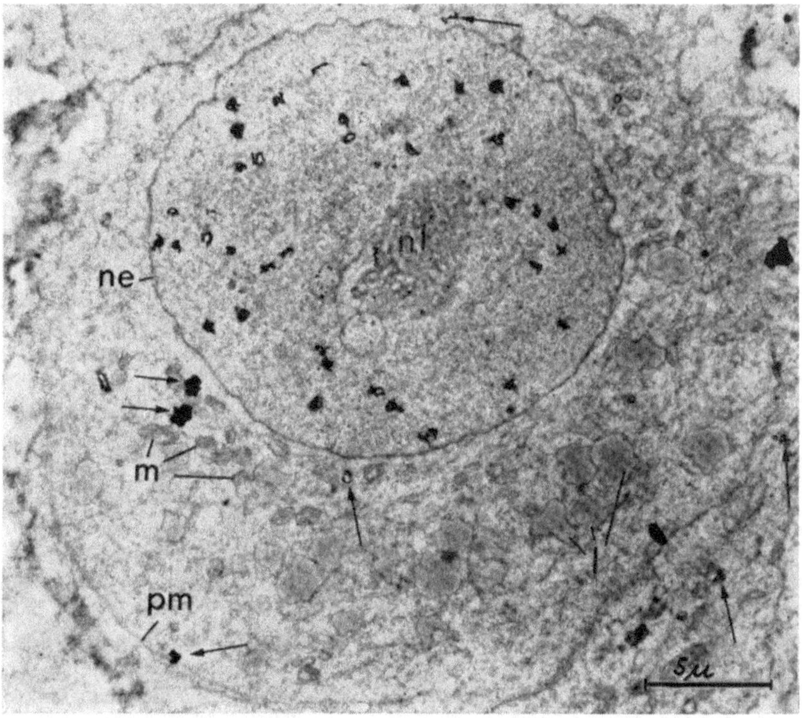

Abb. 63. Elektronenmikroskopisches Autoradiogramm einer *HeLa*-Zelle, die 30 Min. mit dem DNS-Vorläufer Thymidin (tritiummarkiert) behandelt wurde. Aus Moses (313)

Die Silberkörner verteilen sich überwiegend über den Nucleus, mit Ausnahme des Nucleolus (nl). Wenige Körner erscheinen in der Nähe der Kernmembran (ne), im Cytoplasma (Pfeile), in der Nähe von Mitochondrien (m) und an der Plasmamembran (pm).

Emulsion *Ilford L4*, nach dem Entwickeln in *Microdol X* (5 Minuten bei 10° C) wurde das Präparat mit 0,02 N NaOH (30 Min.) behandelt und die Schnitte mit 5%igem Uranylacetat (30 Min.) kontrastiert

liegt. Bereits beim leichten Berühren des Emulsionshäutchens reißt dieses von der Drahtschlinge ab und wirft sich über Präparat und Objektträger, wobei durch Adhäsion eine sehr dünne Emulsionsschicht auf dem Präparat verbleibt.

Diese Methode hat sich prinzipiell bewährt, doch sind bei ihrer routinemäßigen Anwendung einige Störfaktoren zu beachten. So kann z. B. das Emulsionshäutchen zu schnell gelieren oder noch vor dem Aufbringen auf das Objektträgernetz zerplatzen. Die Erfahrung zeigt, daß frisch bereitete Emulsions-Ansätze selten gute Filmschichten ergeben.

Oftmals platzen gerade bei frischen Präparationen die Häutchen in der Schlinge, bevor überhaupt eine Gelierung, die sich an geringer Trübung zu erkennen gibt, stattfindet. Bewahrt man die verdünnte Emulsion vor ihrer ersten Verwendung 10 bis 12 Stunden bei + 4° C im Kühlschrank auf, so soll die Haltbarkeit des Films zunehmen (340). Auf die ausschließliche Verwendung von Glasgefäßen bei der Vorbereitung der Emulsion ist unbedingt zu achten. Ferner soll beim Mischen die Wand des Gefäßes, in der die Emulsion erwärmt und verdünnt wird, nicht mit dem Rührer in Kontakt kommen. Beim Reiben des Rührers an der Gefäßwand kann es — möglicherweise infolge lokaler Erwärmung, elektrischer Entladung oder durch Triboluminieszenz — zur Reduktion von Silberhalogenid und damit zur Erhöhung des Blindwertes kommen.

Eine wesentliche Verbesserung erfuhr die Herstellung von Einkornschichten erst durch Haase und Jung (176), welche die Drahtschleifenmethode soweit ausgearbeitet haben, daß sie auf praktisch alle im Handel befindlichen photographischen Emulsionen anwendbar ist. Die Emulsionen werden hiernach ebenfalls wieder durch Erwärmen und Verdünnen mit dest. Wasser so vorbehandelt, daß sie die geeignete Viskosität haben. Das ist im allgemeinen der Fall, wenn man die Originalemulsionen mit 4 bis 6 Teilen Wasser verdünnt. Einige aus der Literatur zusammengestellte Werte über das jeweilige Verdünnungsverhältnis sind der Tabelle 11 zu entnehmen.

Im Unterschied zu Caro und van Tubergen erhält die Schlinge keine kreisringförmige, sondern die aus der Abb. 64 ersichtliche Gestalt, die eine bessere flächenhafte Ausbildung der Einkornschichtzone innerhalb des Emulsionshäutchens bewirken soll. Ferner gibt man zur günsti-

Tabelle 11

Empfohlene Verdünnung einiger Emulsionen für das Herstellen von Einkornschichten nach der von Haase u. Jung (176) modifizierten Drahtschleifenmethode

Emulsion	Verdünnung (Emulsion/Wasser)	Literatur
NTA (Kodak)	1 ml/2 ml	O'Brien, George (225) George, Vogt (152) Hampton, Quastler (180)
NTB 2 (Kodak)	1 : 1 bis 1 : 10	Meek, Moses, Eiring (303) Meek, Moses (302)
L4 (Ilford)	1 g/2 ml 1 ml/7 ml	Caro, van Tubergen (82) Revel, Hay (362)
NUC 3.07 (Gevaert-Agfa)	1 g/0,6 g	Haase, Jung (176)
NUC 7.15 (Gevaert-Agfa)	1 ml/7 ml	Fromme (143)

gen Beeinflussung der Oberflächenspannung eine oberflächenaktive Substanz, z. B. das im photographischen Gewerbe verwendete Netzmittel *Hostapon T* (Farbwerke Höchst AG), in die verdünnte Emulsion. Es wird empfohlen, sich davon eine etwa 10%ige wäßrige Lösung herzustellen, von der man 3 bis 5 Tropfen für 25 cm³ der bereits verdünnten Emulsion *NUC 3.07* benötigt, um bei 30° C die erwünschte Viskosität zu erhalten. Besonders stabile *NUC*-Einkornschichten mit reproduzier-

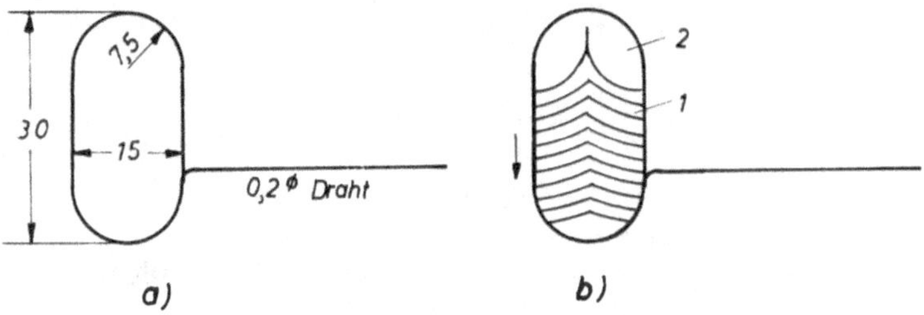

Abb. 64. Drahtschlinge zur Herstellung von Einkornschichten nach HAASE und JUNG (176)

a) Zweckmäßige Größe; Zahlenangaben in mm.
b) Lage der Interferenzstreifen (1) und der Einkornzone (2) im gelierten Filmhäutchen. Am unteren Teil der Schlinge tritt eine Verdickung der Emulsionsschichten auf. Die Gelierung beginnt am oberen Rand.

barer guter Gleichmäßigkeit entstehen, wenn man die Emulsion zunächst wieder für einige Stunden auf ungefähr + 4° C abkühlt und dann abermals im Wasserbad auf 30° C erwärmt. Das Gebiet der Einkornschicht innerhalb der Schlinge (Abb. 64) wird größer, wenn man die Schlinge nach dem Herausziehen aus der Emulsion lotrecht aufstellt. Hält man die Drahtschlinge so, daß das dunkle Rotlicht der Dunkelkammerbeleuchtung durch das Häutchen durchscheint oder so, daß es reflektiert wird, dann sieht man infolge Interferenz Schlieren, die sich am Rand der Schlinge aufwärts bewegen. Die Schlieren sind ein guter Indikator für die Qualität des Häutchens. Ziehen nämlich die Schlieren sehr rasch aufwärts, so ist die Emulsion entweder zu warm, oder zu dünn. Wenn das Häutchen sehr schnell platzt, läßt man die Emulsion einige Zeit außerhalb des Wasserbades stehen, bis die Schlierenbewegung langsamer geworden ist. Ist jedoch die Emulsion zu kalt oder zu dick oder die Luftfeuchtigkeit relativ gering, dann erstarren die Schlieren sehr schnell, wobei es zu keiner homogenen Verteilung der Kristalle kommt. Die Emulsion muß in diesem Fall entsprechend erwärmt oder auch verdünnt werden. Es ist ratsam, die Schlinge direkt über das Gefäß zu halten, in welchem sich die erwärmte Emulsion befindet. Die Lamelle trocknet bzw. geliert dann wesentlich langsamer. Ein definierter Wert für die optimale Verdünnung kann für keine Emulsion angegeben werden, da diese vom Alter und wahrscheinlich auch von der fabrikationsmäßig unterschiedlich ausfallenden Beschaffenheit der Gelatine abzuhängen scheint (391).

Bei der Gevaert-Agfa-Emulsion *NUC 3.07* beobachtet man im Tageslicht über dem durch Interferenzstreifen gekennzeichneten unteren Bereich der Schlinge eine kleine blaßgelbe Zone, die HAASE und JUNG als Sitz der Einkornschicht nachwiesen. Bei der Ilford-Emulsion *L4* wird dieser Bereich als goldfarben beschrieben (340).

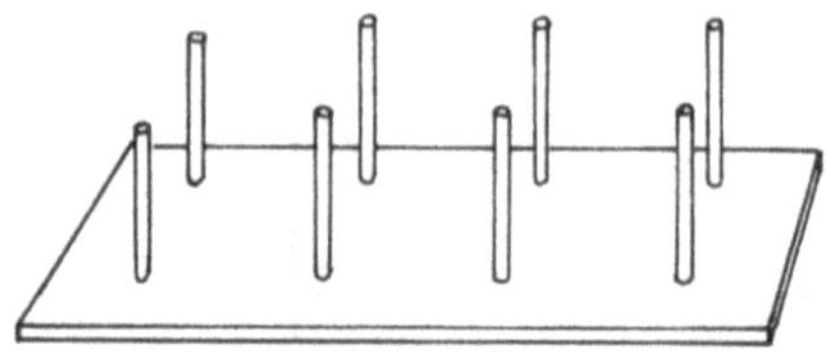

Abb. 65. Eine Anordnung mehrerer auf einer gemeinsamen Unterlage befestigten Stäbe erleichtert das Belegen der auf den Stäben befindlichen Objektträgernetze nach der Drahtschlaufenmethode

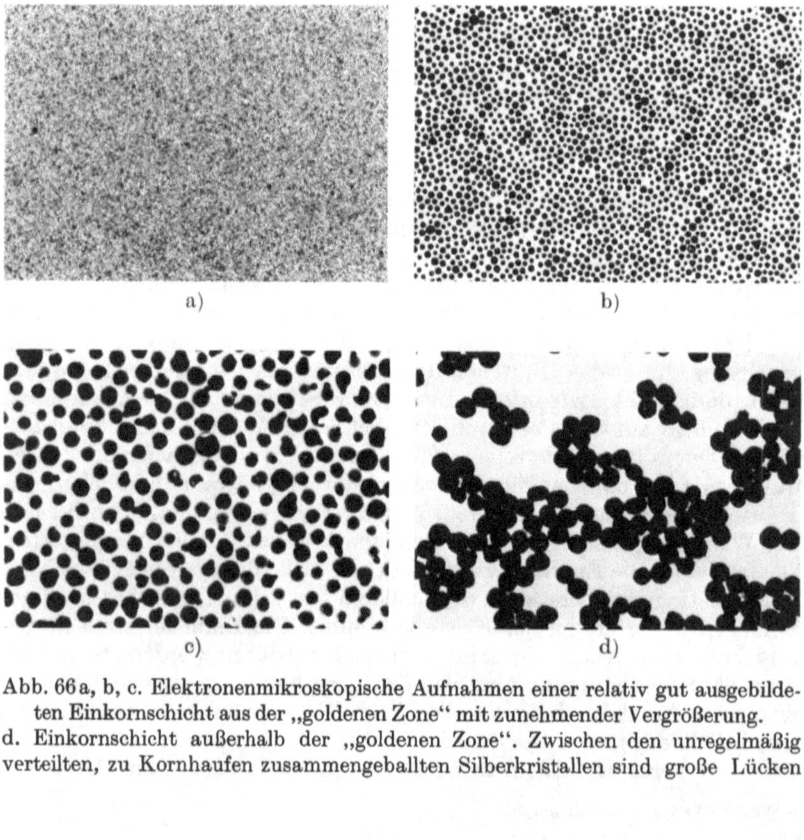

a) b)

c) d)

Abb. 66a, b, c. Elektronenmikroskopische Aufnahmen einer relativ gut ausgebildeten Einkornschicht aus der „goldenen Zone" mit zunehmender Vergrößerung.
d. Einkornschicht außerhalb der „goldenen Zone". Zwischen den unregelmäßig verteilten, zu Kornhaufen zusammengeballten Silberkristallen sind große Lücken

Zum Aufbringen des Filmhäutchens legt man die Objektträgernetze mit Präparaten zweckmäßigerweise auf das obere flache Ende eines lotrecht befestigten Glas- oder Kunststoffstäbchens (Abb. 65) und führt mit der horizontal gehaltenen Drahtschlinge das gelierte Filmhäutchen vorsichtig von oben auf das Präparat, wobei zu beachten ist, daß nur jeweils die Einkornschichtzone Kontakt zum Präparat bekommt. Im dunklen Rotlicht sieht die Einkornzone metallisch-silbergrau aus. Selbstverständlich müssen alle Arbeiten mit offenen Emulsionen unter dem jeweils vom Hersteller empfohlenen Schutzlicht ausgeführt werden. Kurzes Anhauchen der frisch aufgezogenen Einkornschicht soll das Anhaften am Präparat begünstigen.

Nach unseren Erfahrungen bietet das nach Haase und Jung modifizierte Verfahren von Caro und van Tubergen den Vorteil, definierte Einkornschichten bei guter Reproduzierbarkeit mit relativ geringem zeitlichen und technischen Aufwand herstellen zu können. Die photographische Entwicklung der exponierten Präparate bereitet keine besonderen Schwierigkeiten (s. Abschn. 6.6).

6.4.4.3. Die Blasenmethode

Zur Herstellung dünner Einkornschichten, die in ihrer Gleichmäßigkeit und Perfektion den nach verschiedenen anderen seinerzeit bekannten Verfahren hergestellten Filmschichten überlegen sein sollen, nutzt Caro (76) ebenfalls die Fähigkeit gelatinöser Emulsionen zur Ausbildung hautförmiger Lamellen aus. Im Unterschied zur voranstehend beschriebenen Drahtschlingenmethode, bei der das Emulsionshäutchen unter dem Einfluß der Oberflächenspannung und wahrscheinlich auch durch Dichteunterschiede zwischen Silberhalogenidkristallen und der Gelatine zumindest teilweise zur Einkornschicht verläuft, versucht Caro den Zustand homogener Verteilung des Silberhalogenids unter gleichzeitiger Verringerung der Emulsionsschichtdicke durch Herstellen von Blasen zu erreichen.

5 g Ilford-*K5*-Emulsion werden mit 40 ml 0,1 %iger wäßr. KBr-Lösung im Wasserbad auf 45° C erwärmt und mit einem Glasrührer gut vermischt. Beim Eintauchen einer Mikropipette in diese Emulsion steigt infolge Kapillarattraktion eine kleine Menge davon in die Pipette, aus welcher sich mit dem Mund durch vorsichtiges Einblasen von Luft eine Emulsionsblase von etwa 2 cm Durchmesser auftreiben läßt. Die Blase überführt er auf gewöhnliche, mit 0,1 %iger Gelatine und 0,01 %igem Chromalaun vorbehandelte Glasobjektträger, auf welchen sich präparatebedeckte Objektträgernetze befinden (Abb. 67). Um zu verhindern, daß die Netze während dieses Arbeitsganges verrutschen, wurden sie zuvor an einer präparatfernen Ecke mit einer Spur Klebstoff (*rubber cement*) am Glasobjektträger fixiert. Nach dem Zerplatzen der Emulsionsblase soll sich eine dünne gleichmäßige Emulsionsschicht über dem mit Präparatnetzen bedeckten Teil des Glasobjektträgers verteilen. Das An-

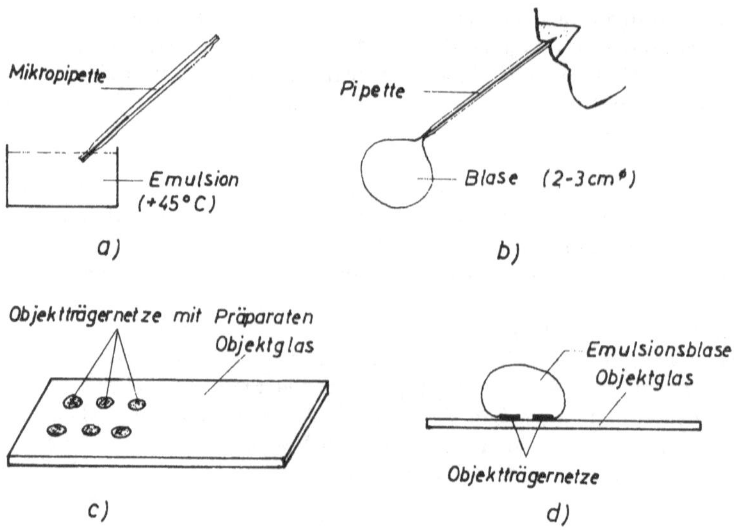

Abb. 67. Blasenmethode nach CARO (76). Erläuterungen siehe Text

trocknen der Emulsion wird durch Überleiten getrockneter Luft beschleunigt. CARO bewahrt seine Präparate während der autoradiographischen Exposition auf dem Glasobjektträger bei + 4° C in geschlossenen Behältern mit einem Trockenmittel in einer CO_2-Atmosphäre auf. Die photographische Entwicklung wird in *D19* (Kodak) vorgenommen und dauert 2 Min., die anschließende Fixierung 5 Min. Man wäscht kurz in fließendem dest. Wasser und kontrastiert eventuell 10 Min. mit 1%igem Uranylacetat in 50%igem Alkohol. Danach löst man die Objektträgernetze vorsichtig vom Glase ab.
Für eine breitere Anwendung der Blasenmethode sind uns aus der Literatur keine Beispiele bekannt.

6.4.4.4. Weitere Verfahren mit Emulsionslamellen

Ebenfalls auf CARO und VAN TUBERGEN (82) geht ein Verfahren zurück, bei dem das Emulsionshäutchen noch vor dem Erreichen des Gel-Zustandes verwendet wird. Das Verfahren ist verhältnismäßig umständlich, zumal auch gerade alle diffizileren Manipulationen in der Dunkelkammer ausgeführt werden müssen.
Aus einer 2%igen wäßr. Agar-Lösung wird auf dem Boden einer Petrischale eine Membran erzeugt, die nach vollständigem Austrocknen in einem Kühlschrank aufgewahrt wird. Man schneidet aus ihr Rechtecke mit einem Format von etwa 2×3 cm aus und legt diese auf gewöhnliche Glasobjektträger. Die bei der Herstellung auf dem Boden der Schale ge-

legene Fläche der Agar-Membran kommt nach oben zu liegen. Die Agar-Ecken werden mit einer 0,2%igen Kollodium-Lösung in Amylacetat getränkt und in vertikaler Stellung getrocknet. Nun wird mit Hilfe einer Schlinge nach der in Abschnitt 6.4.4.2. beschriebenen Methode ein Ilford-*L4*-Emulsionshäutchen erzeugt, das man allerdings noch vor dem Gelieren auf die Kollodium-Agar-Oberfläche aufbringt. Wegen der ebenen Oberfläche und weil das Trocknen der Emulsion durch die anliegenden Membranen begünstigt wird, soll sich ein sehr gleichmäßiges Emulsionshäutchen mit homogener Verteilung des Silbersalzes ausbilden. Man überführt die Kollodium-Emulsion-Doppelmembran mit der Emulsionsschicht nach oben auf eine Wasseroberfläche. Schließlich werden einige auf Objektträgernetzen liegende Präparate von der Unterseite an die schwimmende Folie herangebracht und aus dem Wasser gezogen. Die fertigen Präparate stehen also in direktem Kontakt zur Kollodiumschicht, welche die Präparate von der Emulsion trennt. Nach dem Trocknen wird bei + 4° C exponiert.
Durch das Einschalten einer Barriere, in diesem Fall einer Kollodium-Membran, zwischen Präparat und strahlungsempfindlicher Schicht wird zwangsläufig das Auflösungsvermögen wie auch die Anzahl der niederenergetischen β-Teilchen, die normalerweise in die photographische Schicht gelangen würden, herabgesetzt. Dem steht als Vorteil die Unterdrückung chemographischer Effekte von Seiten des Präparates gegenüber.
Außer den zuvor beschriebenen Methoden existieren noch weitere Varianten für das Herstellen und Aufbringen von Einkornschichten auf elektronenmikroskopische Präparate mit Hilfe der Drahtschlingenmethode (288).

6.4.5. Tauchverfahren

In Anlehnung an das *Dipping*-Verfahren (305) der gewöhnlichen lichtmikroskopischen Autoradiographie (Kap. 5.3.), also durch bloßes Eintauchen in eine „geschmolzene“ und gegebenenfalls verdünnte photographische Emulsion, läßt sich nach Hay und Revel (185; 363), Fewer et al. (131) sowie Kopriwa (239) auch auf elektronenmikroskopischen Präparaten eine hinreichend dünne und gleichmäßige photographische Schicht erzeugen.
Nach Hay und Revel befestigt man die mit Emulsion zu bedeckenden, fertig präparierten Objektträgernetze mit doppelseitig substratierten Klebestreifen auf Glasobjektträgern. Diese werden sodann in zuvor mit 7 bis 8 Teilen dest. Wasser verdünnte Ilford-*L4*-Emulsion eingetaucht und vertikal zum Trocknen aufgehängt. Nach Beendigung der autoradiographischen Exposition, die bei 4° C vorgenommen wird, entwickelt man die noch auf dem Glasobjektträger festhaftenden Netze 2 Min. in *Dektol* (Kodak), das hierzu mit 2 Teilen Wasser verdünnt wird, und

fixiert 5 Min. Zur Elektronenmikroskopie werden die noch feuchten Präparate unter Anwendung der KARNOVSKI-Bleifärbung kontrastiert. Gleich anschließend löst man mit 0,02 mol. NaOH den größten Teil der für die Elektronenmikroskopie zu starken photographischen Gelatineschicht ab.

Ähnlich verfährt PRZYBYLSKI (354), der seine Präparatnetze ebenfalls mit Klebeband auf Glasobjektträgern befestigt, jedoch die Emulsion — Ilford-*G5*, 1 : 15 verdünnt — bei 45° C mit einer Kamelhaarbürste aufträgt.

Den Nachteil all dieser Methoden, nämlich die inhomogene Bedeckung der Objektträgernetze infolge ungleichmäßigen Trocknens der Emulsion, das sich durch Silberhalogenid-Anreicherung an den Netzstegen zu erkennen gibt, versucht KOPRIWA durch eine halbautomatische Anordnung für das Bedecken der Objektträgernetze zu umgehen (238). Zunächst werden Glasobjektträger mit einer Celloidinschicht überzogen. Diese Objektträger werden in eine automatisch angetriebene Tauchvor-

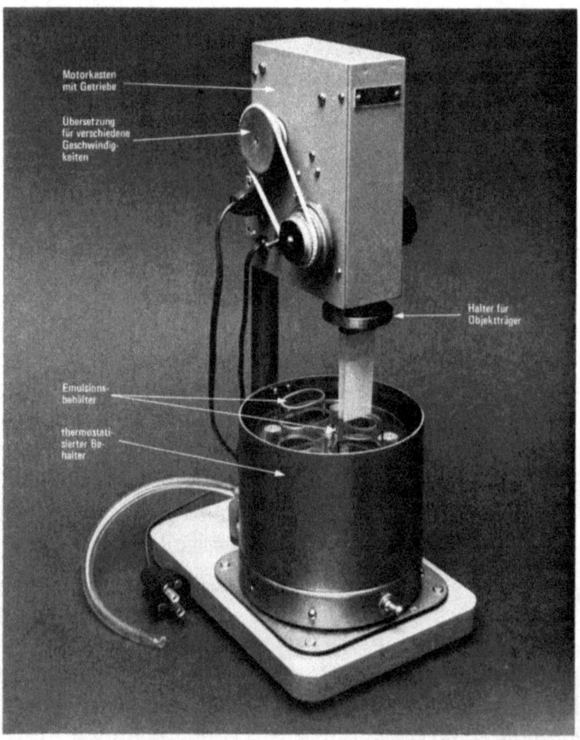

Abb. 68. Apparat zum Bedecken von Objektträgern mit einer gleichmäßigen Emulsionsschicht nach KOPRIWA (239)

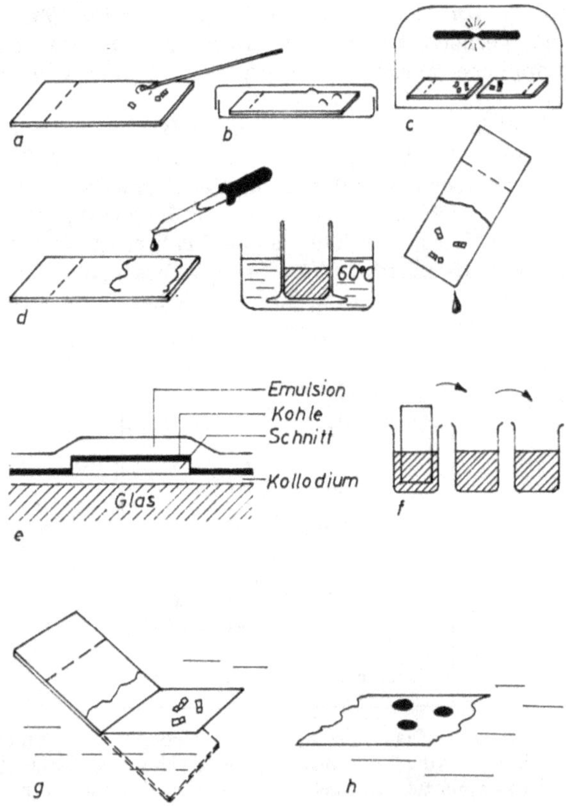

Abb. 69. Präparation elektronenmikroskopischer Autoradiogramme nach SALPETER und BACHMANN (391). Erl. s. Text

richtung gespannt und mit dieser unter stets reproduzierbaren Bedingungen in die jeweils zu verwendende Emulsion, deren optimale Verdünnung man zuvor bestimmt hat, getaucht. Die Geschwindigkeit des Eintauchens und Herausziehens läßt sich variieren (Abb. 68). Nach dem Eintrocknen der Emulsion ritzt man in diese kleine Rechtecke mit einer Kantenlänge von 3 mm, schwemmt diese an der Oberfläche eines mit dest. Wasser gefüllten Gefäßes ab und überführt die Emulsion von dort auf Objektnetze, auf denen sich bereits die Präparate befinden.

SALPETER und BACHMANN (391) bringen die Dünnschnitte zunächst auf Kollodium-befilmte Glasobjektträger (Abb. 69), bedampfen mit Kohle und tropfen 60° C warme Emulsion auf. Ein etwaiger Überschuß wird mit Filterpapier abgesaugt. Die Trocknung erfolgt wieder in vertikaler Stellung. Nach der Exposition werden die Präparate auf dem Glasobjektträger photographisch entwickelt und dann in Wasser abgeschwemmt.

Das Autoradiogramm bleibt dabei am Präparat haften. Man deckt nunmehr Objektträgernetze auf die Präparate und hebt das Schichtpräparat in herkömmlicher Weise mit Filterpapier von der Wasseroberfläche ab (Abb. 69).

Außer der Emulsion *L4* (Ilford) verwenden Bachmann und Salpeter (21; 22; 23) noch die äußerst feinkörnige Emulsion *NTE* (Eastman Kodak), die gegenüber der häufig benutzten Emulsion Ilford *L4* einige Vorteile bietet, die sich daraus ergeben, daß der Durchmesser eines unentwickelten *NTE*-Korns nur 300 bis 500 AE beträgt. Die Handelsform der Emulsion enthält allerdings aus Stabilitätsgründen übermäßig viel Gelatine, so daß eine Anreicherung der eigentlichen photographisch wirk-

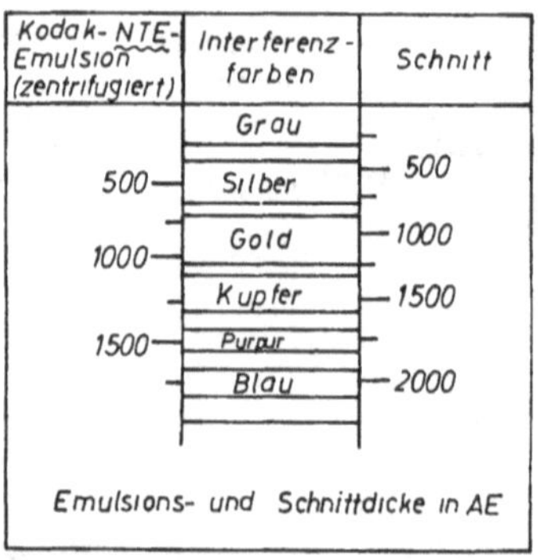

Abb. 70. Abschätzung der Dicke eingebetteter histologischer Dünnschnittpräparate sowie der Schichtdicke von feinkörnigen photographischen Emulsionen anhand ihrer Interferenzfarben nach Salpeter und Bachmann (391)

samen Komponenten vor ihrer Verwendung notwendig ist. Hierzu gibt man zu 1 g *NTE* 10 ml dest. Wasser und erwärmt die Mischung unter vorsichtigem Rühren in einem Wasserbad auf 60° C. Mit einer Laborzentrifuge, deren Temperatur man mit einem Fön auf etwa 40° C hält, trennt man den Überschuß an wasserlöslicher Gelatine ab. Vor dem Abtrennen des Überstandes kühlt man das Sediment etwa 20 Sek. in Eiswasser. Es wird anschließend noch zweimal je 1 ml Wasser zugegeben und wie vorher durch Zentrifugieren weiter angereichert. Alle diese Arbeiten müssen natürlich unter Schutzlicht, z. B. *Wratten OA* (Kodak), ausgeführt werden. Den richtigen Anreicherungsgrad kann man an der Interferenzfarbe einer Emulsionsschicht erkennen, die man sich herstellt, indem man etwas Emulsion auf einen Glasobjektträger tropft und diesen vertikal hält, bis die nicht abgelaufene Emulsion angetrocknet ist. Am Tageslicht soll bei silbernem bis schwach goldfarbenem Ton eine *NTE*-Einkornschicht vorliegen (Abb. 70), deren Dicke 600 AE beträgt.

6.4.6. Zentrifugenmethoden

Mit den Ergebnissen vorgenannter Techniken des Auftragens der Emulsion unzufrieden, haben KOEHLER, MÜHLETHALER und FREY-WYSSLING (235) einen anderen Weg vorgeschlagen.
Kohlenstoffbedampfte elektronenmikroskopische Präparate, die sich auf Objektträgernetzen befinden, legt man vorsichtig mit der Kohleschicht nach unten auf eine schwimmende Formvar-Folie. Am zweckmäßigsten gruppiert man jeweils mehrere Netze dicht aneinander, so daß man sie mit Glasfritten leicht von oben mitsamt der anhaftenden Formvar-Folie abheben kann (Abb. 71). Das „Sandwich", bestehend aus Formvar-Folie,

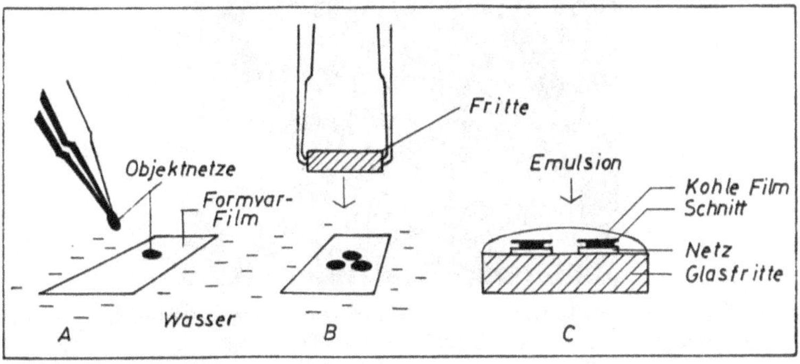

Abb. 71. Präparation der Objekte zur elektronenmikroskopischen Autoradiographie nach KOEHLER et al. (235). Objektträgernetze mit kohlebedampften Präparaten werden auf schwimmende Formvar-Folie gelegt (A) und zusammen mit dieser von der Wasseroberfläche abgehoben (B, C)

Kohleschicht, Dünnschnitt, Objektträgernetz und Glasfritte setzt man genau zentrisch auf den Rotor einer Laborzentrifuge, der zur Aufnahme der Glasfritte eine entsprechend dimensionierte Vertiefung aufweist (Abb. 72). Der oben aufliegenden Formvar-Folie kommt die Aufgabe zu, der anschließend aufgetropften und sich durch Zentrifugalkraft verteilenden Emulsion eine gleichmäßige glatte und ebene Unterlage zu bieten. Die Autoren verwenden die Emulsion Ilford *G5* bei 45° C, die sie zuvor 1 : 1 mit dest. Wasser verdünnen. Von dieser Emulsion lassen sie aus 5 cm Höhe 1 bis 2 Tropfen auf die mit 10000 Upm rotierende Fritte fallen. Die Emulsion verläuft dabei zu einer gleichmäßigen Schicht, ohne daß die Kristalle einen Dichtegradienten ausbilden würden oder eine Abhängigkeit der Schichtdicke vom Radialabstand zustande kommt. Dieser Effekt, der zunächst dem Zentrifugalprinzip zu widersprechen scheint, läßt sich vielleicht damit erklären, daß die Emulsion noch während des Zentrifugierens geliert, wodurch die Kristalle „eingefroren" und an einer weiteren radialen Verlagerung gehindert werden. Nach dem Auftragen der Emulsion sollte man stets ein unentwickeltes Testpräparat

Abb. 72. Zentrifuge mit Rotorvertiefung zur Aufnahme einer Fritte. Nach KOEHLER et al. (235). Erl. s. Text

untersuchen, um Dichte und Verteilung der AgBr-Kristalle zu kontrollieren. Eine Änderung der Verhältnisse ist gegebenenfalls durch Variation der Emulsionsverdünnung oder auch durch andere Drehzahlen der Zentrifuge zu erreichen.

Die autoradiographische Exposition sowie die spätere photographische Entwicklung werden nach KOEHLER et al. zusammen mit der Glasfritte vorgenommen. Die Entwicklungszeit in 1:1 verdünntem *D19b*-Entwickler beträgt 1 Min., die Fixation erfordert 2 bis 3 Min.

In Anlehnung an das hier mitgeteilte Verfahren stellen auch ROHR, KLIETMANN und OEHLERT (375) Autoradiogramme her. Sie verwenden jedoch einen aus Kunstharz hergestellten Zentrifugenkopf, in den eine kreisrunde Zahnwachsplatte eingelassen ist. 2 oder 3 Kupfernetze werden leicht exzentrisch in geringe Vertiefungen der Zahnwachsplatte montiert.

ROHR et al. entwickeln nach den Angaben von CARO und VAN TUBERGEN (82) sowie GRANBOULAN et al. (164). In 1000 ml wäßriger Lösung enthält der Entwickler

2 g *Ecol* (Monomethyl-p-aminophenolsulfat)
40 g Natriumcarbonat
100 g Natriumsulfit
1 g Kaliumbromid.

Diese Lösung wird in eine Entwicklerschale gegeben, worauf die Wachsplatten mit den befilmten Ultradünnschnitten so auf die Oberfläche der Entwicklerlösung gelegt werden, daß die Schnitte der Lösung zugekehrt sind. Die Entwicklungszeit beträgt 2 Min. Ohne Zwischenwässerung werden die Wachsplatten dann in gleicher Weise 10 Min. lang in einem Natriumthiosulfat-Bad fixiert. Nach folgender kurzer sorgfältiger Zwischenwässerung werden die Präparate ohne vorangehende Trocknung in üblicher Weise mit Blei nach KARNOVSKY kontrastiert. Die Färbelösung wurde 1 : 50 verdünnt. Die Färbedauer betrug 30 bis 60 Min. bei + 4° C.

Eine andere Methode zum Erzeugen gleichmäßiger Silberbromidkristall-Einkornschichten mit einer Zentrifuge beschreiben DOHLMANN et al. (106; 105). Sie legen Formvar-bedeckte Kupfernetze in eigens für den Einsatz in Zentrifugengläschen konstruierte Plexiglashalter (Abb. 73). Die Netze werden sorgfältig über den Bohrungen am unteren Ende der Halter mit einer Spur Gummilösung befestigt. *L2*-Emulsion (Ilford), im Verhältnis 1g : 15000 cm^3 H_2O verdünnt, wird bis zur halben Höhe in ein Zentrifugenglas eingefüllt und mit 500 g 5 Min. zentrifugiert. Erst jetzt, wenn sich schwerere Konglomerate abgesetzt haben, bringt man den genau passenden Plexiglashalter mit Objektträgernetzen in das Zentrifugenglas. Die Bohrungen unter den Netzen wurden zuvor mit dest. Wasser gefüllt, um Störungen durch aufsteigende Luftblasen zu vermei-

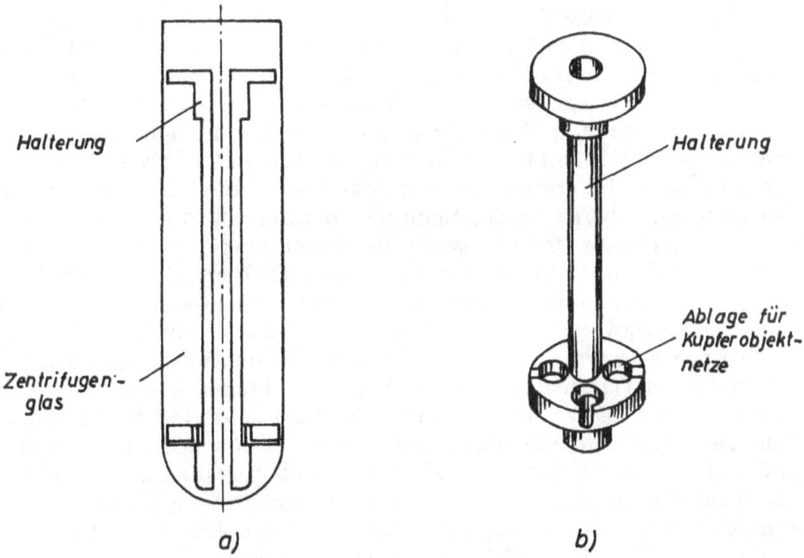

Abb. 73. Herstellung von Einkornschichten nach DOHLMANN et al. (106)
a) Zentrifugenglas mit Plexiglashalter (Längsschnitt);
b) Plexiglashalter mit Bohrungen zur Ablage der Netze.

den. Die verdünnte, vorzentrifugierte Emulsion soll bis 20 mm über die Netze reichen. Man zentrifugiert 10 Min. bei 10000 Upm, das sind etwa 10000 g in bezug auf die Netze. Bevor man den Halter aus dem Zentrifugenglas zieht, gibt man 0,5 ml 40%iges Formalin oder etwas absoluten Alkohol tropfenweise in die Bohrung in der Längsachse des Halters (Abb. 73). Die sedimentierte Körnerschicht soll dadurch mechanisch stabilisiert werden. Man läßt die emulsionsbedeckten Präparate an der Luft trocknen. Um zu verhindern, daß sich während der photographischen Entwicklung Silberkörner verlagern, wird empfohlen, die strahlungsempfindliche Schicht mit einer dünnen Kollodiummembran zu überziehen. Entwicklung und Fixation der Autoradiogramme erfolgte mit Kodak-Entwickler *D19b* (5 Min.) bzw. *G305-A-Fixativ* (10 Min.). Alle Arbeitsgänge wurden mit dem *Kodak-Wratten-Filter OB* durchgeführt.

6.4.7. Kernspur-Mikroautoradiographie

Weniger zur Autoradiographie biologischer Objekte als vielmehr für Untersuchungen von radioaktiven Stäuben oder Aerosolen ist eine Methode von RIEDEL (365) geeignet. Eine „Nudel" der Kernspuremulsion Ilford *L4* wird bei Rotlicht in der Dunkelkammer in eine Tropfflasche gefüllt, im Thermostat auf 35° C erwärmt und dort solange gehalten, bis sie völlig „geschmolzen" ist. Dann tropft man eine kleine Menge auf eine 7 × 10 cm große Glasplatte und verstreicht die Emulsion mit einer Lackhantel (Fa. Retsch, Haan) gleichmäßig in gewünschter Dicke über die ganze Fläche aus. 40 Tropfen Emulsion ergeben eine Mikrofilmschicht von etwa 90 μ, deren Dicke bei der Trocknung auf den zehnten Teil zusammenschrumpft. Die Vereinigung von radioaktivem Präparat mit dem Mikrofilm erfolgt kurz vor dem Austrocknen der über längere Zeit klebrigen Oberfläche der Emulsion. Bei Aerosol-Präparaten drückt man einfach das die Probe tragende Membranfilter gegen die Emulsionsschicht und zieht das Filter vorsichtig wieder ab. Wenn die Umstände es erlauben, kann man die Probe auch in Wasser aufschwemmen und sie in möglichst feiner Verteilung als Hydrosol tropfenweise mit einer Elektrosprüh-Apparatur auf die Emulsion bringen. Die mit hoher Geschwindigkeit bewegten Teilchen, die noch während des Fluges infolge des hohen Dampfdruckes des Wassers trocknen, haften besonders fest an der Emulsion. Der Film wird schließlich mit einem siebenfachen Gitterschnittprüfer (Fa. Retsch, Haan) skarifiziert und photographisch entwickelt. Zum Schluß schwemmt man die kleinen Filmquadrate in Wasser ab und nimmt diese zur Elektronenmikroskopie mit den üblichen Objektträgernetzen auf (Abb. 75). Infolge des Skarifizierens der Emulsionsschicht ist längs der 2 mm voneinander entfernten Einschnitte eine latente Belichtung erfolgt, die beim Abschwimmen jedes Quadrats einen schwarzen Rahmen um die sonst durchsichtige Emulsion erkennen läßt.

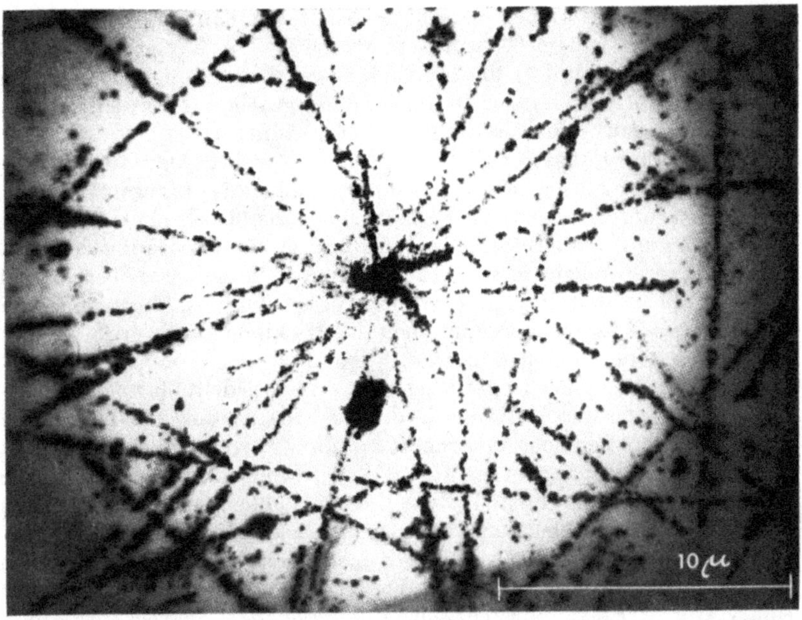

Abb. 74. Von radioaktiven Staubteilchen ausgehende Bahnspuren. Methodik nach RIEDEL (365)

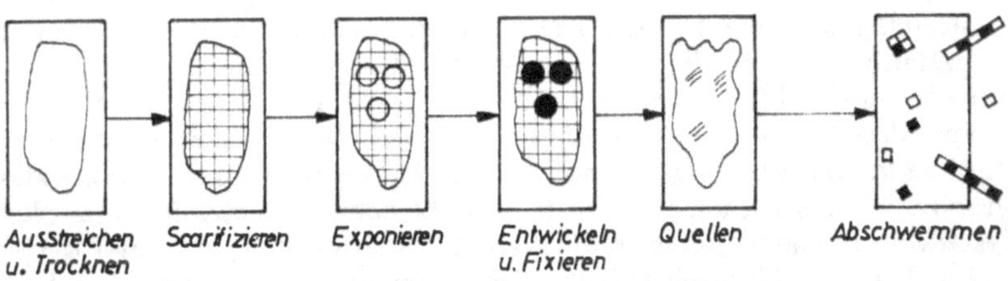

Abb. 75. Schema der Herstellung von Kernspurmikrofilmen nach RIEDEL (365)

6.5. Sonstige Techniken — Ausblick auf neuere Entwicklungen

SILK et al. haben eine neuartige Methode ausprobiert, Einkornschichten hoher Dichte zu erzeugen (414). Im Prinzip wird hierzu ein elektronenmikroskopisches Präparat auf einem mit Formvar befilmten Netz bei 10^{-4} Torr mit Silber bedampft. Die dabei entstehende 150 bis 450 AE starke Silberschicht, die aus einem Konglomerat winziger miteinander verwachsener Silberkristallite besteht, setzt man einer Brom-Atmosphäre aus. Nach bereits 2 Min. überziehen sich die bis dahin hellsilbernen

Präparate mit einer weißen Silberbromidhaut, die man zur Stabilisierung nachträglich mit einem Gelatinefilm überzieht. Die Korngröße des Silberbromids wird mit 250 bis 1100 AE angegeben. Vom Zeitpunkt der Bromierung an muß in einer Dunkelkammer gearbeitet werden. Zur Beleuchtung ist das Agfa-Schutzfilter *L 107* geeignet.

Die Silberbedampfungstechnik hat sich nicht bewährt. Als Hauptursache kommt die sehr niedrige Strahlungsempfindlichkeit des Films in Betracht, die eine Folge der besonderen Feinkörnigkeit ist. Doch auch die dichte Kristallbelegung erwies sich als Nachteil: Der photographische Entwicklungsprozeß macht nicht an den Korngrenzen halt, sondern pflanzt sich u. U. über viele Kristalle fort, da diese häufig zu eng aneinander liegen und bei der photographischen Entwicklung „infiziert" werden. Der Vorteil einer hohen Auflösung, den man sich von der Silberbedampfung ursprünglich versprochen hatte, blieb jedenfalls aus (346).

Zur Verbesserung der Auflösung in der lichtmikroskopischen Autoradiographie wurden Versuche unternommen, die Untersuchungsobjekte mit Silbersalzen zu imprägnieren (411; 412). Obwohl diese Techniken sich nicht durchsetzen konnten, besteht die Möglichkeit einer erfolgreichen Renaissance in der elektronenmikroskopischen Autoradiographie. Bisher war ihre Anwendung mit der auf Kunststoffeinbettungen beruhenden Präparatherstellung unvereinbar. Die Silberimprägnierung sollte sich jedoch mit der in jüngster Zeit aufkommenden Gefrier-Ultradünnschnitt-Technik vertragen; vorausgesetzt, daß es gelingt, Chemographie zu verhindern. Ein homogenes Durchtränken der Präparate mit Silbersalzen wird man allerdings wegen strukturell bedingter Behinderungen nicht völlig erreichen können. Die sich hieraus ergebenden Konsequenzen betreffen zuvorderst die quantitative Autoradiographie.

Eine andere Richtung strebt einen völligen Wegfall jeder unmittelbar am Präparat gelegenen photographischen Schicht an, und zwar mit einer Methodik, die allerdings streng genommen nicht mehr als Autoradiographie zu bezeichnen ist. Ihr Prinzip besteht im elektronenoptischen Nachweis der aus einem radioaktiv markierten Präparat emittierten β-Teilchen mit Hilfe eines speziellen Elektronenmikroskops. Die beim Zerfall freigesetzten β-Teilchen werden hierin auf einem Leuchtschirm angezeigt bzw. auf Filmmaterial sofort abgebildet. Es entsteht ein stark vergrößertes „Autoradioszintigramm", das später ohne Schwierigkeit einer maßstabsgleichen elektronenmikroskopischen Aufnahme des zugehörigen untersuchten Objektdetails zugeordnet werden kann. Derartige Anordnungen wurden übrigens schon vor den Versuchen von Liquier-Milward, der Begründerin der elektronenmikroskopischen Autoradiographie, von Marton u. Abelson (295) sowie Barker, Richardson u. Feather (26) erprobt. Die damaligen technischen Ausführungen waren allerdings noch zu wenig empfindlich, weil die Anzahl der verwertbaren radioaktiven Zerfälle aus technischen Gründen — für den Nachweis kamen nur monoenergetische β-Teilchen in Frage — auch bei verhältnismäßig hohen Aktivitäten sehr gering war. Da das β-Spektrum der meisten Strahler nicht monoenergetisch sondern kontinuierlich ist, konzentrieren sich die weiteren Bestrebungen auf diesem Gebiet auf den Bau einer für alle Energiebereiche brauchbaren achromatischen, sphärisch-korrigierten Elektronenoptik. Es bleibt fraglich, ob sich der damit verbundene technische und zeitliche Aufwand im Vergleich zur „klassischen" elektronenmikroskopischen Autoradiographie mit Silberhalogeniden lohnt. Immerhin würde die Herstellung eines einzigen Autoradiogramms vielleicht für mehrere Wochen ein Elektronenmikroskop für sich allein in Beschlag nehmen, um schließlich in Erfahrung zu bringen, daß z. B. ein bestimmter interessierender einzelner Zellkern gänzlich unmarkiert ist. Andererseits bestünde mit einer derartigen Anordnung die Möglichkeit, einmal autoradiographische kinetische *in-vivo*-Studien zu betreiben, beispielsweise, um den Transportweg eines Radioisotops im intrazellulären Bereich direkt verfolgen zu können. Derartige Pläne gehören derzeitig noch ins Reich der Phantasie.

Einigen Autoren schien eine direkte Anwendung magnetischer Felder mehr lohnend zu sein. Im Jahre 1961 veröffentlichten Harford und Hamlin (183; 182) Arbeiten, bei denen sie einen Einfluß permanenter Magnetfelder auf die Kornausbeute festgestellt haben wollen. Den Ausführungen zufolge ist bei der autoradiographischen Exposition im Magnetfeld bei einer Kraftflußdichte von 10^4 Gauß eine merkliche Erhöhung der Anzahl der Silbergranula über den radioaktiven Arealen eines Präparates zu erwarten. Kontrollpräparate, die außerhalb des Magnetfeldes exponiert wurden, zeigten insgesamt weniger Silberkörner und einen relativ höheren Untergrund, der die Auswertung sehr beeinträchtigte. Weiterhin soll sich die Gestalt der entwickelten Silberfilamente in beiden Fällen charakteristisch unterscheiden. Diese Ergebnisse sind allgemein mit Skepsis aufgenommen worden. Einer Stellungnahme von Caro zufolge (75), kann die Erhöhung der Ausbeute nicht mit der charakteristischen schraubenbahnartigen Bewegung freier Elektronen im Magnetfeld erklärt werden. Beispielsweise beschreiben 10 keV-Elektronen in einem Magnetfeld von 10^4 Gauß immerhin noch eine Kreisbahn mit einem Durchmesser von 680 μ. Die maximale Reichweite für Tritium-β-Teilchen beträgt in feinkörnigen Photoemulsionen dagegen nur 2,5 μ. Um durch Magnetfelder eine merkliche Verbesserung des autoradiographischen Auflösungsvermögens zu erreichen, indem Elektronen, die in einem spitzen Winkel zur Schnittebene emittiert werden, gezwungen werden, in und durch die Emulsion zu laufen, müßte man schon Feldstärken in der Größenordnung von 10^6 Gauß aufbringen. Derartige Magnetfelder sind derzeitig nur für die Dauer von Mikrosekunden herstellbar. Ähnlich nehmen auch Fromme und Zessack (145) zu den zuvor diskutierten Ergebnissen Stellung. Auch sie konnten experimentell keine Unterschiede zwischen der normalen Exposition und der im Magnetfeld feststellen. Demgegenüber erhielt Nakai (317) einen deutlichen Anstieg der autoradiographischen Silberkörner bei der Exposition in einem statischen Magnetfeld, dessen Stärke er nicht mitteilt. Nakai arbeitete mit ^{35}Smarkierten Substanzen. Obwohl die maximale Reichweite der ^{35}S-β-Strahlung sogar rund 10mal größer ist als die von Tritium, sollen sich Auflösungen nahe der theoretischen Grenze von etwa 1000 AE (s. Abschn. 6.2.1.) ergeben haben. Die von NAKAI in Anlehnung an die Methode von PRZYBYLSKI (s. Abschn. 6.4.5.) hergestellten Präparate wurden, wie Abb. 76 zeigt, mit Klebefilm auf Glasobjektträgern befestigt und an den Polen eines starken Hufeisenmagneten im Dunkeln bei etwa 4° C bis zu zwei Monate exponiert. Der Autor, dem die zuvor erwähnten kritischen Stellungnahmen zur Magnetfeldexposition bekannt sind, kann keine Erklärung für die höhere Silberkornausbeute geben.

Die Diskussion zu diesem Thema wurde in letzter Zeit durch MIZUHIRA (309), MIZUHIRA u. UCHIDA (310) sowie TER-POGOSSIAN, DONADIEU, MORENO u. BESSIS (440) abermals entfacht, welche wiederum einen positiven Einfluß der Magnetfeldexposition auf das Auflösungsvermögen und die Kornausbeute beobachteten. Wenn diese Ergebnisse sich als repro-

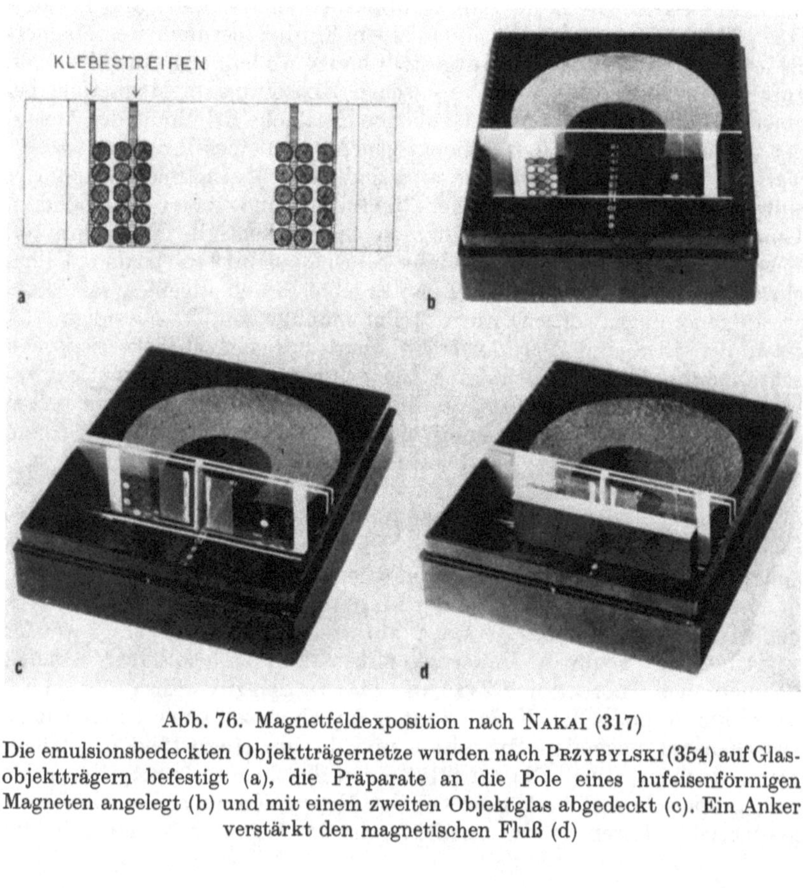

Abb. 76. Magnetfeldexposition nach NAKAI (317)

Die emulsionsbedeckten Objektträgernetze wurden nach PRZYBYLSKI (354) auf Glasobjektträgern befestigt (a), die Präparate an die Pole eines hufeisenförmigen Magneten angelegt (b) und mit einem zweiten Objektglas abgedeckt (c). Ein Anker verstärkt den magnetischen Fluß (d) duzierbar erweisen sollten und keine zufälligen, nichtsignifikanten Einzelergebnisse darstellen, sollte man zumindest von Seiten der wissenschaftlichen Photographie dem Magnetfeld besondere Aufmerksamkeit widmen. Es steht fest, daß sich allein mit einer Bahnänderung der β-Teilchen derartige Effekte nicht erklären lassen.

Erstaunlich ist, daß bisher keine Publikationen über die Verwendung elektrischer Felder zur Verbesserung der autoradiographischen Auflösung bekannt geworden sind, obwohl das Prinzip der Exposition im elektrischen Feld bereits seit langem Gegenstand eines Patentes ist (210).

Eine weitere, der elektronenmikroskopischen Autoradiographie nahestehende Entwicklungsrichtung, versucht, Silbersalze als Strahlungsdetektoren durch andere strahlungsempfindliche Substanzen zu ersetzen, wobei man physikalisch homogene Schichten anstrebt, um die Nachteile, die sich aus der Inhomogenität von Kristallsuspensionsemulsionen ergeben, zu umgehen (17).

Silk und Barnes (413) konnten zeigen, daß Kernspaltprodukte des Urans in feinen Glimmerplättchen Bahnspuren zeichnen. Der Vorteil einer auf diesem Effekt basierenden Autoradiographie wäre in erster Linie im Fortfall des photographischen Entwicklungsprozesses zu suchen; ferner ergibt sich aus der Feinheit der Bahnspuren eine Hilfe für die Zuordnung einer Spur zum Zerfallsort und damit möglicherweise eine ver-

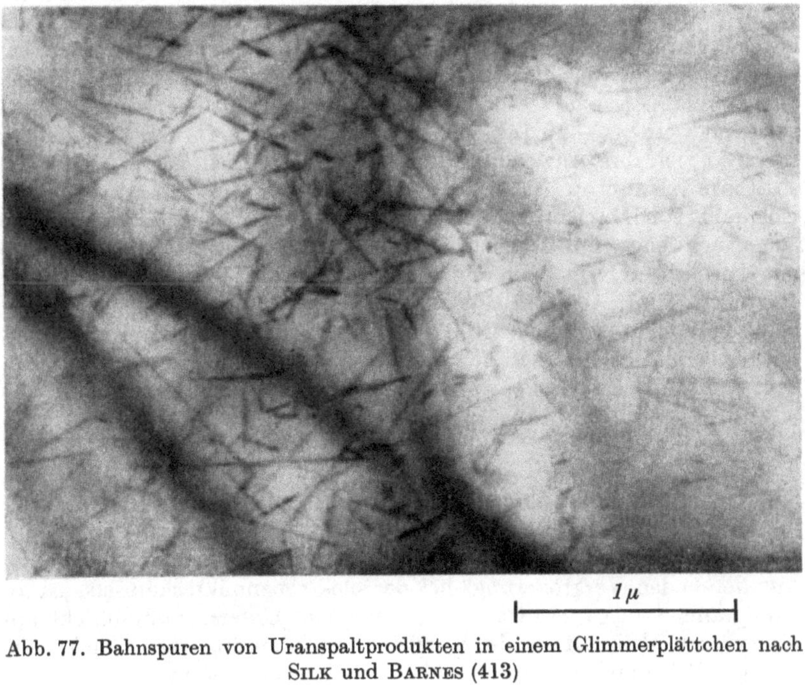

Abb. 77. Bahnspuren von Uranspaltprodukten in einem Glimmerplättchen nach Silk und Barnes (413)

gleichsweise bessere Auflösung. Bedeutsam ist auch die Tatsache, daß ein und dasselbe Medium zur Aufzeichnung von Teilchen verschiedener Energie in gleicher Weise geeignet ist, so daß sowohl schwache als auch energiereiche Strahlung im gleichen Objekt nebeneinander nachgewiesen werden kann und eine sinnvolle elektronenmikroskopische Autoradiographie mit höherenergetischen Strahlern als Tritium überhaupt erst möglich wird. Die Bahnspuren im Glimmer haben einen Durchmesser von weniger als 300 AE und erreichen je nach Orientierung der Strahlung zur Ebene des Glimmers eine Länge bis zu 4 μ (Abb. 77).

Auch Metallfilme (323; 50) sowie Plastikfilme (282; 283; 92) eignen sich ähnlich wie Glimmer zum Abbilden von Kernstrahlung. Obwohl grundsätzlich verwendbar, wurden diese Techniken bisher kaum für die Autoradiographie von biologischen Präparaten benutzt. MALMON (283) z. B. behandelte Viren mit Uranylacetat, das zu 93% das Isotop ^{235}U enthielt. Er erreichte einen Einbau von etwa drei Uran-Atomen pro Virus, also nur eine äußerst geringe Aufnahme. Die Viren wurden sodann für die elektronenmikroskopische Beobachtung präpariert und die Präparate im Reaktor einem thermischen Neutronenfluß ausgesetzt, welcher die Kernfission des ^{235}U bewirkt. Zum Nachweis der dabei entstehenden Spaltprodukte wurden Chrom-, Platin-, Platin-Palladium- und Siliziummonoxid-Schichten getestet, wobei sich Chromfilme von 50 bis 100 AE Dicke am besten bewährt haben. Die Position einzelner Uranatome am DNA-Strang soll sich noch mit einer Genauigkeit von 50 AE bestimmen lassen. Sowohl in bezug auf die geringe Einbaurate als auch der extrem hohen Auflösung wegen haben wir es hier mit der absolut empfindlichsten autoradiographischen Methode — noch einzelne Atome können nachgewiesen werden — zu tun, die uns bisher bekannt wurde. Leider beschränkt sich ihre Anwendung nur auf das künstlich durch Neutronen spaltbare Uranisotop ^{235}U.

Ebenfalls von MALMON stammt der interessante Beitrag, Plastikfilme zum Nachweis von α-Teilchen zu verwenden, die aus ^{17}O bei Beschuß mit thermischen Neutronen und aus ^{15}N und ^{18}O bei Protonenbestrahlung entstehen (284). Aus der Möglichkeit, derartige Elemente, von denen keine brauchbaren radioaktiven Isotope existieren, trotzdem mit hoher selektiver Nachweisbarkeit für die Autoradiographie einsetzen zu können, ergeben sich neue Perspektiven für die Bio- und Histochemie.

6.6 Zur autoradiographischen Exposition elektronenmikroskopischer Präparate

Aus der hohen Vergrößerung, bei der elektronenmikroskopische Autoradiogramme ausgewertet werden, der einem Untersuchungsobjekt applizierbaren Aktivität, der im Vergleich zum ursprünglichen Objekt sehr geringen Präparatmasse und der kleinen Silberkornausbeute — im Durchschnitt 1 Korn pro Elektron — ergibt sich zwangsläufig eine gegenüber der Autoradiographie makroskopischer sowie auch lichtmikroskopischer Objekte längere Expositionsdauer. Diese wiederum erfordert die Berücksichtigung von Faktoren, denen bei der „normalen" Autoradiographie meist nur untergeordnete Bedeutung beigemessen wird, wie z. B. die Beständigkeit eines latenten Bildes oder auch die zeitliche Änderung emulsionsspezifischer Eigenschaften, speziell Strahlungsempfindlichkeit, Blindwert, Beständigkeit und Ansprüche an die photographische Entwicklung. Diese Faktoren waren Gegenstand zahlreicher Untersuchungen, deren Aussagen und Ergebnisse sich nicht alle verallgemeinern lassen, weil sie sich letztlich immer nur auf bestimmte Emulsionen oder autoradiographische Techniken beziehen. Wir wollen im folgenden einige allgemein verwertbare Erkenntnisse kurz zusammenfassen (136).

1. Jede photographische Emulsion hat vom Zeitpunkt ihrer Herstellung an einen Blindwert. Seine Größenordnung liegt bei 10^6 bis 10^7 Körner/cm^2.

2. Der Blindwert nimmt mit steigendem Alter zu — also auch während der autoradiographischen Exposition. Die Zunahme ist temperaturabhängig. Meist resultiert bei niedrigen Temperaturen ein geringerer Zuwachs.

3. Die Aufbewahrung photographischer Emulsionen wie auch unentwickelter, emulsionsbedeckter Präparate sollte bei Temperaturen über dem Gefrierpunkt des Wassers — wenn der Hersteller nicht anderes empfiehlt und die Präparate es erlauben — im Kühlschrank bei etwa + 4° bis + 6° C erfolgen.

Abgesehen vom günstigen Einfluß von Temperaturen um 0° C auf die Unterdrückung des Blindwertes besteht auch eine Temperaturabhängigkeit der Regression des latenten Bildes. Letzteres bezeichnet man kurz als *Fading*. Das Fading nimmt bei höherer Temperatur zu, zeigt also ein dem Blindwertzuwachs gleichsinniges Temperaturverhalten und ist ein irreversibler Prozeß; ein einmal eingetretener Verlust eines latenten Bildes läßt sich also auf photochemischem Wege nicht mehr rückgängig machen. Chemisch gesehen handelt es sich beim Fading um die Oxidation jener geringen Silberspuren, welche das latente Bild auszeichnen. Es gibt bisher nur wenige quantitative Untersuchungen über den Fading-Effekt (337; 444; 468), so daß sich dessen Bedeutung in der Autoradiographie noch nicht übersehen läßt. Die in der Praxis angewendeten Methoden, das Fading zu unterdrücken, sind daher auch nur empirisch fundiert (78). Hinzu kommt, daß die zeitliche Abhängigkeit der Regression des latenten Bildes von Emulsion zu Emulsion starken Schwankungen unterworfen ist. Während z. B. nach zweimonatiger Lagerung in trockener Luft bei Raumtemperatur die Ilford-Emulsion *L4* bei Entwicklung mit *Microdol* (Kodak) kein Fading zeigt, soll nach Salpeter u. Bachmann (391) bei der Kodak Emulsion *NTE* unter gleichen Bedingungen ein 60%iger Abfall bei der Entwicklung in Dektol stattfinden. Bachmann und Salpeter bedampfen zur Verhinderung des Fadings den

Schnitt mit einer Kohlezwischenschicht (22) und bedecken das Präparat erst anschließend mit photographischer Emulsion. Auch die Exposition in einem inerten Gas, z. B. Helium, soll die gleiche Wirkung haben. Bereits HERZ (194) sowie RAY und STEVENS (359) wendeten diesen Kunstgriff bei der Strippingfilm-Autoradiographie an. Sie exponierten in einer CO_2- oder auch N_2-Atmosphäre.

Während die Exposition in einer sauerstofflosen Atmosphäre chemisch sinnvoll erscheint, läßt sich der Fading-verhindernde Einfluß einer Kohlebedampfung nicht erklären. Vielleicht hat das oben erwähnte Fading der *NTE*-Emulsion auch andere Ursachen. Es könnte beispielsweise durch negative Chemographie, also in Folge einer Oxidation latenter Silberkeime durch den Kontakt mit dem untersuchten Präparat entstanden sein. Jedenfalls sind Fading-Erscheinungen vom zuvor mitgeteilten Ausmaß unter sonst vergleichbaren Bedingungen unseres Wissens noch nicht beschrieben.

In diesem Zusammenhang möchten wir der weit verbreiteten Ansicht widersprechen, die Autoradiographie im elektronenmikroskopischen Bereich erfordere unbedingt das Abdecken des zu untersuchenden Präparates mit einer Kohlenstoffschicht. Nach eigenen Erfahrungen mit in *Epon* oder *Methacrylat* eingebetteten Ultradünnschnitten sowie reinen *Methacrylat*-Präparaten ist die Kohlenstoffbedampfung nicht notwendig. Sie stellt eine Komplizierung dar, die den Anteil an brauchbaren Präparaten durch neue Fehlerquellen verringert. Chemographie trat bei unseren Präparaten nicht auf. Sie wäre u. E. die einzigste Rechtfertigung für die Kohlebedampfung. Mehrere Firmen, z. B. *Balzers*, Liechtenstein, bieten hierzu einfach zu handhabende Anlagen kleineren Ausmaßes an, die sich u. a. auch zum Aufbringen dünnster Siliziumoxid- oder Metallfilme durch Verdampfen im Hochvakuum eignen sowie sich zum Herstellen von Präparatabdrücken und für verschiedene andere Zwecke in der Elektronenmikroskopie verwenden lassen.

Nach neueren Untersuchungen, die eigens in Hinblick auf die autoradiographische Exposition elektronenmikroskopischer Präparate durchgeführt wurden, empfiehlt sich die Vakuumexposition. Diese Art der Aufbewahrung schließt sowohl die Oxidation durch Luft aus und schafft definierte, reproduzierbare Aufbewahrungsbedingungen, unter denen der Zuwachs des Blindwertes in einem Zeitraum bis zu 2 Monaten bei den gebräuchlichsten Emulsionen praktisch zu vernachlässigen ist (136).

Aus der Existenz eines Blindwertes bei feinkörnigen photographischen Emulsionen ergeben sich große Probleme bei der Interpretation elektronenmikroskopischer Autoradiogramme. Seltsamerweise spiegelt sich dieser Sachverhalt und die sich daraus ergebenden Konsequenzen kaum in der Literatur wider. Nur vereinzelt finden sich quantitative Angaben über die Höhe des Blindwertes, der bei Kontrollpräparaten ohne Aktivität angetroffen wird (488). CARO rechnet mit etwa 1 Silberkorn pro 30 μ^2 für die Ilford-Emulsion *L4*. Auf den Quadratzentimeter bezogen sind das immerhin mehr als 3 Millionen Körner! SALPETER u. BACHMANN (391) rechnen bei der Kodak-Emulsion *NTE* mit weniger als 1 Korn auf $50\mu^2$. FISCHER u. WERNER fanden bei der Agfa-Gevaert-Emulsion *NUC 3.07* stets einen Blindwert in der Größenordnung von 10^7 Silbergranula,/cm^2 der von der Art des verwendeten Entwicklers nahezu unabhängig war (136).

Gegenwärtig steht die Höhe des Blindwertes der meisten Emulsionen einer breiteren Anwendung der autoradiographischen Methode in der Elektronenmikroskopie im Wege. Darüber täuschen auch zahlreiche Veröffentlichungen nicht hinweg, in denen durch die Wiedergabe von Abbildungen mit einer Silberkorndichte, die der Größenordnung des Blindwertes entspricht, der Eindruck erweckt wird, als gäbe es gar keinen Blindwert zu berücksichtigen. *Es kann deshalb gar nicht genug vor einer unkritischen Interpretation derartiger Autoradiogramme gewarnt werden.* Häufig genügt eine Überschlagsrechnung, in welcher man auf Grund der Aktivität im Ultradünnschnitt sowie dessen geometrischer Oberfläche und der Exposition abschätzt, wie viele Silberkörner maximal vorliegen können, um zu beweisen, daß das betreffende „Autoradiogramm" letztlich nur ein Zufallsprodukt darstellt.

Obwohl das Anliegen, das Ausmaß des Blindwertes zu verringern, nach wie vor aktuell ist, wurde bisher kein Verfahren gefunden, das durch eine Art „künstliches" Fading den von vornherein vorhandenen Blindwert herabsetzt, ohne die Strahlungsempfindlichkeit der Emulsion zu beeinträchtigen. CARO (78; 82) erreicht eine Erniedrigung des Nullwertes auf den zwanzigsten Teil der ursprünglichen Höhe, indem er die fertigen, emulsionsbedeckten Präparate vor Beginn der eigentlichen Exposition etwa 5 bis 6 Stunden der sich über 30%igem wäßr. H_2O_2 (*Perhydrol*) ausbildenden Gasatmosphäre aussetzt. Es findet angeblich ein Rückgang

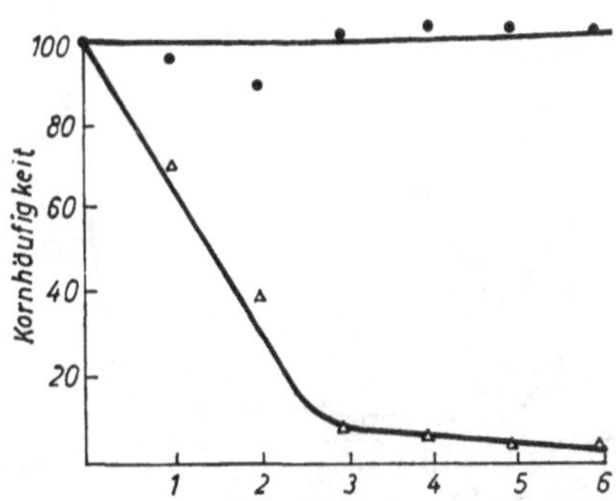

Abb. 78. Untergrundschwund durch Vorexposition emulsionsbedeckter Präparate in einer H_2O_2-Atmosphäre nach CARO (78). Der Untergrund (△) wurde durch die Anzahl der Silberkörner pro Flächeneinheit bestimmt und jeweils auf die Höhe vor der H_2O_2-Behandlung bezogen. Die Anzahl der jeweils über gleichmäßig mit ^{3}H-Leucin markierten *E. coli*-Präparationen vorhandenen, nicht auf den Blindwert entfallenden Silberkörner (•), bleibt praktisch konstant

der Anzahl latent belichteteter Kristalle statt, ohne daß dabei eine merkliche Einbuße der Strahlungsempfindlichkeit der übrigen Emulsion zu befürchten sein soll (Abb. 78). Die ursrpünglich auf die *K5*-Emulsion (Ilford) angewandte Methode, die auch unter der Bezeichnung *background eradication* bekannt ist, sollte sich eigentlich auch auf andere Emulsionen übertragen lassen. Wir haben allerdings im Fall der Agfa-Gevaert-Emulsion *NUC 3.07* keine befriedigenden Ergebnisse damit erzielt. Im übrigen muß man beachten, daß die H_2O_2-Einwirkung für das zu autoradiographierende Präparat die Gefahr einer Substanzdislokation in sich birgt. So werden beispielsweise mit Osmium fixierte Lipide durch H_2O_2 angegriffen*.

6.7. Die photographische Entwicklung dünnster Emulsionsschichten

Die im Abschnitt 6.4. im Zusammenhang mit der Emulsionsvorbehandlung bzw. der Erzeugung dünner Schichten gegebenen Entwicklungsanweisungen müssen nicht unbedingt eingehalten werden. Prinzipiell kann jeder photographische Entwickler für Einkornschichten verwendet werden. Man wird jedoch nach Möglichkeit auf den vom Emulsionshersteller empfohlenen Entwickler zurückgreifen. Es sind dies in Hinblick auf die Anwendung und Kristallgröße der Emulsionen sog. Feinkornentwickler. Die Entwicklungszeit ist möglichst kurz zu halten. Eine Überentwicklung schadet in jedem Fall — nicht nur bei feinkörnigen

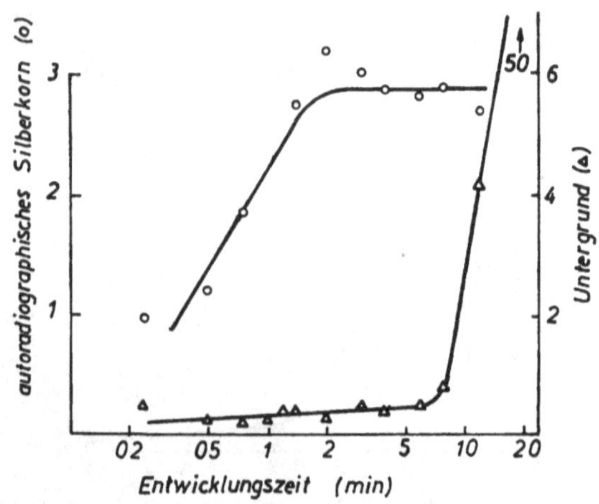

Abb. 79. Entwicklungskurve für die Emulsion *L4* (Ilford), Entwickler *D19*, Badtemperatur 20° C. Nach CARO u. VAN TUBERGEN (82). Die „autoradiographischen" Silberkörner sind mit einem (○), die „Untergrundkörner" mit einem (△) bezeichnet

* J. R. Baker: Cytological Technique. 4. Auflage, Methuen-Verlag, London 1960.

Emulsionen —, da sie das Verhältnis von autoradiographisch erzeugten Silberkörnern zum Untergrund und Blindwert zu Gunsten der beiden letzteren verschiebt und so die Auswertung zumindest erschwert. Die Temperatur des Entwicklerbades ist frei wählbar. In Anbetracht der geringen Filmdicke sollte sie + 20° C nicht übersteigen, da sonst der Entwicklungsprozeß zu heftig voranschreitet und sich die Gefahr der Überentwicklung ergibt. Caro u. Mitarb. haben für einige Emulsionen sog. Entwicklungskurven angegeben, durch die diese Verhältnisse anschaulich dargestellt werden (82). Danach findet in der ersten Entwicklungszeitspanne lediglich ein geringer Anstieg des Untergrundes statt, wohingegen latent belichtete Kristalle sehr rasch dem photographischen Entwicklungsprozeß unterliegen (Abb. 79, 80). Der Endzeitpunkt wird so bemessen, daß bei möglichst weitgehend vorangeschrittener oder gar abgeschlossener Entwicklung noch kein wesentlicher Untergrundanstieg stattgefunden hat. Bei einigen Entwickler-Emulsions-Kombinationen ist die gewünschte Entwicklung bereits beendet, bevor der eklatante Anstieg des Untergrundes bei zu langer Einwirkung des Entwicklers beginnt. Die optimale Entwicklungszeit liegt dann in der Mitte des Plateaus, in Abb. 79 also bei etwa 4 bis 5 Min. Schwieriger wird es, wenn der steile Anstieg des Untergrundes zeitlich noch vor der fertigen Entwicklung des Autoradiogramms einsetzt; dies trifft beispielsweise für die Emulsion *K5* (Ilford) zu (Abb. 80). Derartige Systeme sind für reproduzierbares Arbeiten ungeeignet und scheiden also insbesondere auch für die quantitative Autoradiographie aus.

Das Entwickeln und die anschließenden Arbeitsgänge nimmt man zweckmäßig in entsprechend dimensionierten Plastikschalen, Glasbechern oder in den aus der histologischen Färbetechnik her bekannten kleinen

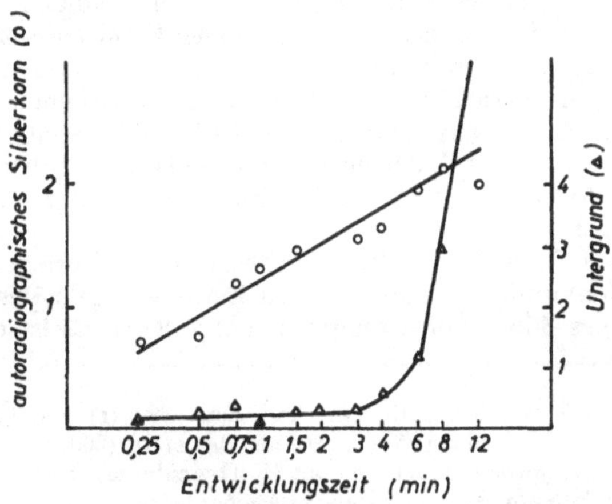

Abb. 80. Entwicklungskurve für die Emulsion *K5* (Ilford), Entwickler *D19*, Badtemperatur 20° C. Nach Caro u. van Tubergen (82). Die „autoradiographischen" Silberkörner sind mit einem (○), die „Untergrundkörner" mit einem (▵) bezeichnet

Färbeküvetten vor. Die Objektnetze liegen dabei entweder auf Glasobjektträgern, an denen sie z. B. mit doppelseitig substratiertem Klebeband (186; 363; 354), Gummilösung (76) o. ä. befestigt sind, oder man bedient sich kleiner Stative, mit denen die Netze in die Bäder getaucht werden. Einige Autoren ziehen es vor, einzelne Netze jeweils für sich mit einem Entwicklertropfen zu behandeln (226). Im Anschluß daran wird das Netz in einen Becher von 0,5 *ml* in dest. Wasser gelegt und zusammen mit diesem in das Fixierbad und später in Wasser getaucht. Dadurch soll das Durchbrechen von Flüssigkeitsoberflächen und ein damit möglicherweise verbundenes Beschädigen der Präparate umgangen werden.

Man unterscheidet formal zwischen zwei Typen von Entwicklern, den „*chemischen*" und den „*physikalischen*". Die letzteren sind eigentlich erst wieder im Zusammenhang mit der elektronenmikroskopischen Autoradiographie aktuell geworden, nachdem sie Jahrzehnte in der Photographie kaum noch benutzt wurden. Sie ergeben im Vergleich zu den chemischen Entwicklern wesentlich kleinere Silberkörner, da sie zunächst erst einmal einen großen Teil des Kristallkörpers auflösen. Die *physikalische Entwicklung* beruht darauf, daß aus metastabilen Lösungen von Reduktionsmitteln und Silberionen metallisches Silber überwiegend an den präformierten, durch Bestrahlung entstandenen Silberkeimen, die katalytisch wirken, abgeschieden wird. Physikalische Entwickler neigen zur Bildung einer unsauber wirkenden photographischen Schicht, durch die die Konturen des anliegenden Präparates undeutlich erscheinen. Häufig fällt es schwer, Silberkörner mikroskopisch als solche zu identifizieren. Die Reproduzierbarkeit der photographischen Entwicklung ist nicht gesichert. Der Prototyp des physikalischen Entwicklers enthält in 100 *ml* wäßr. Lösung 1,1 g p-Phenylendiamin und 12,6 g Na_2SO_3 (wasserfrei). Zur Entwicklung dünner Emulsionsschichten wird er 1 Min. bei 25° C angewandt (21). Seine Einführung bedeutete insofern einen Vorteil, als er sich chemischen Entwicklern gegenüber durch Bildung kleinerer Körner auszeichnet, deren Größe bei etwa 400 bis 700 AE liegt. Die Korngröße nach der normalen chemischen Entwicklung ist je nach Fabrikat der Emulsion und Einwirkungsbedingung rund fünf- bis zehnmal größer.

Die *chemischen Entwickler* greifen das Silberhalogenidkorn derart an, daß meist ein fadenförmiges, oft auch ausgedehntes, unregelmäßig gestaltetes oder knäueliges Silberfilament entsteht (Abb. 81a). Es ist ein weitver-

---

→

Abb. 81. Vergleich zwischen herkömmlicher chemischer (a) und kompakter (b) Entwicklung. Aus LETTRÉ u. PAWELETZ (260)

a) Kern eines Hühnchenfibroblasten mit ^{3}H-Thymidin markiert. Bleikontrastierung nach REYNOLDS; Entwicklung in Amidol-haltigem Entwickler, 1 Minute, 20° C.

b) Kern einer HeLa-Zelle mit ^{3}H-Thymidin markiert. Bleikontrastierung nach REYNOLDS; kompakte Entwicklung, 1 Minute, 18° C.

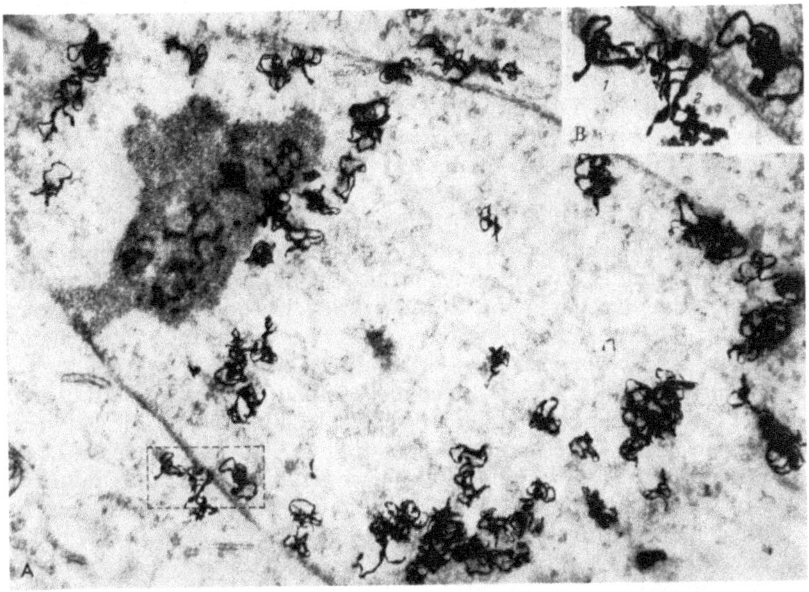

a)

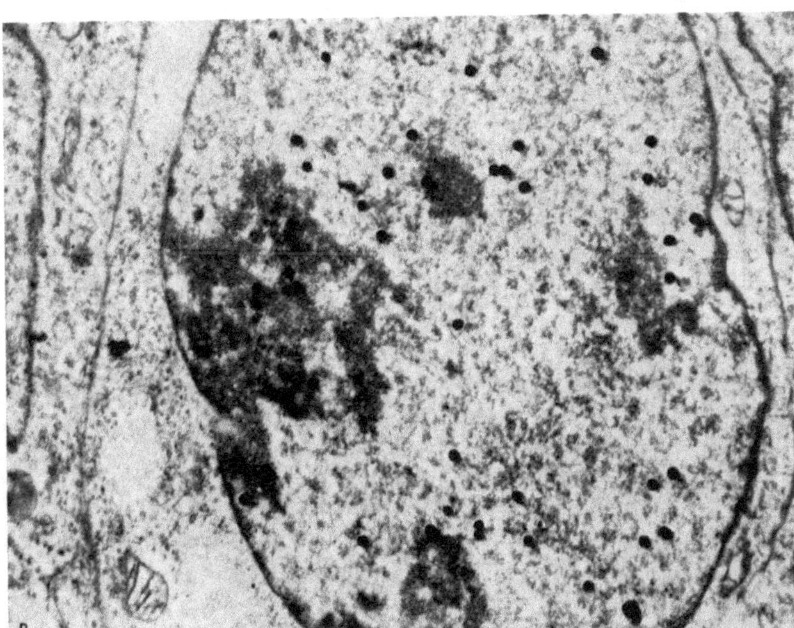

b)

breiteter Irrtum anzunehmen, daß die Qualität der autoradiographischen Auflösung von der Größe dieses Knäuels in der Weise abhängt, daß ein kleines Knäuel unbedingt einer besseren Auflösung gleichkommt. Die Knäuelgröße hängt von der Entwicklungszeit, der Temperatur, sowie vom verwendeten Entwickler ab. Häufig verwendete Entwickler dieser Art sind *Dektol* (Kodak), *Microdol X*, Kodak *170* und Kodak *D19*, letzterer u. U. mit einem Zusatz von 0,012% Kodak *Anti-Fog Nr. 1* (= Benzotriazol).

HAASE u. JUNG (176) haben einen anderen Entwicklertyp geschaffen, der zum Unterschied zu den vorerwähnten als *Kompaktentwickler* bezeichnet wird. In den mit ihm behandelten photographischen Emulsionen bilden sich einzelne kompakte Silberkristalle von nahezu rundem Querschnitt. Gegenüber den bisherigen Entwicklern bietet er vor allem den Vorteil, daß bei starker Markierung die elektronenmikroskopischen Aufnahmen von Autoradiogrammen mit kompakten Silberkörnern übersichtlich bleiben, wohingegen fadenförmige Gebilde größere Bezirke der darunterliegenden Struktur verdecken können (Abb. 81 b). Ob die Lage des Primärkorns, also des zuvor latent „belichteten" Kristalls mit der des fertigen Silberkorns identisch ist, wie mitunter angenommen wird (260), ist nicht bewiesen (s. dazu auch Abb. 57). Wahrscheinlich hat die kompakte Entwicklung keinen Einfluß auf das autoradiographische Auflösungsvermögen.

Tabelle 12

Kompakte Entwicklung von Einkornschichten nach HAASE u. JUNG, veröffentlicht in (260)

1. *Entwickler:*	Es sind nacheinander in 750 cm³ dest. Wasser zu lösen: 15,0 g Ascorbinsäure 2,5 g Phenidon 6,0 g Kaliumbromid 13,0 g Kaliumcarbonat 200,0 g Natriumsulfit*) 30,0 g Kaliumrhodanid mit dest. Wasser auf 1000 cm³ auffüllen; Entwicklungszeit 1 Min.
2. *Unterbrecher:*	2%ige Essigsäure, ½ Min.
3. *Fixierbad:*	Normales Negativ-Fixierbad, z. B. nacheinander in 750 cm³ dest. Wasser lösen: 200,0 g Natriumthiosulfat 20,0 g Kaliummetabisulfit mit dest. Wasser auf 1000 cm³ auffüllen; Fixierdauer: 5 Min.
4. *Wässerung:*	5—10 Min. in schwach fließendem dest. Wasser.

*) kann auch entfallen

Kleine, wenn auch nicht kompakte Körner erhält man durch die sog. *Goldlatensifikation*, auch Goldimprägnierung genannt, die SALPETER u. BACHMANN in die Autoradiographie eingeführt haben. Diese Technik macht sich eine der Elektrochemie seit langem im Zusammenhang mit Korrosionen bekannte Erscheinung zunutze, nämlich die Wirkung bestimmter Materialkombinationen als Lokalelemente. Auf Photoemulsionen angewandt, besteht diese Technik in folgendem: Im Anschluß an die autoradiographische Exposition werden die noch nicht entwickelten Emulsionshäutchen im Dunkeln mit einer wäßrigen Lösung von Gold(III)chlorid, aus der sich Goldspuren auf die Halogenidkristalle abscheiden, behandelt. Das Gold verursacht auf Grund einer Lokalelementwirkung eine schnellere Auflösung der Kristalle im Entwicklerbad und damit das Entstehen kleinerer Silberkörner. Die Stammlösung, die zur Goldlatensifikation benötigt wird, besteht aus wäßrigem 2%igen Goldchlorid ($AuCl_3 \cdot HCl \cdot 3H_2O$). Zu 0,5 m*l* dieser Lösung gibt man kurz vor Gebrauch 9,5 m*l* Wasser, fügt 0,125 g Kaliumthiocyanat zu, löst weiterhin 0,15 g Kaliumbromid darin auf und füllt das Ganze abermals mit dest. Wasser auf 250 m*l* auf. Die entstandene Goldthiocyanatlösung ist instabil und kann nur einen Tag lang verwendet werden. Zur Goldlatensifikation werden die unentwickelten Autoradiogramme kurz gewässert, dann 30 Sek. lang mit der Goldthiocyanatlösung behandelt, abermals gewässert und schließlich photographisch entwickelt. SALPETER u. BACHMANN verwenden folgenden Entwickler:

Tabelle 13

Entwickler nach SALPETER u. BACHMANN (391).

Monomethyl-p-aminophenolsulfat (*Methol, Metol*)	0,45 g
Ascorbinsäure	3,0 g
Borax	5,0 g
Kaliumbromid	1,0 g
mit Wasser auffüllen auf	1000 m*l*

Der angegebene Entwickler ist instabil und sollte zwischen der 5. und 48. Stunde nach dem Ansetzen etwa 8 Min. lang einwirken. Die Korngröße des fertigen Silbers beträgt dann etwa 500 AE für die Kodak-*NTE*-Emulsion, deren Entwicklung in *Dektol* (1:2 verdünnt, 2 Min., 24° C) ohne Goldlatensifikation zum Vergleich einen Silberkorndurchmesser von 1200 AE ergibt. Durch die Goldlatensifikation soll sich die Strahlenempfindlichkeit der Emulsion gegenüber der normalen Dektol-Entwicklung vervierfachen. Auf 1 Silberkorn entfallen etwa 3 Elektronen, welche die Schicht getroffen haben. Daß es sich hier allerdings um eine echte Empfindlichkeitssteigerung handelt, muß bezweifelt werden, denn diese Art der Feinkornentwicklung ergibt deutliche Häufungen von jeweils 2 bis 3, manchmal sogar 4 Silberkörnern, die immer innerhalb eines engen

Umkreises liegen und vermutlich von einem einzigen latent belichteten Kristall stammen. Eine Steigerung des autoradiographischen Auflösungsvermögens daraus anzunehmen, wäre anfechtbar.
Das Latensifikationsverfahren ist auch in Kombination mit anderen Emulsionen und Entwicklern brauchbar, doch müßten Verdünnung, Einwirkungsdauer und Temperatur der Goldthiocyanatlösung jeweils angepaßt werden. Ob sich der damit verbundene Zeitaufwand zum Erlangen derartig umstrittener Vorteile wirklich lohnt, muß bezweifelt werden. Letztlich geht es wahrscheinlich doch nur um Effekte, die objektiv besehen, Qualität und Aussagewert eines Autoradiogramms primär nicht verbessern.

6.8. Markierungsmöglichkeiten

Offensichtlich aus mangelnder Kenntnis der Zusammenhänge zwischen Strahlungsenergie und Reichweite der Strahlung in photographischen Emulsionen wurden anfänglich viele Versuche, die autoradiographische Methode mit der Elektronenmikroskopie zu verbinden, auch mit solchen Isotopen durchgeführt, die nach inzwischen vorliegender Erfahrung nur wenig dafür geeignet sind. Ebenso wie in der lichtmikroskopischen Autoradiographie ist daher das Spektrum der verwendeten Isotope recht umfangreich.
So arbeiteten Liquier-Milwaud (271) mit ^{60}Co, O'Brien u. George (325) mit ^{210}Po, Maunsbach u. Ullberg (297) mit ^{125}J, Pelc, Coombes u. Budd (347) mit ^{35}S, Ghiara (155) mit ^{14}C, Caro u. Schnoes (81) mit ^{32}P und Lupulesco u. Petrovici (277; 278) sogar mit ^{131}J.
Da es noch keine experimentellen Untersuchungen darüber gibt, welche Strahler für die elektronenmikroskopische Autoradiographie geeignet sind bzw. welcher Zusammenhang zwischen Strahlungsenergie einerseits und Kornausbeute sowie Auflösungsvermögen andererseits praktisch zu erwarten ist, sollte man nach Möglichkeit dem Isotop mit der niedrigsten Strahlungsenergie den Vorzug geben. Das folgt aus der Weg-Energieabgabe-Relation (Kap. 6.2.2). Eine Vorstellung von der Größenordnung der maximalen Strahlungsreichweite innerhalb feinkörniger photographischer Emulsionen vermittelt für einige häufig in der Histochemie verwendete Isotope die nachstehende Tabelle.
Tritium ist das Isotop mit der schwächsten überhaupt bekannten β-Strahlung. In bezug auf Reichweite und Strahlungsenergie entspricht es am ehesten den Erfordernissen der elektronenmikroskopischen Autoradiographie. Der erste, der es hier einführte und auf die einzigartigen Vorteile dieses niederenergetischen Strahlers aufmerksam machte, war van Tubergen (446) — 5 Jahre nach den Versuchen von Liquier-Milward. Tritium hat sich seitdem in der hochauflösenden Autoradiographie bewährt und stellt hier wahrscheinlich das einzigste akzeptable Isotop

Tabelle 14

Maximale Strahlungsreichweite in feinkörnigen Emulsionen

E_{max} (MeV)		Reichweite (μ)	Literatur
^{3}H	0,0186	etwa 2	CARO u. SCHNOES (81)
^{14}C	0,158	90—100	HARBERS (vgl. Fußnote Seite V)
^{35}S	0,167	90—100	HARBERS (vgl. Fußnote Seite V)
^{32}P	1,72	etwa 2000	CARO u. SCHNOES (81)

dar. In den letzten Jahren wurden fast ausschließlich Untersuchungen mit tritiummarkiertem Material publiziert, obwohl MORICARD und GOTHIE (311) auch auf die Brauchbarkeit von ^{35}S sowie CARO u. SCHNOES (81) auf die von ^{32}P hinwiesen.

Wir hatten bereits an anderer Stelle erwähnt, daß die effektive Aktivität des einzelnen Dünnschnittpräparates im allgemeinen nicht besonders hoch ist, woraus sich einige für die Qualität der Autoradiogramme nachteilige Folgen wie lange Expositionszeiten und hohe Blindwerte ergeben. In den meisten Fällen wird sich daran nichts ändern lassen, insbesondere, wenn es sich um Untersuchungen an biologischem Material handelt, dem ohnehin immer nur eine begrenzte radioaktive Substanzmenge appliziert werden kann. Anderenfalls würden unphysiologische Verhältnisse geschaffen. Das Zuführen einer größeren Aktivitätsmenge ist u. U. durch Erhöhen der spezifischen Aktivität der betreffenden Substanz möglich. Leider stehen aber nicht immer Substanzen mit entsprechend hoher spezifischer Aktivität zur Verfügung.

Ein anderer Weg, hohe Aktivitäten zu erzielen, besteht darin, den Dünnschnitt nachträglich mit einer radioaktiven Substanz zu behandeln, ihn also zu imprägnieren. Durch Affinitätsunterschiede der intrazellulären Substanzen zur angebotenen Substanz kann man, wie bei histologischen Färbereaktionen oder sonstigen Kontrastierungen, unterschiedliche Markierungsmuster, u. U. sogar selektive Markierungen einzelner Zellbestandteile, erhalten, worauf HOLT u. HICKS (201) aufmerksam machten. GEUSKENS u. FICQ (154) „färbten“ Ultradünnschnitte von Triturus-Ovarien mit ^{3}H-Actinomycin D. *Actinomycin D* ist ein Antibiotikum, das cytostatisch wirkt und wahrscheinlich die RNA-Synthese durch irreversible Komplexbildung mit ihrer Matrix hemmt (120). Autoradiographisch konnte eine besondere Affinität zum Cytoplasma nachgewiesen werden (154; 94).

Übrigens hat bereits FUJITA* darauf hingewiesen, daß schon durch die natürliche Radioaktivität des Urans ein erhöhter Untergrund in elektro-

* FUJITA, S.: Application of Light and Electron Microscopic Autoradiography to the Study of Cytogenesis of the Forebrain. In: R. HASSLER und H. STEPHAN: Evolution of the Forebrain (Phylogenesis and Autogenesis of the Forebrain). Thieme-Verlag Stuttgart 1966, S. 180.

nenmikroskopischen Autoradiogrammen Uranylacetat-kontrastierter Präparate auftritt.
Durch Imprägnieren mit radioaktiven Reagentien und anschließender autoradiographischer Lokalisation der Reaktionsprodukte könnten sich neue Methoden für die Cytochemie ergeben.

6.9. Anwendungen und Ergebnisse der elektronenmikroskopischen Autoradiographie

Da die Autoradiographie elektronenmikroskopischer Objekte noch mit vielen methodischen Schwierigkeiten behaftet ist, haben die meisten einschlägigen Veröffentlichungen einen überwiegend methodischen Charakter. Für Experimente, in denen geprüft werden soll, ob eine Methode zuverlässig ist und echte „autoradiographische Silberkörner" liefert, hat sich tritiiertes Thymidin als Testsubstanz bewährt. Thymidin ist ein Pyrimidinderivat, das mit Desoxyribose verbunden ist (Abb. 83a). Als Nucleosid stellt es direkt eine Ausgangssubstanz der DNA-Synthese dar und wird bei Mitosen überwiegend in Zellkerne eingebaut. Das konnte durch zahlreiche Experimente an vielen biologischen Arten nachgewiesen und bestätigt werden. So arbeiteten Przybylski (354) mit *Tetrahymena pyriformis*, van Tubergen (446) mit Zellkulturen von *Escherichia coli*, Revel u. Hay (362) mit Larven von *Amblystoma opacum*, Granboulan u. Mitarb. z. B. mit Affennierenzellkulturen (164) oder dem *SV40*-Virus (165) und Hampton u. Quastler (180) mit Teilen des Mäuse-Ileums. Obgleich diese Untersuchungen teilweise mit verschiedenen Methoden vorgenommen wurden, konnte wahrscheinlich gemacht werden, daß das markierte Thymidin im Kern nur in bestimmten, elektronendichten Teilen des Kernchromatins eingebaut wird. Der Streit, inwieweit auch ein Einbau in cytoplasmatische Polynucleotide stattfindet, ist noch nicht abgeschlossen. Während Silk' u. Mitarb. (413; 414) nach längerer Inkubation von Affennierenzellkulturen mit ^{3}H-Thymidin einen Einbau im Cytoplasma fanden, konnten Meek u. Moses (302), Koehler u. Mitarb. (235) sowie auch Revel u. Hay (362) dieses Ergebnis an anderen Objekten nicht bestätigen. Möglicherweise läuft die Auswertung weiterer autoradiographischer Versuche mit Thymidin auf eine DNA-Differenzierung in bezug auf Vorkommen und Stoffwechselaktivität hinaus.
Thymidin hat sich also nicht nur bei cytologischen Studien in der lichtmikroskopischen Autoradiographie, sondern auch in Verbindung mit der elektronenmikroskopischen Technik bewährt. Ohne auf weitere Einzelheiten eingehen zu können, möchten wir hier auf Arbeiten von Fujita u. Fujita (146; 147) sowie v. Gaudecker (151) hinweisen, die sich mit Zelldifferenzierungen im Zentralnervensystem befassen (Abb. 82).

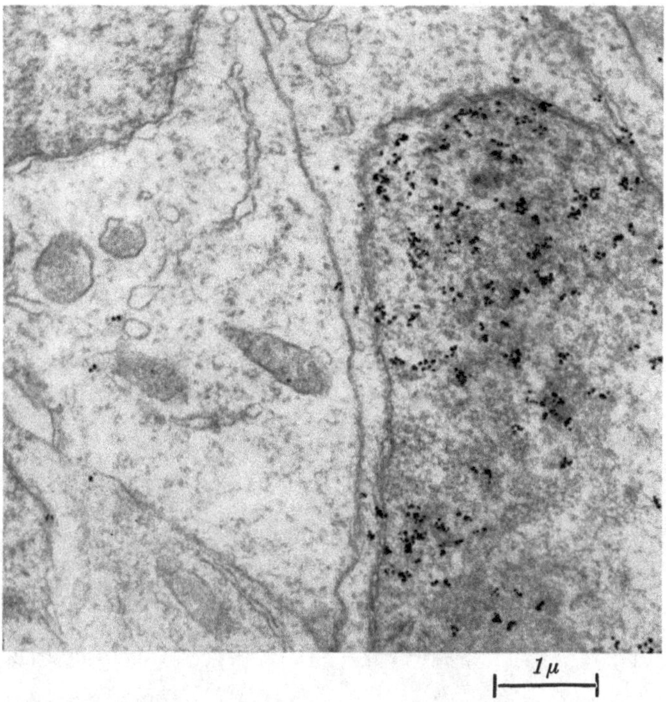

Abb. 82. Elektronenmikroskop. Autoradiogramm vom *Lobus opticus* eines 4 Tage alten Hühner-Embryo, der 6 Stunden durch Einwirken von 100 μC ^{3}H-Thymidin markiert wurde. Kontrastierung mit Uranylacetat. Die Matrixzelle zeigt eine starke Markierung; nicht markiert sind die mutmaßlichen Neuroblasten.

Methode nach PRZYBYLSKI (354) sowie SALPETER u. BACHMANN (391); Emulsion *NTE*. Exposition 1 Monat in Helium. Goldlatensifikation. Entwicklung in *Dektol* bei 18° C, 2 Min.

Aus FUJITA: In: R. HASSLER und H. STEPHAN: Evolution of the Forebrain; S. 188 Thieme-Verlag Stuttgart 1966

RNA-Moleküle lassen sich mit Hilfe markierten Uridins (Abb. 83b), einem spezifischen Baustein der Ribonucleinsäuren, autoradiographisch erfassen (134; 224; 87; 361).

Durch Untersuchungen von CARO u. PALADE (80) konnte mit tritiiertem Leucin erstmals der morphologische Nachweis erbracht werden, daß das endoplasmatische Reticulum den Ort der Eiweißsynthese darstellt. Die neusynthetisierten Proteine werden sodann in den Strukturen des GOLGI-Feldes angereichert. Zu späteren Zeitpunkten kann man Markierungen über den Zymogengranula finden (Abb. 84). Die Proteinsynthese war auch Gegenstand neuerer Untersuchungen von DROZ u. Mitarb. (111; 109; 110; 113).

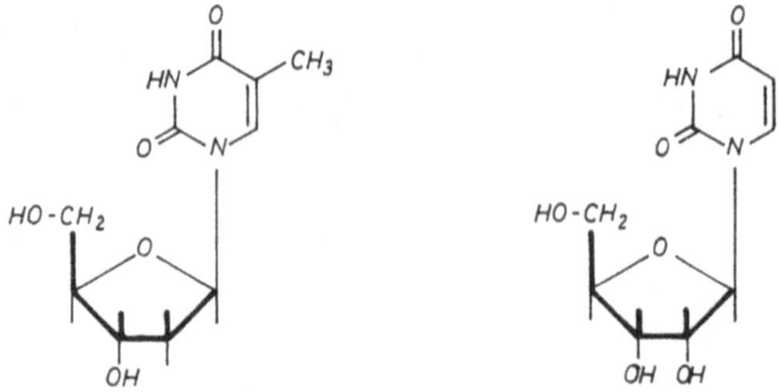

a) b)

Abb. 83. Die Nucleoside Thymidin (a) und Uridin (b) dienen zum Markieren von Desoxyribonucleinsäure (DNA) bzw. Ribonucleinsäure (RNA)

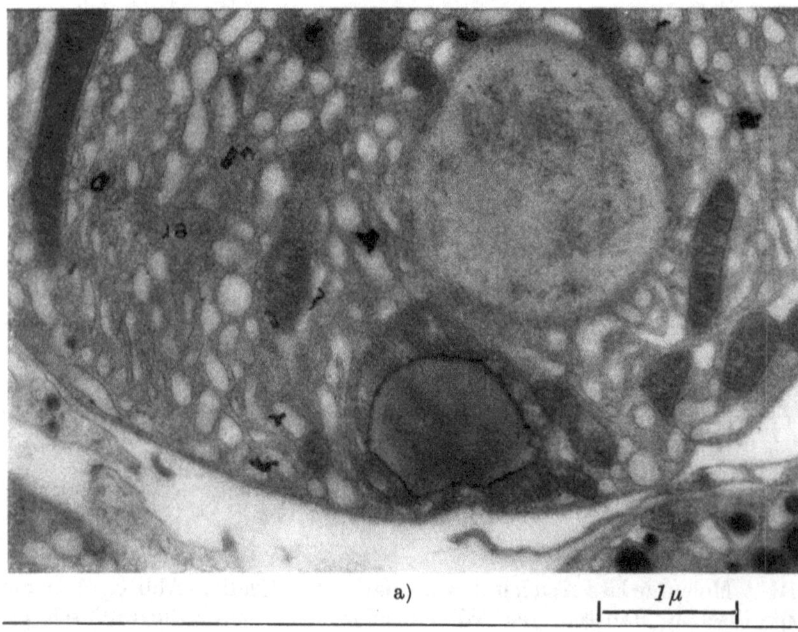

a)

Abb. 84. Elektronenmikroskopische Autoradiogramme von Caro u. Palade (80) zur Proteinsynthese in exokrinen Pankreaszellen von Meerschweinchen nach Injektion von Leucin-4,5-^{3}H

a) 5 Min. nach der Injektion liegen die meisten Silberkörner über dem Reticulum.
b) 20 Min. nach der Injektion. Die Aktivität hat sich vom endoplasmatischen Reticulum zum Golgi-Komplex verschoben. Die meisten Körner liegen über kondensierenden Vakuolen
c) 4 Stunden nach der Injektion befindet sich die Aktivität in der Nähe ausgewachsener Zymogengranula

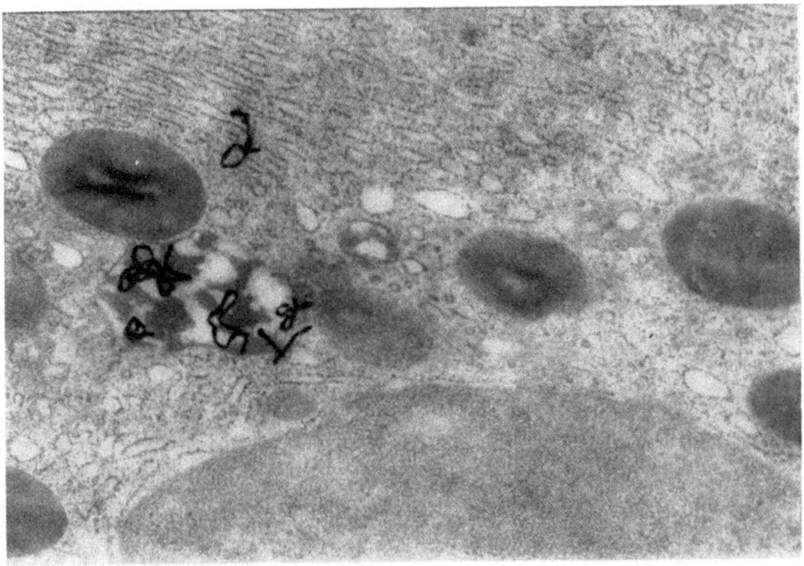

b) $1\,\mu$

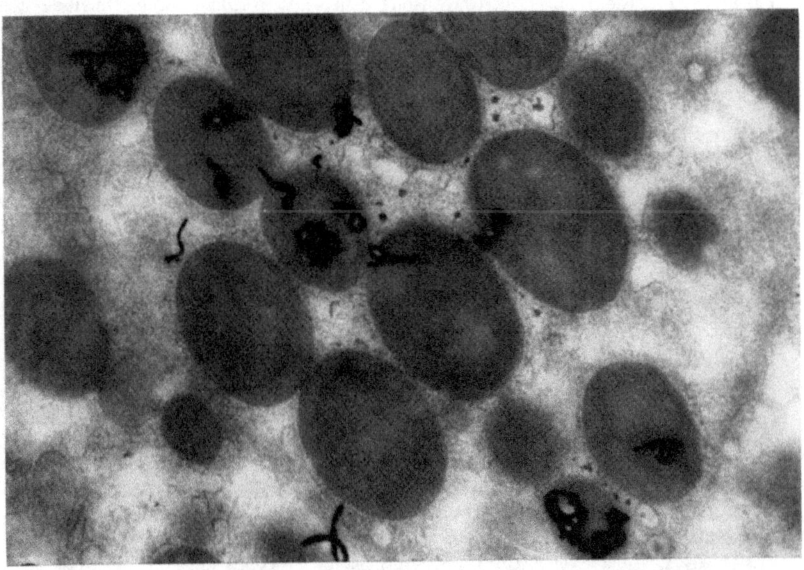

c) $1\,\mu$

Die Ergebnisse von CARO u. Mitarb. lieferten Impulse zu weiteren Arbeiten über den Synthese- und Sekretionsablauf bei verschiedenen Drüsenzellen sowie den Knorpelstoffwechsel (131; 334; 158; 362), die teilweise auch mit ^{35}S-markiertem Material ausgeführt wurden. Besonders zu erwähnen sind hier die Arbeiten von ROHR* u. Mitarb. (378; 374; 377; 379; 376).

ROSS u. BENDITT (381; 382; 383; 384) haben die Kollagenneubildung durch die Fibroblasten am Modell der Hautwunde studiert.

Mit ^{35}S-markiertem Cystin untersuchte NAKAI (317) die Bildung der Haarkeratinstrukturen. Ähnliche Untersuchungen wurden von SIMS (415) mit ^{3}H-Thyrosin durchgeführt.

Untersuchungen des Jodstoffwechsels der Schilddrüse liegen u. a. von KAYES, MAUNSBACH u. ULLBERG (226), SHELDON, MCKENZIE u. VAN NIMWEGAN (407) sowie STEIN u. GROSS (424; 425) vor. Das Erstaunliche an diesen Arbeiten ist die Tatsache, daß das verwendete Isotop ^{125}J ein γ-Strahler ist und daß dennoch Autoradiogramme damit erhalten werden. Vorausgesetzt, daß man es mit echten „autoradiographischen" Silberkörnern zu tun hat, kann man sich ihre Entstehung u. U. damit erklären, daß entweder auf Grund der relativ niedrigen γ-Energie (0,035 MeV) beim Zusammentreffen der Strahlung mit der Emulsion unmittelbar eine photographisch wirksame Energieabgabe stattfindet („γ-Autoradiographie") oder aber sekundäre Energieübertragungsprozesse vorkommen. Im letzteren Fall würde man an das Freisetzen von Elektronen,

* ROHR, H. P.: Elektronenmikroskopische Autoradiographie. Eine Methode zur Erfassung von intrazellulären Synthesevorgängen. Habilitationsschrift, Freiburg i. Br. 1966.

→

Abb. 85. Autoradiogramme von Rattenhirnpräparaten. Injektion eines Monaminoxidase-Hemmers und Applikation von 500 μC ^{3}H-Noradrenalin. Tötung 5 Minuten nach der 3stündigen Injektion der Markierungssubstanz in den linken lateralen Ventrikel. Histologische Fixation durch Perfusion von 3,63%ig. Glutaraldehyd in 0,05 M Phosphatpuffer. Nachfixierung in Osmiumtetroxid. Epon-Einbettung. Aus DESCARRIES u. DROZ (97)

a) Lichtmikroskopisches Autoradiogramm in der Region der *Substantia nigra*. Schnittdicke 2 μ. Emulsion Ilford *K5* (1:1 verd.). Exposition 1 Woche; 4 Min. in *D-19* entwickelt und mit Toluidinblau gefärbt. Man erkennt stark markierte Neuronen. Die Pfeile weisen auf kleinere Radioaktivitätsanreicherungen im Neuropil mit deutlichem Bezug zu Dendriten oder Nervenendigungen.

b) Elektronenmikroskopisches Autoradiogramm aus dem *Locus coeruleus*. Dünnschnitt, kontrastiert mit Uranylacetat und Bleicitrat, Kohlenstoffbedampfung. Emulsion Ilford *L4* (1:4 verd.). Exposition 1 Monat; 3½ Min. in *Microdol X* bei 18° C entwickelt. Eine präsynaptische Nervenendigung zeichnet sich durch besondere Aktivitätsanreicherung aus.

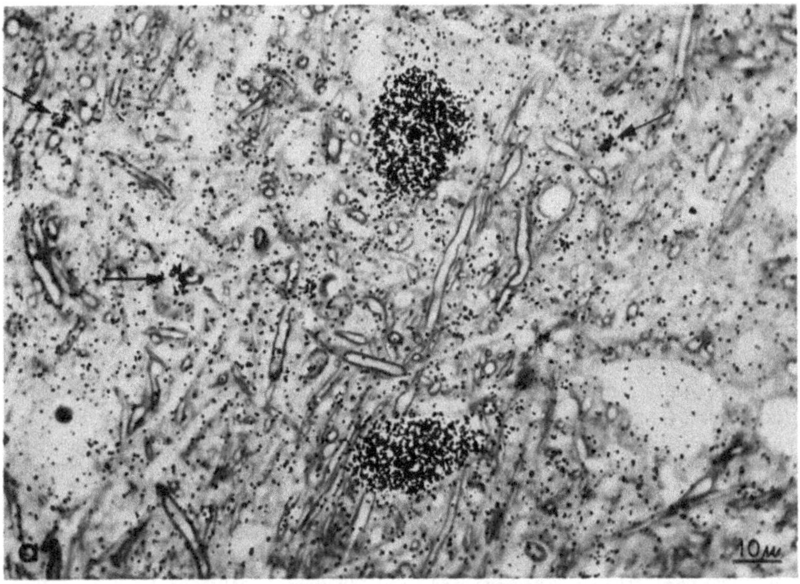
a
10μ

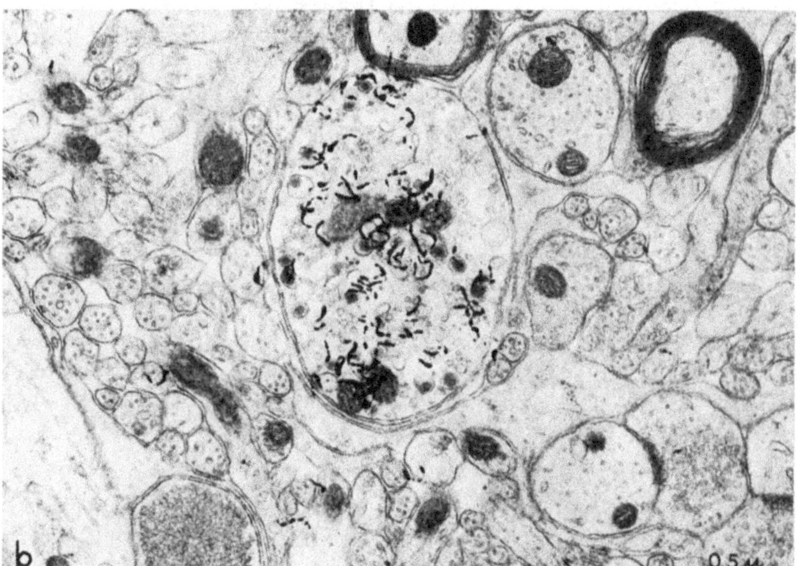
b
0,5μ

deren Bindungsenergie sehr klein gegen die Energie eines γ-Quants ist, denken („*Compton*-Effekt"). Die freigesetzten Elektronen wirken ihrerseits unter Abgabe ihrer Energie auf die Photoemulsion ein. Es verwundert allerdings, daß bei einem solchen Belichtungsmechanismus noch bei elektronenmikroskopischen Vergrößerungen eine akzeptable autoradiographische Auflösung erhalten wird. Ein dritter hier zu diskutierender Mechanismus könnte in der sog. *γ-Konversion* zu suchen sein. Hierunter versteht man das gleichzeitige Emittieren eines Elektrons beim γ-Zerfall. Ein Konversionskoeffizient e/γ, der das Verhältnis von konvertierten zu nichtkonvertierten γ-Quanten angibt, ist unseres Wissens für ^{125}J allerdings noch nicht bestimmt, woraus man schließen darf, daß die γ-Konversion, wenn überhaupt, nur in geringem Umfang stattfindet.

Eine andere, mehr pharmakologisch orientierte Forschungsrichtung bahnt sich mit Versuchen zur intrazellulären Lokalisation von Pharmaka und neurochemisch wirksamen Substanzen an. So konnte beispielsweise *Digoxin*, ein herzwirksames Glykosid, nach Applikation einer tritiumhaltigen Digitoxindosis über bestimmten Ultrastrukturen des Herzmuskels nachgewiesen werden (417; 445). Durch Verwendung von ^{3}H-Noradrenalin konnte der Einbauort von Noradrenalin im adrenergischen Axon erstmals von Wolfe, Axelrod u. Richardson (485) bzw. Wolfe, Potter, Richardson u. Axelrod (486) elektronenmikroskopisch bestimmt werden. Untersuchungen von Aghajanian u. Bloom (5) sowie Budd u. Salpeter (71) bestätigen die Befunde. Ausgezeichnete Autoradiogramme der Speicher von Noradrenalin im Zentralnervensystem (Abb. 85) stammen auch von Descarries u. Droz (98).

Mit ähnlicher Methodik konnten die Unterdrückung der cytotoxischen Wirkung von silikogenen Stäubchen durch Poly-vinylpyridin-N-oxid (144), die Speicherung von Dihydroxyphenylalanin („Dopa") in der Nebennierenrinde (121) oder die Anwesenheit von Serotonin in Blutplättchen demonstriert werden (91).

7. DIE AUTORADIOGRAPHIE ALS QUANTITATIVE METHODE

7.1. Voraussetzungen

Unter gewissen Voraussetzungen geben Autoradiogramme nicht nur einen topographischen Überblick über das Vorkommen radioaktiver Substanzen, sondern erlauben auch verhältnismäßig genaue quantitative Bestimmungen der Aktivitätsverteilung (326; 327; 329).
Die Anzahl der entwickelbaren Silberhalogenidkristalle in einer photographischen Emulsion ist von mannigfaltigen Faktoren abhängig. Hierzu gehören neben der Art des verwendeten Strahlers und seiner Häufigkeit in der untersuchten Objektebene auch das Ausmaß der Absorption der Strahlungsenergie durch das Objekt, die Strahlungsempfindlichkeit des Filmmaterials, die Dauer der autoradiographischen Exposition, das Fading des latenten Bildes, ferner die Temperatur während der Exposition — um nur einige zu nennen. Man kann diese Faktoren aufteilen in solche, die innerhalb gewisser Grenzen variabel sind, und solche, die mehr oder weniger zwangsläufig vorgegeben sind. Zu den letzteren wären beispielsweise die durch die jeweilige autoradiographische Methode bedingten geometrischen Verhältnisse, wie Abstand der strahlungsempfindlichen Schicht vom Untersuchungsobjekt oder auch Beschaffenheit und Eigenschaften der verwendeten photographischen Emulsion zu zählen.
Als „quantitative Autoradiographie" werden verschiedene Verfahren zum zahlenmäßigen Erfassen von Aussagen, die Autoradiogrammen entnommen werden können, bezeichnet. Es handelt sich dabei immer um eine direkt oder indirekt durchgeführte Zählung von Silberkörnern, die man aus Gründen des Vergleichs jeweils auf eine letztlich willkürliche, dem jeweiligen Objekt oder speziellen Zweck angepaßte Fläche bezieht. Die auszuzählende Fläche kann beliebig groß gewählt werden und braucht hinsichtlich ihrer absoluten Größe gar nicht bekannt zu sein. Beispielsweise läßt sich bei mikroskopischer Auswertung mit Hilfe von Zählrastern oder beliebig geformten Blenden eine Standardfläche, innerhalb welcher man die Zählung vornimmt, abgrenzen. Eine andere Möglichkeit, zu einer definierten Bezugsfläche zu gelangen, die bei biologischen Objekten recht sinnvoll sein kann, besteht darin, eine durch die Natur des Objektes vorgegebene Fläche als Bezugssystem zu wählen. Als solches kommt z. B. bei Einzellern der gesamte im Mikroskop sichtbare Querschnitt eines Einzelindividuums oder bei Vielzellern jeweils der größte Zellkern-Querschnitt in Frage.

Da sich die Silberkörner bei Autoradiogrammen homogen markierter Objekte statistisch verteilen, folgt zwangsläufig, daß der mittlere Fehler einer Einzelbestimmung der Silberkorndichte um so kleiner ist, je größer die im Autoradiogramm ausgezählte Fläche ist. Man sollte daher, wenn das Objekt es erlaubt, die Bezugsfläche möglichst groß wählen. Auf keinen Fall darf sie in der Größenordnung der Ausdehnung eines einzelnen Silberkorns liegen. Die Anzahl der Silberkörner pro Flächeneinheit wird *Silberkornzahl* oder auch *Silberkorndichte* genannt.

Der einfachste Fall der quantitativen Auswertung besteht im Vergleich der Silberkornzahlen von verschiedenen Objektdetails ein und desselben Autoradiogramms. Da die Silberkorndichte eine Funktion der Radioaktivität innerhalb des jeweils ausgewerteten Areals ist, kommt man so zu Aussagen über das Vorkommen der betreffenden radioaktiven Substanz in Abhängigkeit von der Objekttopographie. Diese Aussagen können auf Grund ihres digitalen Charakters miteinander verglichen werden, sofern einige Voraussetzungen erfüllt sind. Zunächst sollte die Absorption für die radioaktive Strahlung an allen Stellen des Präparates konstant sein. Das Präparat selbst muß ferner eine konstante Schnittdicke haben oder aber senkrecht zur autoradiographierten Objektfläche eine größere Ausdehnung besitzen als der maximalen Reichweite der Strahlung im Objekt entspricht. Schließlich hat der Abstand von der Präparatoberfläche zur photographischen Schicht sowie auch die Dicke des Filmmaterials konstant zu sein.

Die quantitative Auswertung mehrerer Autoradiogramme, bei der es auf einzelne Vergleiche untereinander ankommt, stellt wesentlich höhere Ansprüche. Insbesondere müssen die betreffenden Autoradiogramme unter den gleichen physikalischen und chemischen Bedingungen entstehen. Diese Voraussetzung trifft dann am ehesten zu, wenn alle Arbeitsgänge, die mit dem Anfertigen der Autoradiogramme verbunden sind, serienmäßig, also fortlaufend, oder soweit möglich, simultan durchgeführt werden. Die Präparate müssen also stets mit derselben Dicke vorliegen, eine Bedingung, die für histologische Serienschnitte praktisch immer zutrifft. Auch die Expositionszeiten und photographischen Entwicklungsbedingungen, wie Temperatur und Dauer der Einwirkung der einzelnen Bäder, müssen jeweils völlig gleich sein.

Eine quantitative Auswertung von Autoradiogrammen, die verschiedenen Versuchsreihen entstammen, ist nur dann möglich, wenn die Reproduzierbarkeit aller entscheidenden Präparations- und Herstellungsbedingungen gewährleistet war. Diese Art der quantitativen Autoradiographie setzt sehr viel praktische Erfahrung und Arbeitsdisziplin voraus. Jedem mit der Autoradiographie Vertrauten ist es beispielsweise bekannt, wie unterschiedlich mitunter aus meist unerfindlichen Gründen die Feinstruktur fertig entwickelter Silberkörner bei hoher Vergrößerung aussehen kann, obwohl man der Meinung war, daß sich in allen Fällen sowohl die Zusammensetzung als auch das Alter des Entwicklers immer peinlich genau entsprochen haben.

Unterschiedliche Expositionszeiten bilden kein prinzipielles Hindernis für vergleichende quantitative Auswertungen. Man benötigt dazu allerdings experimentell zu ermittelnde Korrekturkurven, aus denen die Abhängigkeit der autoradiographischen Schwärzung von der Expositionszeit hervorgeht (Abb. 89).

7.2. Bahnspurzählung

Wenn jedes beim Zerfallsakt emittierte Teilchen in der photographischen Schicht mehr als *ein* Silberhalogenidkristall entwickelbar macht, entstehen charakteristische autoradiographische Schwärzungsbilder, die aus einzelnen, kleinen, nahezu linear angeordneten Punktreihen, die auch zu kaum unterbrochenen Strichen kondensiert sein können, bestehen (Abb. 86). Man spricht von *Bahnspur-* oder *Track*-Autoradiogrammen.

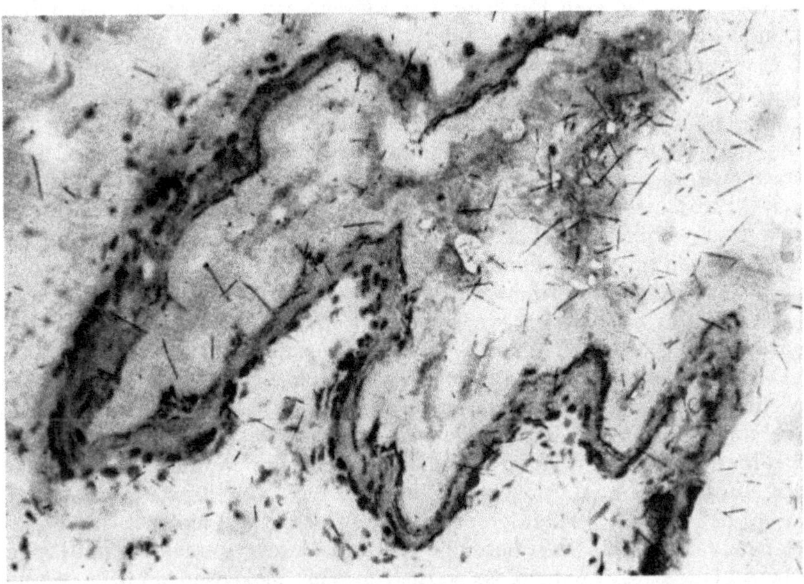

Abb. 86. Stripping-Autoradiogramm eines 5 μ-Gefrierschnittes der *Tunica mucosa* des *Oesophagus* der Maus nach REINHOLZ, BELLOCH-ZIMMERMANN u. WIRTH (360). Die Bahnspuren stammen von ^{210}Po, einem α-Strahler

Die Track-Autoradiographie wurde von BOYD u. LEVI (65) erstmals in größerem Umfang an biologischen Objekten durchgeführt und in der Folgezeit zum Nachweis von α- sowie β-Strahlern als Kontakt-, Dipping-, Mounting- und auch als Stripping-Verfahren (Abb. 86) häufig angewandt

(184; 72; 262; 261; 229; 423; 461; 270; 172). Sie eignet sich vornehmlich für Strahler mit einer Mindestenergie von 100 keV, wie ^{32}P, ^{198}Au, ^{131}J, ^{210}Bi oder ^{210}Po. Niederenergetische Strahler wie ^{14}C oder ^{35}S hinterlassen meist unregelmäßige, nichtlineare Bahnspuren (171), deren quantitative Auswertung problematisch ist.

Ein wesentlicher Vorteil der Bahnspur-Autoradiographie ist darin zu sehen, daß man die durch radioaktive Strahlung hervorgerufene Schwärzung des Filmmaterials von dem durch andere Effekte verursachten einzelnen Silberkörnern unterscheiden kann, so daß auch lang exponierte, schwach aktive Präparate noch auswertbar sind. Ferner erlaubt die Extrapolation der Bahnspur oft eine gute Lokalisierbarkeit des Ausgangsortes der Strahlung. Einzelne Strahlenquellen hoher Aktivität geben sich nach kurzer Expositionszeit durch sternförmige Schwärzungen, nach längerer Exposition durch zipfelige schwarze Flecken zu erkennen. Der Durchmesser eines Flecks ist nach DOCKUM und HEALY (101) eine Funktion der absoluten Aktivität des zugehörigen Partikels. Die Summe der Durchmesser aller schwarzen Flecke eines Autoradiogramms ist demnach also eine Funktion der totalen Aktivität des betreffenden Dünnschnitt-Präparates, was für ^{106}Ru bestätigt werden konnte.

Die eigentliche quantitative β-Track-Autoradiographie geht auf CAMPBELL (72), LEVI (263) sowie CAMPBELL u. PERSON (73) zurück. Sie konnten nachweisen, daß durch Bahnspurzählung absolute Aktivitätsbestimmungen möglich sind (264; 265; 266; 267). Das Auszählen der von α-Teilchen verursachten Spuren ist einfacher als die quantitative Auswertung der von β-Strahlern induzierten Bahnen. Jedes α-Teilchen, das in die Emulsion dringt, hinterläßt eine eindeutige, zum Unterschied zu β-Spuren immer geradlinig verlaufende Spur. Daher gestaltet sich die autoradiographische Absolutbestimmung der Aktivität bei α-Strahlern besonders einfach (307; 385; 395; 236). Die meisten α-Strahler sind Glieder der natürlichen Zerfallsreihen des Urans, Thoriums oder Actiniums und haben infolgedessen radioaktive Folgeprodukte, die teilweise ebenfalls wieder α-Teilchen emittieren. Man weist also bei entsprechenden Untersuchungen nicht nur das Ausgangselement nach, sondern auch die α-Strahler unter den Tochterelementen. Durch die Bahnspur-Autoradiographie können u. U. einzelne Isotope anhand von Länge und Gestalt der Spur qualitativ erkannt werden. Meist lassen sich die anteilsmäßigen Mengenverhältnisse der beteiligten Radioelemente nicht quantitativ übersehen, es sei denn, diese verhalten sich biologisch anders als die Muttersubstanz. Beispiele hierfür sind bekannt. So wird Radium (Massenzahl 224) bevorzugt vom Skelett aufgenommen; von den Tochterelementen reichert sich das Bleiisotop ^{212}Pb vor allem in der Leber an, aus der es nach dem Zerfall als ^{212}Bi wieder ausgeschieden wird (181).

Im Gegensatz zur Silberkornzählung (Abschn. 7.3) beruht die quantitative Bahnspur-Autoradiographie vorwiegend auf visuellem Zählen. Zählgeräte sind nur vereinzelt vorgeschlagen worden, vor allem für den Nachweis schwerer Teilchen wie Protonen, deren Bahnspur sehr kurz ist

(32; 422). Ihr Prinzip entspricht dem der im folgenden Abschnitt besprochenen Zählinstrumente.
Zum Aufzeichnen der Bahnspuren benutzt man Kernspuremulsionen, welche sowohl auf Platten als auch ohne Stützmaterial (*stacks*) im Handel erhältlich sind. Auch flüssige Emulsionen, die in Gel-Form zu beziehen sind, können verwendet werden. Hier wären vor allem die Emulsionen *NUC 3.07* und *NUC 7.15* (Agfa-Gevaert) sowie die Ilford-Emulsionen *L 4* und *G 5* zu nennen. Kernspurmaterial wird von allen größeren Filmfabriken hergestellt. Bei Verwendung dickerer Emulsionsschichten ist die photographische Entwicklung nach einem vom Hersteller jeweils vorgeschriebenen Temperaturzyklus erforderlich.

7.3. Silberkornzählung

Die methodischen Voraussetzungen für das Herstellen von Autoradiogrammen, die durch Zählen einzelner Silberkörner ausgewertet werden können, entsprechen den in Abschn. 7.1 beschriebenen. Gegenüber der visuellen Bahnspurzählung erlaubt die Silberkornzählung keine Differenzierung zwischen Blindwert der Emulsion und autoradiographisch gebildeten Silberkörnern. Es sind daher nur Emulsionen mit niedrigstem Blindwert zu verwenden, der bei guten Emulsionen weniger als 10 Granula/100 μ^2 betragen sollte. Der Blindwert ist in Kontrollpräparaten zu bestimmen und von der jeweils gezählten Silberkorndichte abzurechnen.
Granulazählungen sind, soweit man auf eine visuelle Zählung angewiesen ist, nicht für umfangreiche Reihenuntersuchungen geeignet. Den mit dem Zählen verbundenen Stress sollte man nicht unterschätzen, worauf verschiedentlich hingewiesen wurde (442; 345; 306). Zudem ist das direkte Auszählen mit Fehlern behaftet. Es hat daher nicht an Versuchen gefehlt, Zählhilfen zu schaffen oder meßbare Größen zu finden, die eine eindeutige Funktion der Silberkornzahl darstellen. Eine universell anwendbare Anordnung zum Silberkornzählen existiert bisher nicht. Es erscheint gegenwärtig auch kaum möglich, mit einem vertretbaren technischen Aufwand einen Zählautomaten zu bauen, der den vielfältigen Anforderungen der autoradiographischen Praxis gerecht wird.
Bevor man dazu übergeht, das Zählen zu rationalisieren oder gar zu automatisieren, sollte man abschätzen, ob der hierzu nötige Aufwand sich lohnt. Die Entscheidung hängt von drei Faktoren ab: nämlich der absoluten Höhe der interessierenden Silberkornzahl, der Menge des auszuwertenden Materials und der voraussichtlichen Dauer der geplanten Untersuchungen. Die Erfahrung zeigt, daß eingearbeitete Auswerter Korndichten bis zu 40 Körnern/100 μ^2 relativ schnell und ohne größere Fehler direkt im Mikroskop auszählen können. Bei größeren Zählflächen oder Kornmengen über dem genannten Wert empfehlen sich Zählhilfen (345; 306), besonders dann, wenn sehr viel Beobachtungsmaterial ausgewertet werden muß.

Micou u. Goldstein (306) verwenden ein Projektionsmikroskop, das es gestattet, die Autoradiogramme mit zweckmäßiger Vergrößerung auf einem mattierten Schirm abzubilden. Die gezählten Silberkörner können dabei auf einem Bogen Transparentpapier mit einem Schreibstift abgezeichnet werden. Mit Hilfe eines sog. Lisonschen Photometers wäre es sogar möglich, die visuelle durch eine photometrische Zählung zu ersetzen (61). Entwicklungen dieser Art dürften inzwischen jedoch durch die Einführung der Mikrophotometrie überholt sein. Selbstverständlich kann man das Zählen auch auf dem zeitraubenden Umweg über Mikrophotographien durchführen, wobei u. U. auch höhere Korndichten besser auszählbar werden. Das Anfertigen von Photographien lohnt sich im allgemeinen aber nur im Zusammenhang mit der Dokumentation oder bei Eichmessungen, auf die weiter unten noch eingegangen wird.

Andere Verfahren der quantitativen Auswertung bedienen sich mikrophotometrischer Messungen (174; 220). Da die Meßergebnisse hierbei auf elektrischem Wege erhalten werden, ergibt sich auch ein verhältnismäßig einfacher Zugang zu einer elektronischen Datenweiterverarbeitung (272). Auf einen wichtigen Unterschied zwischen der direkten visuellen Zählung und der indirekten Messung der Kornzahl sollte man achten. Bei indirekt durchgeführten Zählungen wird meist nicht die genaue Kornzahl in dem betreffenden Areal bestimmt, sondern ein Effekt quantifiziert, der nur mittelbar eine Funktion der Silberkornzahl darstellt. Die direkte visuelle Zählung erfaßt unabhängig von der Größe, dem Querschnitt oder der Oberflächenstruktur des jeweils zu zählenden Kornkollektivs die wahre Kornzahl. Indirekte Meßmethoden können im Einzelfall nicht unterscheiden, ob ein Objekt, das dem Auge als einzelnes Korn erscheint, auch tatsächlich nur als ein einzelnes Korn vorliegt. Es ist möglich, daß es gar nicht registriert oder aber auch für mehr als ein Korn gewertet wird, welches den betreffenden Effekt, auf dessen Erfassung die Messung beruht, zufällig besonders stark zeigt. Damit solche Falschmessungen sich statistisch kompensieren, ist es wichtig, daß bei indirekten Zählungen entsprechend große Silberkornmengen vorliegen.

Es gibt grundsätzlich zwei Möglichkeiten, auf mikrophotometrischem Wege Autoradiogramme auszuwerten. Entweder mißt man das bei Auflichtbeleuchtung im Dunkelfeld von der autoradiographischen Silberkörnern reflektierte Licht oder man arbeitet mit einer Durchlichtanordnung, bestimmt also den Lichtverlust, der der Summe aller Silberkornquerschnitte proportional ist. Mehrere Firmen der optischen Industrie, z. B. *Zeiß*, Oberkochen, *Leitz*, Wetzlar, *Reichert*, Wien (148), stellen Mikroskop-Photometer her, die auf dem Einstrahlprinzip beruhen, mit denen Autoradiogramme ausgewertet werden können. Für welches Prinzip — Durchlicht-Absorption oder Auflicht-Reflexion — man sich entscheidet, hängt von der Beschaffenheit des Präparates ab.

Wenn die optische Dichte oder Absorption des Präparates relativ groß oder das Präparat optisch inhomogen ist, also auch örtlich variierende Absorptionen aufweist, ist die Durchlicht-Photometrie fehl am Platze.

Reflexionsmethoden wurden verschiedentlich beschrieben (173; 95; 442; 368; 369; 371; 104; 103). Sie eignen sich vornehmlich zum Auswerten von Stripping- und Dipping-Autoradiogrammen.

Bei der von DÖRMER et al. (104) angegebenen Reflexionsmethode handelt es sich um eine Auflicht-Hellfeld-Beleuchtung. Da die Silberkörner jedoch eine sehr viel stärkere Reflexion des Lichtes hervorrufen als der sonstige Untergrund, läßt sich auch ein Dunkelfeld-Effekt erzielen, bei dem die Silberkörner vor einem dunklen Hintergrund aufleuchten. Das Grundgerüst der Apparatur besteht aus einem *Ortholux*-Mikroskop (Fa. Leitz, Wetzlar) mit binokularem Phototubus. Zur vertikalen Auflicht-Beleuchtung wird ein *Opak*-Illuminator wie bei der Polarisations-Mikroskopie verwendet. Das zu messende Objekt wird durch eine Iris- oder Rechteckblende abgegrenzt. In einem Einblickfernrohr sieht man diese Fläche als hellen Fleck, welcher in seiner Größe genau der Meßblendenöffnung entspricht. Somit können also unter Sichtkontrolle einzelne Objektstrukturen beliebig ausgeblendet werden. Auf dem binokularen Phototubus sitzt der eigentliche Photometerteil mit Einblickfernrohr und Meßblende. Die Anzeige des Photometerstromes geschieht über ein Galvanometer, dessen Ausschlag linear von der Größe der Meßblende abhängt, also dem reflektierten Licht direkt proportional ist. Autoradiographisch erzeugte Silberkörner bewirken infolge ihrer hohen Lichtreflexion eine Zunahme des Galvanometerausschlags, die eine Funktion der Silberkornzahl des mit der Meßblende abgegrenzten Objektareals darstellt (Abb. 87).

Die Existenz eines reflektierenden Untergrundes ist ein wesentlicher Nachteil dieser Methode, weil die Untergrundreflexion je nach Beschaffenheit des autoradiographischen Objektes örtlich unterschiedlich sein kann. Hinzu kommt, daß überall dort, wo beispielsweise radioaktiv markierte Zellen in dichter Nachbarschaft liegen, so daß sich ihre Streulichtradien überschneiden, oder wo aus größeren Silberkorngruppen kleinere isoliert gemessen werden sollen, mit größeren Fehlern zu rechnen ist (104). Die Auflicht-Reflexionsmethode ist dennoch bei kritischer Handhabung jedem visuellen Zählen überlegen und wird häufig angewendet. Die Ursache für die weite Verbreitung der Auflicht-Reflexionsmethoden ist aber weniger in deren Perfektion als vielmehr in der Art und Beschaffenheit aller jener auszuwertenden Autoradiogramme zu suchen, bei welchen die photographische Schicht und das radioaktive Präparat auch nach beendeter Exposition und photographischer Entwicklung in festem, unlösbarem Kontakt bleiben. Dieser Kontakt verhindert das Anwenden anderer automatischer Zählmethoden, wie er auch histologische, mikrochemische und -photometrische Untersuchungen des zugehörigen Präparates z. T. ausschließt oder aber zumindest erheblich stören kann. Diese Nachteile entfallen, wenn im Anschluß an die Exposition — wie bei den Kontaktmethoden — Autoradiogramm und Präparat voneinander getrennt behandelt werden. Im Hinblick auf die quantitative Autoradiographie ergibt sich dann die Möglichkeit des Auswertens im Durchlicht.

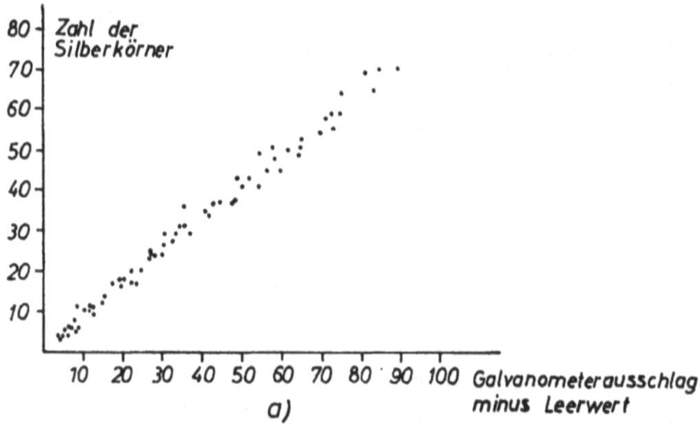

Abhängigkeit des Galvanometerausschlages von der Silberkornzahl über einem markiertem Myeloblasten

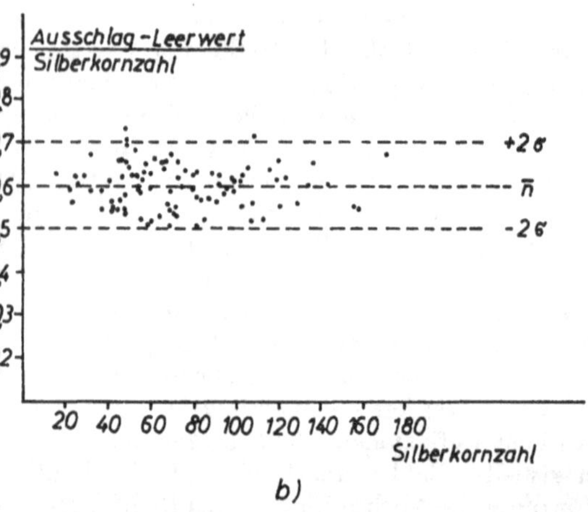

Streuung der Photometerwerte pro Silberkorn über 104 markierten Knochenmarkzellen

Abb. 87. Grundlagen der Auflicht-Reflexions-Mikrophotometrie nach Dörmer et al. (104)

Absorptionsmethoden zur Bestimmung der Silberkornzahl oder analoge Größen in Autoradiogrammen sind ebenfalls schon länger bekannt; Dudley u. Pelc (115) haben bereits 1953 eine Anordnung beschrieben, bei der ein feines Abtastlichtbündel konstanter Helligkeit durch das Autoradiogramm geschickt wird. Der Lichtstrahl überstreicht dabei außerordentlich schnell die jeweils interessierende Präparatfläche, deren Silberkornzahl ermittelt werden soll. Er wird mit einer Kathodenstrahlröhre mit elektronisch betriebener horizontaler und vertikaler Ablenkung, ähnlich der aus der Fernsehtechnik her bekannten Bildröhre, erzeugt und über ein Okular des Mikroskops in den Strahlengang in Richtung auf den Kondensor eingeblendet. Der Mikroskopkondensor ist mit einem Photomultiplier kombiniert, an dessen Ausgang sich ein Einkanal-Differential-Amplitudendiskriminator befindet. Wenn die Helligkeit des Abtaststrahls um 50% oder mehr reduziert auf den Multiplier trifft oder der Strahl für einen Augenblick kurz unterbrochen wird, entsteht ein Impuls, der automatisch gezählt wird. Im Vergleich zu vielen anderen bisher bekannt gewordenen Zählanordnungen bietet die hier beschriebene Technik große Vorteile: Durch die Diskriminatorschaltung findet eine digitale Auswertung des Autoradiogramms statt. Wechselnde Absorption des Untergrundes, soweit diese 50% nicht übertreffen, kann sich zwangsläufig nicht als Fehlerquelle erweisen oder anderweitig störend bemerkbar machen, so daß auch Stripping- oder Dipping-Präparate auswertbar sind. Einzig und allein können sich aus der Gestalt und Größe einzelner Silberkörner Fehler ergeben. So wäre denkbar, daß U-förmige Silberfilamente z. B. zweimal gezählt werden, wenn der Strahl bei Überlaufen des Objektes zweimal unterbrochen wird. Da aber auch die Dauer der Strahlunterbrechung in das Ergebnis eingeht, werden überdurchschnittlich große Körner öfter gezählt, als ihrem tatsächlichen Vorkommen entspricht. Die Dauer der Einzelmessung ist sehr kurz. Das gesamte im Mikroskop überschaubare Gesichtsfeld von $50 \times 50\,\mu^2$ ist in 0,02 Sek. abgezählt. Die untere Zählgrenze beträgt 2 Körner/100 μ^2. Weil der elektronische Aufwand des Verfahrens nicht unerheblich ist, wurden noch andere, weniger komplizierte Verfahren vorgeschlagen.

Zum Vergleich der Silberkorndichten entlang kleiner streifenförmiger Strippingfilm-Ausschnitte fertigen Mazia, Plaut u. Ellis (300) zunächst einen vergrößerten photographischen Abzug der betreffenden Zone auf extrem kontrastreichem Film an. Um untergrundfreie Aufnahmen zu erhalten, deckt man hierbei das zu photographierende Autoradiogramm mit Immersionsöl und Deckglas ab und fokussiert genau auf die Ebene der Silberkörner. Von dieser Aufnahme (Abb. 88a) fertigt man unter Zuhilfenahme einer Kamera mit zylindrischer Linse eine erneute Kopie an, die entsprechend der ursprünglichen autoradiographischen Kornverteilung und -häufigkeit mehr oder weniger dichte Streifen aufweist (Abb. 88b). Dieses Streifenbild wird durchlichtphotometrisch ausgemessen (Abb. 88c). Das Verfahren läßt sich insofern etwas vereinfachen, als man auch ohne Zwischenschalten der Kamera mit Zylinderoptik die Aufnahme des Autoradiogramms (Abb. 88a) photometrisch auswertet. Eine direkte Mikrophotometrie im Mikroskop erschien den genannten Autoren seinerzeit aus technischen Gründen und wohl auch in Hinblick auf das stark lichtabsorbierende Präparat nicht möglich. Der Vorgang des eigentlichen Quantifizierens besteht im Planimetrieren der jeweiligen Scannogrammfläche.

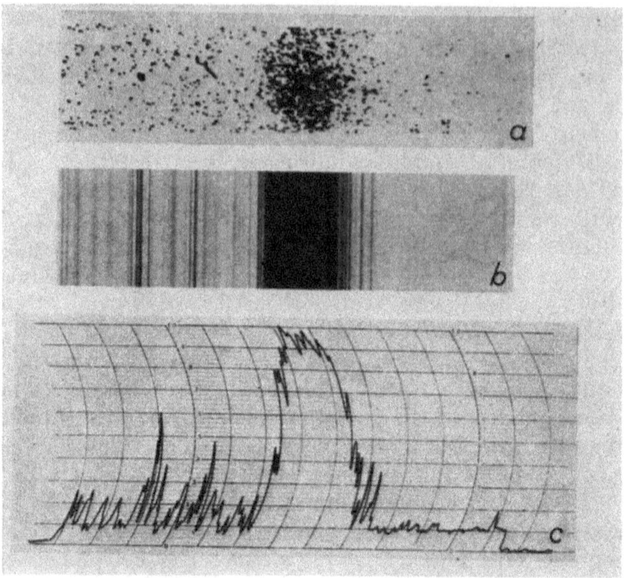

Abb. 88. Quantitative Auswertung von Strippingfilm-Autoradiogrammen stark lichtabsorbierender Präparate nach MAZIA, PLAUT u. ELLIS (300)

a) Mikrophotographie des auszuwertenden Strippingfilmausschnitts
b) Wiedergabe von a) durch eine zylindrische Optik
c) Meß-Streifen von b) im Durchlicht

Diese Methode der Quantifizierung der Silberkornverteilung ist anfechtbar, besonders, wenn es auf Aussagen über die tatsächliche Radioaktivitätsverteilung im Präparat ankommt. Erstens erscheint es höchst problematisch, solche photographischen Abzüge zu erhalten, die qualitativ und quantitativ die Schwärzungsverteilung des Originals wiedergeben. Weiterhin wird durch die Übertragung der zweidimensionalen Kornverteilung in ein eindimensionales Strichmuster insofern eine Nivellierung der Unterschiede in der Schwärzungsverteilung geschaffen, als an Stellen mit hoher Korndichte die Wahrscheinlichkeit, daß mehr als ein Silberkorn durch einen einzigen Strich repräsentiert wird, sehr groß ist. Einer meßtechnischen Differenzierung der Kornverteilung wird dadurch entgegengewirkt.

In vielen Fällen scheint die Lichtabsorption des Präparates einer quantitativen Auswertung des Autoradiogramms offensichtlich nicht im Wege zu stehen. ALTMAN (7; 8) wertet entparaffinierte Dipping-Präparate mit Hilfe der Durchlicht-Absorptionstechnik aus. Er findet nach Abzug eines Mittelwertes für die durch Schnitt und Emulsion bedingte Untergrundabsorption einen reproduzierbaren linearen Zusammenhang zwischen der

Kornzahl innerhalb einer Kreisfläche von 12μ Durchmesser und der als „optische Dichte" bezeichneten Absorption.
Ähnlich geht auch KUTZIM (242; 245) bei der quantitativen Ganztier-Autoradiographie vor. Er setzt den Schwärzungsgrad D arterieller Gefäße, die am stärksten geschwärzt sind, gleich 100% und bestimmt in Relation dazu die Schwärzung der anderen Organe. Den Wert D berechnet er aus der Beziehung

$$I_x = I_0 \cdot 10^{-D},$$

wobei I_0 die Intensität des einfallenden und I_x die des austretenden Lichts ist. D wird auch als optische Dichte bezeichnet. Zwischen D, der Anzahl N der pro Flächeneinheit der Emulsion vorhandenen Silberkörner und dem mittleren Silberkornquerschnitt a besteht nach PELC (344) ein einfacher Zusammenhang:

$$D = 0{,}4343 \cdot N \cdot a.$$

Die angeführten Gleichungen gelten allerdings nur unter der Voraussetzung, daß die Anzahl der Silberkörner relativ niedrig ist und die Körner sich nicht ganz oder teilweise verdecken. Da die durchschnittlich notwendige Anzahl der beim radioaktiven Zerfall emittierten Teilchen zum Überführen eines Silberhalogenidkristalls in den photographisch entwickelbaren Zustand für eine gegebene Emulsion ermittelt werden kann, ließen sich auch einfache quantitative Beziehungen zwischen der Radioaktivität an der Oberfläche des untersuchten Objektes und den optisch zu bestimmenden Daten herstellen. Derartige Gleichungen würden jedoch nur für Extremfälle wie niedrige Expositionszeiten oder geringe Radioaktivität sowie für dünne Präparate und dünne Emulsionsschichten gelten.
Der Bereich, in welchem einfache lineare Zusammenhänge zwischen Radioaktivität und Schwärzung bestehen, ist bei allen strahlungsempfindlichen Emulsionen relativ klein. Zu Beginn der Strahlungseinwirkung wird es zur Bildung von photographisch entwickelbaren Kristallen vorwiegend in dem zum Präparat nächstgelegenen Bereich der Emulsion kommen. Zwischen Schwärzung des Films und der Expositionsdauer ist noch eine lineare Abhängigkeit zu erwarten. Wenn jedoch die präparatnahen Emulsionsbereiche weitgehend entwickelbar geworden sind, wird die weitere Zunahme der Zahl entwickelbarer Kristalle lediglich durch energiereichere Strahlungsanteile bewirkt. Dieser Anteil ist gemäß der Energieverteilung an der Oberfläche radioaktiver Präparate relativ klein. Stellt man die Durchlichtabsorption in Abhängigkeit von der Expositionszeit graphisch dar, so resultiert daher eine Kurve, die mit endlichem Anstieg aus dem Koordinatenursprung läuft und sich bei längeren Expositionszeiten dem für die jeweilige Filmschicht maximal erreichbaren Schwärzungsgrad asymptotisch nähert (Abb. 89). Der nachlassende Anstieg derartiger Absorptionskurven hat außer der Tatsache, daß die Zahl der entwickelbaren Silberkörner und mithin auch die Korn-

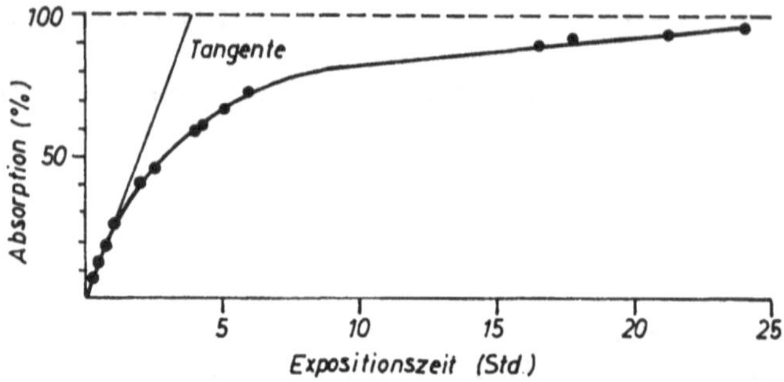

Abb. 89. Zunahme der Schwärzung mit steigender Expositionszeit (Präparat: tritiierte Kunststoff-Folie mit einer β-Oberflächenemission von $2{,}28 \cdot 10^6$ β-Teilchen/$cm^2 \cdot min.$; Emulsion: Ilford G5, Aufstrich auf transparente Trägerfolie nach WERNER et al. (481). Aus: FISCHER u. WERNER (135)

ausbeute abnimmt, auch noch andere Ursachen. Silberkörner, welche nicht präparatnahen Emulsionsschichten angehören, werden zwangsläufig auch optisch mehr oder weniger stark durch andere, schon vorher vorhandene verdeckt. Demzufolge ist ihr Anteil an der Durchlicht-Absorption verhältnismäßig gering. Daraus folgt, daß die Lichtabsorption noch nicht einmal in dem Maße ansteigen kann, wie die Zahl der Silberkörner zunimmt.

Der zuletzt angeführte Sachverhalt zeigt auch, daß eine Aktivitätsbestimmung via Silberkornzählung auf der Basis der üblichen photometrischen Konzentrationsbestimmungen, dem LAMBERT-BEERschen Gesetz, nicht möglich ist. Die Voraussetzung für ein dem LAMBERT-BEERschen Gesetz entsprechendes Verhalten, daß der Grad der Schwächung des Durchlichts nach Durchdringung gleicher Schichtdicken jeweils konstant und die Gesamtextinktion aller Schichten gleich der Summe ihrer Einzelextinktionen ist, trifft für Schichten mit optisch undurchlässigen Teilchen nicht zu. Aus dem gleichen Grunde sind diejenigen quantitativen Ansätze, die auf den zuvor angegebenen quantitativen Formulierungen von PELC fußen, bedenklich.

DÖRMER (102) nennt das Zusammentreffen mehrerer Strahlungsquanten am Ort desselben Silberkorns *Koinzidenz*. Die Koinzidenz führt zu einer Variabilität des Verhältnisses von radioaktiven Zerfällen und resultierender Silberkornzahl im Sinne einer mit zunehmender Expositionszeit rückläufigen Kornausbeute. Würde stets die gleiche Anzahl von Strahlungsquanten zur Bildung eines latent belichteten Kristalls führen, so müßte die Absorptionskurve geradlinig verlaufen, in Abb. 89 also den dort als Tangente bezeichneten Verlauf aufweisen. Für genauere Auswertungen von Autoradiogrammen, bei denen absolute Aktivitäten zu Grunde gelegt werden, muß man deshalb den gemessenen Absorptionswert bzw. die beobachtete Kornzahl durch Projektion auf die Tangente korrigieren. Einem Meßwert von 45% entspräche dann beispielsweise ein

Proportionalwert von 65%. Will man die Aktivität eines Areals, dessen zugehöriges Autoradiogramm eine Absorption von 10% zeigt, mit der eines anderen Bereiches desselben Autoradiogramms mit 45% Absorption vergleichen, so ist das wirkliche Aktivitätsverhältnis der beiden Areale nicht 10:45, sondern 10:65.

Die Bestimmung des zu einem Meßwert gehörenden Proportionalwertes wird anhand einer experimentell ermittelten Absorptionskurve vorgenommen. Man benötigt einen radioaktiven Eichstandard, z. B. zur Tritium-Autoradiographie ein tritiiertes Plexiglas, das in Form von dünnen Plättchen im Handel erhältlich ist. Man behandelt es ganz genau so wie ein zu autoradiographierendes Objekt, entwickelt nach beendeter Expositionszeit und mißt die Absorption des Filmmaterials. Dieses Vorgehen wird mit unterschiedlicher Expositionszeit sooft wiederholt, bis der Verlauf der Absorptionskurve und ihrer Tangente im Ursprung gesichert ist (135).

Die Absorptionsmessung setzt strengste Kontrolle über den Meßvorgang sowie die Gewähr voraus, daß die Messung stets in identischer Weise vonstatten geht. Die Anzeige des Meßwertes muß jederzeit für jede Meßstelle jedes Präparates reproduzierbar sein. Es genügt also nicht, mit nicht definierten Skalenteilen oder „*photometric units*" (119) zu manipulieren, deren graduelle Bedeutung unbekannt oder variabel ist („*semiquantitative* Autoradiographie").

Die Standardisierung Durchlicht-photometrischer Messungen ist mit elektronischen Hilfsmitteln leicht durchzuführen. Das Anzeigeinstrument wird so abgeglichen, daß die hellste Stelle eines Präparates, z. B. das nicht autoradiographisch geschwärzte Filmmaterial, das Instrument zum Vollausschlag bringt, dem optisch 0% Absorption entspricht. Die konträre Stellung des Instrumentes bedeutet völlige Dunkelheit. Da normalerweise derartige geschwärzte Bereiche nicht vorkommen, geht man entsprechend den jeweiligen apparativen Gegebenheiten entweder so vor, daß man anstelle des Präparates eine schwarze Folie mit geringem Reflexionsvermögen verwendet oder die Meßblendenöffnung vollständig schließt. Bei richtigem Abgleich des Instrumentes zeigt dieses jetzt *100*% Absorption an. Der Dunkelstrom des Multipliers ist ebenfalls kompensiert und geht nicht in die Messung ein. Ein etwa vorhandener Untergrund (Blindwert) im Film läßt sich dadurch automatisch eliminieren, daß beim Abgleich des Instrumentes dem nicht autoradiographisch geschwärzten Film mit Blindwert die Absorption 0% zugeordnet wird. Die Absorptionen *0*% und *100*% sind dadurch zu absoluten Fixpunkten geworden. Sie begrenzen ein Intervall, in dem alle Meßwerte liegen müssen. Unter der Voraussetzung vernachlässigbarer oder konstanter Eigenabsorption der radioaktiven Strahlung im Präparat entspricht der Stelle mit höherer Lichtabsorption im Autoradiogramm die höhere Konzentration an radioaktiver Substanz im Präparat.

Je höher die Absorption ist, desto ungenauer wird die quantitative Auswertung. Nach extrem langer Exposition oder bei entsprechend hoher örtlicher Aktivitätsanreicherung ist eine quantitative Autoradiographie ausgeschlossen. Man sollte sich daher nach Möglichkeit hinsichtlich des Absorptionsbereichs, in welchem man die Messungen durchführt, noch im praktisch linear verlaufenden anfänglichen Teil der Absorptionskurve bewegen, wodurch sich die Auswertung vereinfacht. Für die quantitative Autoradiographie nach der von FISCHER u. WERNER (135; 137) angegebenen Durchlicht-Methode gilt beispielsweise für Tritium-haltige Präparate und die Ilford *G5*-Emulsion die einfache Relation, wonach 1% Absorption einer β-Emission von $5{,}2 \cdot 10^6 \beta/\text{cm}^2$ entsprechen. Die Umrechnung ist unabhängig von der Expositionszeit und behält bis zu 25% Lichtabsorption ihre Gültigkeit. Bei Absorptionen über 25% muß man von dem oben erläuterten Korrekturverfahren, also der graphischen Bestimmung von Proportionalwerten, Gebrauch machen.

Etwas anders gehen DOMINGUES, SARKO u. BALDWIN (107) sowie MAMUL (285) vor. Die Aktivität des zu untersuchenden Schnittes wird durch Vergleich mit der Schwärzung eines jedesmal mitverwendeten Standards bestimmt. Nach einer optimalen Expositionsdauer werden die Autoradiogramme von Standard und Schnitt unter gleichen Bedingungen entwickelt und ihre optischen Dichten bestimmt. Das Integral der Dichtekurve wird als Funktion der radioaktiven Zerfälle im Standard aufgetragen. Die Anzahl der Zerfälle des zu untersuchenden Präparates kann von dieser Kurve direkt abgelesen werden.

BERLIN u. ULLBERG (45) benutzen streifenförmige Standards mit abgestufter Isotopenkonzentration. Jeder Standard besteht aus 14 Rechtecken unterschiedlicher Aktivität, die sich von Stufe zu Stufe um den Faktor 2 unterscheidet. Die Standards stellt man durch Eintauchen von photographisch entwickelten und fixierten Röntgenfilmen, die lediglich als Trägermaterial dienen, in eine wäßrige Lösung des verwendeten Isotops her. Die Radioaktivität der Standards wird in parallel durchgeführten Absolutmessungen bestimmt. Jedem exponierenden Präparat wird ein Standardstreifen beigefügt. Durch Vergleich mit den durch den Standard hervorgerufenen Schwärzungsstufen läßt sich die Aktivität der Organe durch Interpolation ermitteln.

Methoden, die mit ständiger Verwendung von Vergleichsstandards arbeiten, sind zwar gegenüber solchen, die auf Eichkurven basieren, durch das Herstellen und Vermessen des Standardstreifens etwas umständlicher, bieten dafür jedoch größere Sicherheit gegenüber jenen Fehlern, die durch zufällige, sich der Kontrolle entziehende Abweichungen von der Normbehandlung bedingt sind.

Das Herstellen von Standards für die ^{32}P-Autoradiographie beschreibt GETSEL (153).

7.4. Besonderheiten der quantitativen Tritium-Autoradiographie

Auf Grund der niedrigen Strahlenenergie können mit Tritium markierte Substanzen noch mit so großer Auflösung nachgewiesen werden, daß intrazelluläre Lokalisationen möglich sind (195; 56; 57; 58). Der Gedanke, anhand entsprechend markierten Materials nicht nur Stofftopographie, sondern auch intrazelluläre Stoffwechselkinetik zu betreiben, war daher naheliegend (448; 53; 432). Tatsächlich gehören gegenwärtig Untersuchungen, die mit Stoffwechselvorgängen in der Zelle im Zusammenhang stehen, zu den Hauptanwendungsgebieten der quantitativen Autoradiographie. Bei derartigen Untersuchungen sind einige Besonderheiten zu beachten, die sich aus der niedrigen Strahlenenergie des Tritiums und auch aus der unterschiedlichen Dichte der einzelnen Strukturen der Zelle ergeben (328).

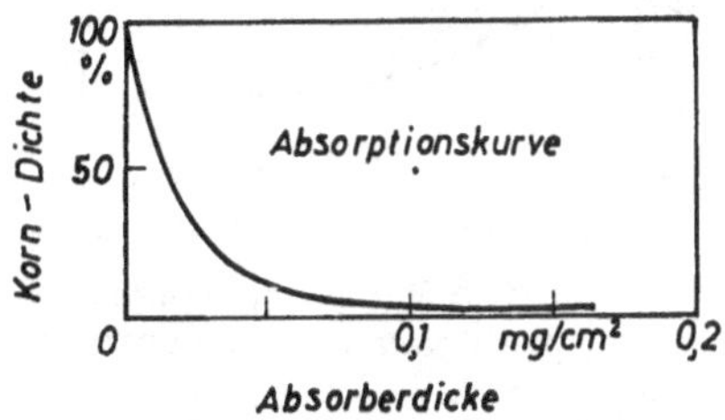

Abb. 90. Abhängigkeit der Silberkorndichte von der Trockenmasse eines Präparates nach MAURER und PRIMBSCH (298)

Die graphische Darstellung, Abb. 90, zeigt, wie die Silberkorndichte über einer flächenhaften ^{3}H-β-Quelle abnimmt, wenn die Dichte der zwischen Strahlenquelle und Film liegenden inaktiven Absorberschicht zunimmt. Danach fällt also die Silberkorndichte bereits auf den zehnten Teil des ursprünglichen Wertes ab, wenn über der Strahlenquelle eine Schicht von nur 0,05 mg/cm^2 liegt. Das entspricht einer nur 0,5 μ dicken Schicht von nativem Gewebe. Dieses Beispiel verdeutlicht die Rolle der Selbstabsorption in der Tritium-Autoradiographie. MAURER u. PRIMBSCH (289) konnten zeigen, daß auch bei biologischen Objekten die Masse pro Flächeneinheit, Massenbelegung genannt, die β-Absorption bestimmt. Dazu bestimmten sie zunächst die Silberkorndichte als Funktion der Schnittdicke für Karyoplasma, Cytoplasma und Nucleolus der Mäuseleber nach Gabe von ^{3}H-Tyrosin bzw. ^{3}H-Cytidin. Wählte man als Bezugsgröße nicht die Objektdicke, sondern die jeweilige Massenbelegung so ließen sich die drei Kurven innerhalb der Meßgenauigkeit zur Deckung bringen.

Die Einführung eines *Selbstabsorptionskoeffizienten* erwies sich als zweckmäßig. Der Selbstabsorptionskoeffizient gibt an, auf welchen Bruchteil des eigentlich zu erwartenden Wertes die Silberkorndichte infolge Absorption der Strahlung im Präparat herabgesetzt wird. Bei einem Leberschnitt von 1 μ Dicke entstehen über dem Nucleolus nur 20%, über dem Cytoplasma durchschnittlich nur 60% und über dem Karyoplasma 80% *der* Körner, welche *ohne* β-Selbstabsorption entstanden wären; dementsprechend betragen die Koeffizienten 0,2, 0,6 und 0,8. Der reziproke Wert des Selbstabsorptionskoeffizienten ist ein Korrekturfaktor, mit dem die gemessenen Silberkorndichten zu multiplizieren sind, um zu den aktivitätsproportionalen Silberkorndichten zu gelangen. Abb. 91 gibt den Verlauf des Selbstabsorptionskoeffizienten in Abhängigkeit von der Trockenmasse des Schnittes wieder.

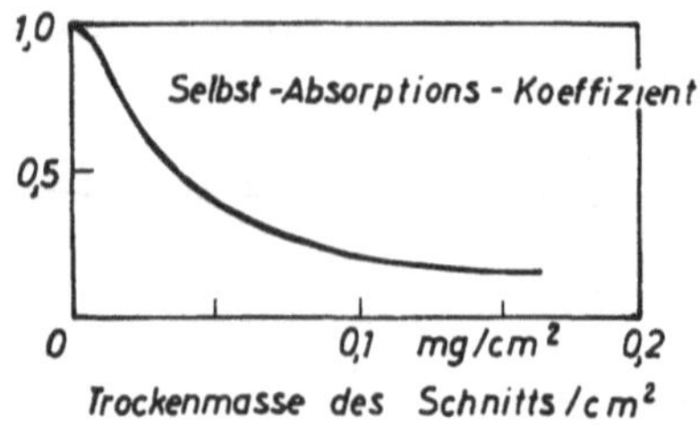

Abb. 91. Zusammenhang zwischen Selbstabsorptionskoeffizient und Trockenmasse des Schnittes nach MAURER und PRIMBSCH (298)

Die sehr unterschiedliche Dichte macht bei intrazellulären Untersuchungen die Anwendung derartiger Korrekturfaktoren notwendig (402; 14). Nur bei Schnittdicken bis zu etwa 0,1 μ ist die Korndichte über den von MAURER und PRIMBSCH untersuchten Strukturen ein relatives Maß für deren Gehalt an Tritium (Abb. 92). Zur Auswertung von ^{3}H-Autoradiogrammen nicht so dünner Schnitte muß also außer der Dichte auch noch die Dicke der untersuchten Strukturen bekannt sein, damit man die tatsächlichen Aktivitätsverhältnisse ermitteln kann. Die Massendichte kann interferometrisch oder radiographisch, d. h. durch Dichtebestimmung mittels weicher Röntgen-, Elektronen- oder anderer radioaktiver Strahlung, gemessen werden (39; 18).

Die mathematischen Grundlagen der Transformation von beobachteten Silberkornzahlen in aktivitätsproportionale Werte wurden von PERRY (349) behandelt. Auch STILLSTRÖM (428; 429) hat sich eingehend mit Problemen der Korrektur von Silberkornzahlen, dem Einfluß von Nulleffekt, Expositionszeit sowie der unterschiedlichen Zellgröße auf die Silberkornzahl befaßt.

Cyto-autoradiographische Daten können nur an einem zahlenmäßig großen Zellmaterial gewonnen werden, da die Markierung im Einzelfall von den im Mittel an einem Kollektiv gleichartiger Zellen gefundenen Werten erheblich abweichen kann. Damit entsteht zwangsläufig die Frage nach der Signifikanz eines Ergebnisses, die sich mit den üblichen statistischen Methoden beantworten läßt. Schwieriger wird es, wenn die Einzeler-

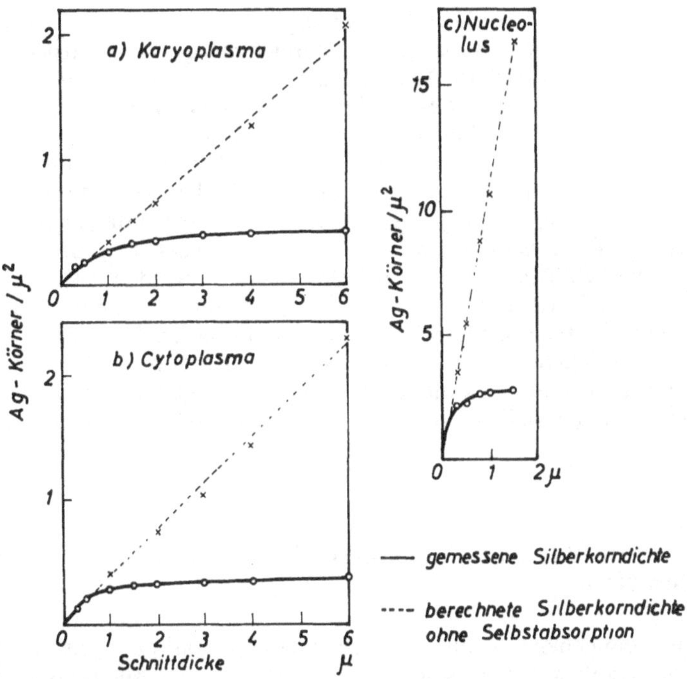

Abb. 92. Silberkorndichte als Funktion der Schnittdicke für Karyoplasma, Cytoplasma u. Nucleolus. a) u. b) Mäuseleber nach Gabe von ^{3}H-Tyrosin; c) Mäuseleber nach Gabe von ^{3}H-Cytidin; Methacrylateinbettung, Strippingfilm *AR 10* (Kodak). Nach Maurer u. Primbsch (298)

gebnisse eine Streuung aufweisen, die sich nicht auf methodische Unzulänglichkeiten zurückführen läßt. In diesem Fall kann geprüft werden, ob die vorliegenden Zellen verschiedenen Populationen oder Typen angehören. Kastenbaum u. Hanna (225) haben hierzu ein statistisches Modell, die sog. Varianzverhältnis-Statistik, auch F-Test genannt, entwickelt.

Durch die unterschiedliche Selbstabsorption der Zellbestandteile ist die quantitative Cyto-Autoradiographie zu einem Spezialgebiet geworden, dessen Probleme wir nur andeuten konnten. Eine eingehendere Darstellung spezieller Fragen findet sich in den Arbeiten von Maurer u. Mitarb., insbesondere bei Schultze*, die durch ausführliche Literaturangaben einen ausgezeichneten Zugang zu bisherigen autoradiographischen Untersuchungen auf dem Gebiet des Zellstoffwechsels vermitteln.

* B. Schultze: Die Orthologie und Pathologie des Nucleinsäure- u. Eiweißstoffwechsels der Zelle im Autoradiogramm. In: Handbuch der allgemeinen Pathologie, II/5—1. Springer-Verlag, Berlin-Heidelberg-New York, 1968. Seite 466—670.

Die quantitative Tritium-Autoradiographie ist wegen der anisotropen Zelldichte nicht nur im subzellulären Bereich mit gewissen Unsicherheitsfaktoren behaftet. Größte Vorsicht gebieten auch Vergleiche zwischen Silberkorndichten über verschiedenen Geweben, wie z. B. bei der Ganztier-Autoradiographie. Hier wäre es durchaus denkbar, daß einer geringeren Schwärzung dennoch die höhere Aktivität zuzuordnen ist; dann nämlich, wenn erhebliche Unterschiede in der Selbstabsorption der markierten Bestandteile vorliegen. Man sollte deshalb Tritium-Markierungen in der Ganztier-Autoradiographie umgehen, wenn die Verteilung einer Substanz semiquantitativ beurteilt werden soll.
Alle anderen Markierungen sind in der quantitativen Autoradiographie unbedenklich. Insbesondere ist die β-Absorption bei Markierungen mit ^{14}C und den üblichen Schnittdicken nicht von Bedeutung, d. h. die Filmschwärzungen sind — zumindest in einem frühen Stadium der Exposition — der jeweiligen örtlichen Aktivität direkt proportional.

7.5. Rechen- und Kalkulationshilfen beim Arbeiten mit kurzlebigen Strahlern

In den vorangehenden Ausführungen blieb die Halbwertszeit des radioaktiven Strahlers unberücksichtigt. Das ist eigentlich nur zulässig, wenn die Expositionszeit gegenüber der Halbwertszeit τ so vernachlässigbar klein ist, daß die Aktivität des Präparates während seiner autoradiographischen Exposition nicht merklich geringer wird. Auf Radiokohlenstoff (τ = 5760 Jahre) trifft das immer zu. Prinzipiell wäre es hier also möglich, von demselben Präparat mehrere Kontakt-Autoradiogramme anzufertigen, die bei gleicher Expositionszeit und unter sonst gleichen Präparationsbedingungen identisch sein müssen. Hierauf läßt sich sogar eine experimentelle Kontrolle gründen. Differenzen zwischen zu erwartender Sollschwärzung und beobachtbarer Schwärzung nach erneuter Autoradiographie sind ein sicherer Indikator dafür, daß nicht alle Faktoren beim Herstellen der Autoradiogramme reproduziert wurden. Von diesem Prinzip macht man in der Histoautoradiographie Gebrauch, indem z. B. jedesmal Präparate mitautoradiographiert werden, deren Silberkornzahlen in Abhängigkeit von der Expositionsdauer bekannt sind (30).
In den meisten Fällen kann bei Tritium-markierten Präparaten die radioaktive Halbwertszeit (τ = 12,26 Jahre) als groß gegenüber der autoradiographischen Expositionsdauer angesehen und vom Rückgang der Aktivität während dieser Zeit abgesehen werden. Anders liegen die Verhältnisse jedoch beispielsweise bei ^{131}J (τ = 8,05 Tage) und ^{32}P (τ = 14,3 Tage). Beim Arbeiten mit diesen Isotopen ergeben sich z. B. zwangsläufig folgende Fragen:

1. Wie lange muß man Exponieren, damit eine optimale Schwärzung auftritt?
2. Um wieviel länger muß beim Wiederholen des Experimentes zu einem späteren Zeitpunkt die Expositionsdauer sein, damit dem neuen Experiment die gleiche Anzahl radioaktiver Zerfallsakte zu Grunde liegen und dementsprechend die gleichen Schwärzungseffekte zu erwarten sind?

Die Effizienz des Arbeitens mit kurzlebigen Isotopen hängt zu einem wesentlichen Teil von der schnellen Beantwortung dieser und ähnlicher Fragen ab. Um den Umgang mit kurzlebigen Isotopen zu erleichtern, indem derartige Fragen mit einem adäquaten Zeitaufwand lösbar werden, kann man sich verschiedener Hilfsmittel bedienen.

Im einfachsten Fall, wenn die Aktivität der Probe zu einem definierten Zeitpunkt bekannt ist, läßt sich die Expositionszeit nach einem von Wainwright, Anderson, Hammer und Lehmann (460) angegebenen graphischen Verfahren abschätzen. Speziell für Experimente mit ^{131}J gibt es auch ein Nomogramm von Dumcombe (118), mit dem sich die Zeitspannen bestimmen lassen, in denen sich jeweils die gleiche Zahl von

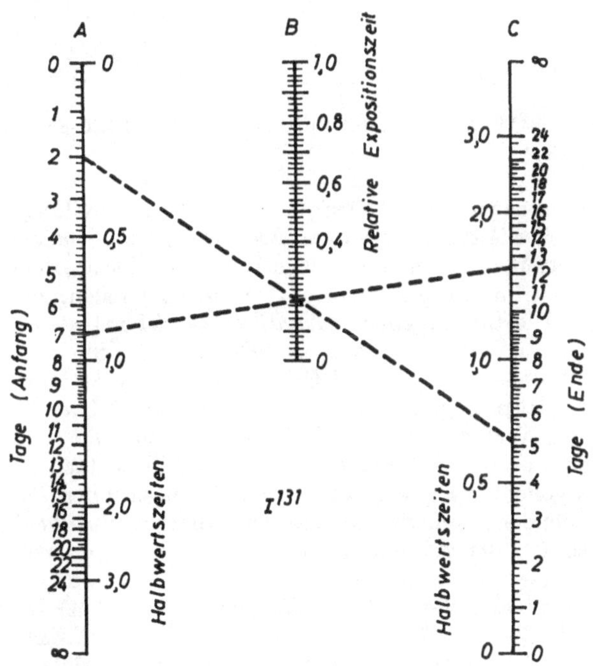

Abb. 93. Nomogramm nach Dumcombe (118) zur Bestimmung der Expositionsdauer ^{131}J-markierter Objekte. Erl. s. Text

Zerfällen ereignet. Ein Beispiel möge die Anwendung des Nomogramms (Abb. 93) erläutern. Angenommen, genau 2 Tage nachdem die (spezifische) Aktivität der Substanz bestimmt wurde, dem Zeitpunkt „*Null*", werde ein mit dieser Substanz behandeltes Präparat autoradiographisch exponiert. Eine Expositionsdauer von insgesamt 3 Tagen und 4 Stunden erweist sich als optimal. Man verbindet die entsprechenden Zeitpunkte auf den Funktionsskalen A und C und findet auf der Skala B einen Bezugspunkt, der für alle künftigen Autoradiogramme bindend ist. Soll beispielsweise am siebten Tag nach dem Zeitpunkt „*Null*" erneut ein Autoradiogramm hergestellt werden, so läßt sich das Zeitintervall bestimmen, in welchem die gleiche Anzahl von Zerfällen, wie beim ersten Präparat, stattfindet, indem man den Schnittpunkt der Verbindungslinie vom Anfangszeitpunkt der Expositions-Skala über den Bezugspunkt auf Skala B mit Skala C feststellt. Das Nomogramm zeigt, daß der Endzeitpunkt der Exposition in 5,4 Tagen, also 12,4 Tage nach dem Zeitpunkt „*Null*", gekommen ist.

Stowell (431) empfiehlt zur Lösung derartiger Aufgaben einen Spezialrechenschieber, bei dem für jedes Isotop eine besondere Skala nötig ist. Unabhängig von der Art des jeweiligen Isotops bzw. dessen Halbwertszeit sind die Iso-Dosis-Kurven nach Flinn (139), deren Benutzung allerdings einige Übung im Umgang mit Exponentialfunktionen voraussetzt.

7.6. Quantitative Autoradiographie elektronenmikroskopischer Präparate

Trotz aller methodischen Schwierigkeiten bei der Herstellung elektronenmikroskopischer Autoradiogramme (Kap. 6.4.), die vor allem auch jene Faktoren betreffen, deren Reproduzierbarkeit geradezu eine notwendige Voraussetzung für ein quantitatives Arbeiten darstellen, gibt es bereits vereinzelte Ansätze zu einer „*quantitativen elektronenmikroskopischen Autoradiographie*" (69; 20). So untersuchten Rohr, Seiter u. Schmalbeck* die Voraussetzungen und Grenzen der quantitativen Autoradiographie im elektronenmikroskopischen Bereich bei Kinetikstudien an Drüsenzellen. Nach eingehender Diskussion der theoretischen und praktischen Voraussetzungen kommen sie zu dem Schluß, daß es gegenwärtig noch nicht gelingt, zu rein quantitativen Aussagen über Sekretionsvorgänge zu kommen; immerhin sei aber eine *semi*quantitative Auswertung möglich, so daß der zeitliche Ablauf der Synthese von Sekretionsproteinen größenordnungsmäßig erfaßbar ist.

Mehrere Mäuse erhielten 3 Tage *post partum* je 750 μC Leucin-4,5-^{3}H i. p. injiziert. Die Milchdrüsen wurden in verschiedenen Zeitabschnitten zwischen der 5. und 240. Min. nach der Injektion exzidiert. Die semi-

* unveröffentlicht.

quantitative Auswertung erfolgte einerseits durch Bestimmung der prozentualen Silberkornverteilung über den interessierenden Zellkompartimenten K_i. Andererseits wurde der prozentuale Flächenanteil der betreffenden Zellkompartimente morphometrisch bestimmt und die sog. *relative spezifische Lokalisation* $= \frac{\text{\% Silberkörner in } K_i}{\text{\% Flächenanteil von } K_i}$ errechnet. Ähnliche Studien liegen von DROZ u. BERGERSON (112) und DROZ (109; 110) über die mitochondriale Eiweißsynthese sowie von SALPETER über die Acetylcholinesteraseverteilung an den motorischen Endplatten von Mäuse-Sternomastoidmuskeln vor (390).

Es ist anzunehmen, daß mit fortschreitender Entwicklung der hochauflösenden Autoradiographie auch die quantitative Auswertung auf diesem Gebiet an Bedeutung gewinnt.

7.7. Anwendung und Ergebnisse der quantitativen Autoradiographie

Die Objekte der quantitativen Autoradiographie sind im wesentlichen histologischer Natur. Abgesehen von Strahlendosismessungen sind aus anderen Gebieten nur wenige Anwendungen bekannt.

Die *Dosisbestimmung* — wie überhaupt der bloße Strahlungsnachweis mit Filmen — ist an sich noch keine Autoradiographie, weil das Schwärzungsbild nicht die Verteilung der strahlenden Substanz im Sinne eines Objekt-Autoradiogramms darstellt. Eine Sonderstellung nimmt das Messen von Neutronenflußdichten ein. Hier handelt es sich tatsächlich um den autoradiographischen Nachweis radioaktiver Elemente in metallischen Folien, die durch Neutronen aktiviert werden, wobei jedoch die Lokalisation des Strahlers selbst nicht interessiert. Die Aktivität der Detektorfolien, die dem Neutronenfluß proportional ist, ruft in einer anliegenden strahlenempfindlichen Emulsion eine Schwärzung hervor, die ihrerseits wieder ein Maß für den Neutronenfluß sein kann (126).

Für *geologische Untersuchungen* kann eine von BHATNAGER u. GHOSH (49) angegebene Methode von Interesse sein, nach der in geschliffenen Erzproben eine quantitative autoradiographische Differenzierung von aktiven und inaktiven Einschlüssen vorgenommen wird. Die Aussagen tragen nicht nur zur Charakterisierung der Gesteinszusammensetzung bei, sondern können auch Aufschlüsse über die Entstehungsgeschichte des Erzes geben. Es ist sogar möglich, aus dem Verhältnis der Anzahl aktiver zu der nicht-markierter Bestandteile die Isotopenzusammensetzung eines Minerals quantitativ zu bestimmen. Ähnliche Verfahren werden in der *Metallurgie* zum Messen der Absonderungen von Dendriten in Stahl angewendet (273).

Eine gewisse Bedeutung kommt der quantitativen Autoradiographie in der *chemischen Analytik* und bei der Reinheitsprüfung von Radiochemikalien zu, sofern das Trennen der Substanzen durch ein- oder zweidimensionale Elektrophorese oder Chromatographie erfolgt. Die methodischen Details, soweit sie das Anfertigen der Autoradiogramme betreffen, wurden bereits in Kap. 4.2. besprochen. Ziel der quantitativen Auswertung ist es, entweder die Absolutaktivität pro Fleck oder aber Aktivitäten in Relation zu einem Vergleichsfleck zu bestimmen. Die autoradiographische Aktivitätsbestimmung empfiehlt sich aber nur dann, wenn minimale Aktivitäten, z. B. Emissionsraten von weniger als 100 Impulsen pro Min. und Fleck vorliegen. Ist durch die qualitative Autoradiographie die Anwesenheit eines radioaktiven Flecks und seine Lokalisation bekannt und läßt die Schwärzung auf höhere Aktivitäten schließen, so kommt man mit Hilfe von Flüssigkeits-Szintillationszählern schneller zu genaueren Ergebnissen (418; 419). Speziell für Dünnschichtplatten wurden Geräte — sog. *zonal scrapers* — entwickelt, mit denen man schnell und sauber 1, 2 oder 5 mm breite Streifen der Schicht fortlaufend automatisch loskratzen und Messen kann. Das „*zonal scanning*“ ist als Nachweisverfahren auch für Tritium sehr empfindlich und gilt sogar hinsichtlich der Auflösung bei eindimensionalen Trennungen fast so leistungsfähig wie autoradiographische Verfahren (418).

Ansonsten werden die Aktivitäten durch Photodensitometrie der Fleckschwärzung bestimmt. Im Unterschied zur mikrophotometrischen Auswertung der Autoradiogramme lichtmikroskopischer Objekte interessiert nicht nur die örtliche Silberkorndichte; man muß die jeweilige Fleckgröße und Silberkornverteilung berücksichtigen, um die Gesamtaktivität pro Fleck zu erfassen. Am zweckmäßigsten *scannt* man dazu das Autoradiogramm und registriert die Durchlicht-Absorption, die zumindest bei geringem Schwärzungsgrad der Silberkorndichte und damit also auch der Aktivität direkt proportional ist. Geräte zum fortlaufenden Messen der optischen Dichte von gefärbten Chromatogramm- und Elektrophoresestreifen werden für biologische Untersuchungen häufig verwendet. Auch zum Eppendorf-Photometer (Fa. Netheler u. Hinz, Hamburg) wird ein entsprechendes Zusatzgerät angeboten, das sich für die quantitative Autoradiographie eignet. Die weitere Auswertung erfolgt dann durch Vergleich der betreffenden, von den registrierten Kurven eingeschlossenen Flächen untereinander oder mit der über einem analog entstandenen Eichfleck gescannten Fläche. RADEBRECHT u. BINNEWIES (357) bestimmen papierchromatographisch aufgetrennte ^{32}P-markierte Phosphatide autoradiographisch mit Hilfe einer Eichkurve, nach welcher zwischen Extinktion und Aktivität eine lineare Beziehung besteht.

Eine andere Möglichkeit des Auswertens speziell von Papierchromatogrammen beruht auf einer von NARATH u. GUNDLACH (319) angegebenen Beziehung zwischen Fleckaktivität A_0 (μC) und maximaler Filmschwärzung S_{max} innerhalb eines Chromatogrammflecks

$$A_0 = \frac{F \cdot d}{t} \cdot 10^{\frac{\log(10^{S_{max}} - 1) + b}{a}},$$

in welcher F die Fläche des Chromatogrammflecks in cm^2, d die Dicke des Papiers in cm und t die Expositionszeit in Tagen bedeuten. Die Werte für a und b ergeben sich aus Eichmessungen und der sog. *linearen Schwärzungskurve:*

$$S_{max} = \log(10^{S_{max}} - 1) = a \cdot \log \frac{A_0 \cdot t}{F \cdot d} - b .$$

In Verbindung mit der von WEISZ (466; 467) zur Trennung und zum mikroanalytischem Nachweis minimaler Substanzmengen eingeführten *Ringofentechnik* wurden ebenfalls autoradiographische Aktivitätsbestimmungen durchgeführt (471; 335; 472; 469). Auch hier dürfte die Autoradiographie durch die Flüssig-Szintillationsmeßtechnik verdrängt werden, deren Nachweisempfindlichkeit noch unterhalb der von WEISZ und KLOCKOW (470) für die semiquantitative Bestimmung von ^{14}C-Aktivitäten mit etwa 1 pC angegebenen Erfassungsgrenze der Ringofen-Autoradiographie liegt.

Vom Methodischen her ist die Technik der automatischen Variation der Expositionszeit erwähnenswert. Das Filter mit dem auszuwertenden Substanzring wird entlang einem Radius aufgeschnitten, mit Röntgenfilm in Kontakt gebracht und unverrückbar gegeneinander gepreßt. Im Verlauf einer langsamen Drehbewegung wird nun das Filter, von der Schnittstelle beginnend, allmählich vom Röntgenfilm abgehoben und die Exposition dadurch beendet. Die so erhaltenen Autoradiogramme zeigen nach dem Entwickeln einen Ring mit zunehmender Schwärzung, da die aktive Substanz dort, wo das Filter zuerst abgehoben wurde, nur kurze Zeit, am anderen Ende des Ringes jedoch die ganze Umlaufszeit mit dem Film in Kontakt war („*Ring-Chronoautoradiographie*"). Die Drehbewegung kann auch diskontinuierlich ausgeführt werden. Als Autoradiogramm erhält man dementsprechend einen ringförmig angeordneten Stufengraukeil.

Das Prinzip der Methode beruht darauf, daß infolge der automatisch variierten Expositionszeit wenigstens ein Sektor des Ringes eine Schwärzung aufweist, die einem Vergleichsstandard entspricht. Aus dem Winkelabstand vom Startpunkt läßt sich die zugehörige Expositionszeit bestimmen, so daß die gesuchte Radioaktivität errechnet werden kann.

In Kap. 6.8. hatten wir die Inkubation histologischer Präparate mit radiochemischen Reagenzien als qualitative histologische Methode erwähnt, die normalen Färbeprozessen durchaus vergleichbar ist. Ähnliche Reaktionen kennt man in der Cytochemie besonders im Zusammenhang mit dem qualitativen autoradiographischen Nachweis von gespeicherten Substanzen (89; 410; 341). BARNARD u. MARBROOK (27) befaßten sich mit der Möglichkeit, anhand mehr oder wenig spezifisch wirkender Tritium-markierter Reagenzien einige Substanzen auf Grund ihrer funktionellen Gruppen selektiv autoradiographisch nachzuweisen. Sie verwendeten tritiiertes Essigsäureanhydrid (0,4 m) in Pyridin/Acetonitril und acetylierten Amin-, Hydroxyl- und Sulfhydril-Gruppen in

Makromolekülen. Die Anzahl der markierten Gruppen nimmt nach einer gewissen Inkubationszeit mit dem Acetylierungsmittel nicht mehr zu, so daß auf eine totale Acetylierung aller in Betracht kommenden Gruppen geschlossen werden darf. Das Autoradiogramm zeigt zunächst qualitativ die Lage und Verteilung dieser Gruppen innerhalb der Zelle, darüber hinaus aber erlaubt es unter Berücksichtigung der Kornausbeute auch die absolute Anzahl der markierten funktionellen Gruppen zu bestimmen und damit einen Einblick in die räumliche Konstitution der Makromolekeln.

Die Anwendungen quantitativer autoradiographischer Methoden bei biologischen Objekten lassen sich etwa in folgende Kategorien einordnen:

a) Untersuchungen zum Knochen-, Knorpel- und Bindegewebsstoffwechsel, insbesondere auch in Hinblick auf die Inkorporierung knochensuchender Elemente (vgl. Kap. 4.34).

b) Untersuchungen zum allgemeinen Stoffwechsel oral oder durch Injektion applizierter Substanzen in gesundem sowie pathologisch verändertem Gewebe (244).

c) Untersuchungen zum DNA- und RNA-Stoffwechsel, insbesondere in Hinblick auf den Mitoseablauf.

Die quantitativen Untersuchungen zum Knochen- und Knorpelstoffwechsel gehören zu den frühesten Anwendungen der Autoradiographie und beruhen deshalb teils noch auf der Kernspur-Methodik (114; 73; 62; 16; 15; 38; 293; 290; 443; 221). Durch sie erhielt man erstmals Daten über das Ausmaß der Stoffwechselvorgänge in Knochengeweben, die Aufenthaltsdauer vieler anorganischer Ionen und die Strahlungsgefährdung, die mit der Aufnahme solcher Elemente verbunden ist*.

Auf der Neutronenaktivierung von Knochenschnitten beruht ein von Vincent, Haumont u. Roels ausgearbeitetes Verfahren zur quantitativen mikroautoradiographischen Bestimmung des Knochenphosphorgehaltes (457).

Im Zusammenhang mit der in der obigen Aufstellung an zweiter Stelle genannten Gruppe möchten wir lediglich auf Untersuchungen über den Jod- (316; 170; 322) und Schwefel-Stoffwechsel (63; 243; 304) hinweisen, in denen u. a. das Ausmaß der Stoffwechsel-Tätigkeit endokriner Drüsen gemessen wurde. Speziell über die Orthologie und Pathologie des Schwefelstoffwechsels der Zelle liegt eine umfassende Übersichtsarbeit von Oehlert** vor.

Arbeiten, die sich mit dem Stoffwechsel in tumorig verändertem Gewebe befassen, leiten praktisch schon in die dritte große Gruppe quantita-

---

* Vergl. Fußnote Seite 43.

** W. Oehlert: Orthologie und Pathologie des Schwefelstoffwechsels der Zelle im Autoradiogramm. In: Handbuch der allgemeinen Pathologie, II/5—1; Springer-Verlag, Berlin-Heidelberg-New York, 1968, Seite 671—696.

tiver histoautoradiographischer Arbeiten über (259; 330). Durch Zählen markierter Zellen ist es z. B. möglich, die Malignität eines Tumors abzuschätzen. Wichtiger als die diagnostischen Aspekte solcher Arbeiten erscheint gegenwärtig die Möglichkeit, die Wirksamkeit von Mitosehemmern autoradiographisch objektiv zu testen (404).

Besondere Verdienste kommen der quantitativen Autoradiographie auch auf dem Gebiet der *Mitoseforschung* selbst zu. Die heutigen Kenntnisse über die Dauer von Generationszeiten und von den Teilphasen für die verschiedenen Zellarten beruhen zum ganz überwiegenden Teil auf Untersuchungen mit markiertem Thymidin (Kap. 6.9). Der Messung der DNA-Verdopplungszeit, der sog. S-(Synthese)-Phase, kommt hierbei eine zentrale Bedeutung zu. HOWARD u. PELC (204; 205; 206; 207) haben als erste aus autoradiographischen Versuchen mit ^{32}P geschlossen, daß der Prozeß der DNA-Verdopplung auf einen bestimmten Teil der Interphase beschränkt ist. Dadurch wurde das Zellwachstum überschaubar: Einer postmitotischen, präsynthetischen Ruhephase (G_1) folgt die DNA-Synthese-Phase (S). Ihr schließt sich eine prämitotische Ruhephase (G_2) an, an deren Ende schließlich die eigentliche Mitose beginnt.

Die Dauer der S-Phase einer Zellart kann auf Autoradiogrammen durch Auszählen der markierten und unmarkierten Mitosen als Funktion der Zeit nach ^3H-Thymidingabe gemessen werden (355; 336; 233). Mit einer einmaligen Injektion von markiertem Thymidin werden alle Zellen markiert, die sich zum Zeitpunkt der Injektion in der S-Phase befinden. Mit zunehmender Zeit wandern immer mehr dieser markierten Zellen durch die G_2-Phase und weiter durch die Mitose. Ist die Zeit zwischen der Injektion von ^3H-Thymidin und der Tötung des Tieres kleiner als G_2, so werden noch keine markierten Mitosen beobachtet. Wenn diese Zeit größer als G_2 wird, treten die ersten markierten Mitosen auf. Wird die Zeit zwischen Injektion und Tötung noch größer als $G_2 + M$, so sind alle Mitosen markiert; das hält solange an, bis die Versuchsdauer größer als $G_2 + M + S$ wird. Hiernach treten wieder neue, unmarkierte Mitosen auf. Durch Auszählen aller Markierungszustände in Abhängigkeit von der Zeit nach der Injektion lassen sich unter gewissen Voraussetzungen die Dauer der S-Phase und die der $G_2 + M$-Phase zusammen, sowie die von G_1 quantitativ bestimmen.

Auch *Doppelmarkierungen* haben auf dem Gebiet der quantitativ auszuwertenden autoradiographischen Experimente bemerkenswerte Ergebnisse erbracht. Die Methodik der Doppelmarkierung wurde von HILSCHER u. MAURER (197) in die Mitoseforschung eingeführt und in der Folgezeit häufig verwendet (350; 257; 258; 351; 196). Das Prinzip, das wir hier nur kurz betrachten können, besteht darin, daß Versuchstiere eine erste Injektion von ^3H-Thymidin und nach einem Zeitintervall Δt eine zweite Injektion von ^{14}C-Thymidin erhalten. Etwa eine halbe Stunde nach der letzten Injektion werden die Tiere getötet und Autoradiogramme hergestellt.

Durch die erste Injektion werden alle Zellen, die sich zum Zeitpunkt dieser Injektion in der S-Phase befinden, mit ^{3}H markiert. Während des Zeitintervalls Δt zwischen der ersten und der zweiten Injektion wandert ein Teil der ^{3}H-markierten Kerne aus der S-Phase in die G_2-Phase. Gleichzeitig treten unmarkierte Kerne aus der G_1-Phase neu in die S-Phase ein. Durch die zweite Injektion werden wiederum alle Zellen, die sich gerade in der S-Phase befinden, markiert, diesmal allerdings mit ^{14}C. Die Autoradiogramme zeigen dann Kerne mit drei verschiedenen Arten der Markierung: 1. Nur ^{3}H-markierte Kerne. Diese haben die S-Phase zwischen der ersten und zweiten Injektion verlassen. 2. Nur ^{14}C-markierte Kerne. Sie sind zwischen beiden Injektionen neu in die S-Phase eingetreten. 3. ^{3}H- und ^{14}C-markierte Kerne, die sich bei beiden Injektionen in der S-Phase befanden. Im Autoradiogramm lassen sich die von Tritium-Zerfällen verursachten Silberkörner von den durch ^{14}C-Zerfällen hervorgerufenen dadurch unterscheiden, daß die relativ weiche β-Strahlung des Tritiums eine geringere Reichweite als die von ^{14}C ausgehende Strahlung hat. Dementsprechend werden die nur Tritium-haltigen Kerne autoradiographisch mit höherer Auflösung abgebildet. Die Anwesenheit von ^{14}C bedingt eine vergleichsweise diffusere Lage der Silberkörner. Durch Auszählen läßt sich der jeweilige Anteil dieser drei Markierungsarten bestimmen und unter gewissen Voraussetzungen ebenfalls die Dauer der S-Phase berechnen. Nimmt man beispielsweise an, daß die Häufigkeitsverteilung der Kerne während eines Generationszyklus konstant bleibt („*steady state*"), so errechnet sich die S-Phasendauer wie folgt:

$$\text{S-Phasendauer} = \frac{\text{Zahl der } ^{14}\text{C-Kerne (mit u. ohne } ^{3}\text{H)}}{\text{Zahl der nur } ^{3}\text{H-markierten Kerne}} \cdot \Delta t\,.$$

Interessant ist in diesem Zusammenhang eine von PILGRIM, LENNARTZ, WEGENER, HOLLWEGE u. MAURER (352) an verschiedenen Spezies gemachte Beobachtung, wonach tageszeitliche Schwankungen des ^{3}H-Index, d. i. die Zahl der mit ^{3}H-Thymidin markierten Zellen, bezogen auf alle Zellen, und des Mitose-Index, der Anzahl der markierten Mitosen, bezogen auf alle Mitosezellen, mit deutlichen Maxima bei 18 bis 19 Uhr bzw. 6 Uhr auftreten. Die Schwankungen des ^{3}H-Index werden als partielle Synchronisationen der Zelle gedeutet, bei der zu einer bestimmten Tageszeit mehr Kerne als im Tagesdurchschnitt aus der G_1-Phase in die DNA-Synthesephase übertreten.

Diese Beispiele mögen die Brauchbarkeit und Unentbehrlichkeit autoradiographischer Methoden bei quantitativen Untersuchungen des DNA-Stoffwechsels zeigen. Ihnen an die Seite zu stellen wären Untersuchungen über die Größe der Eiweißsynthese (254; siehe auch Fußnote Seite 171) und den Nucleinsäure- und Eiweißstoffwechsel der Zelle, auf die hier nicht näher eingegangen werden kann.

8. APPENDIX

Daten zur historischen Entwicklung

1867 NIEPCE DE ST. VICTOR entdeckt die Schwärzung von Silberchlorid und -jodid durch Uransalze und deutet diese als Folge einer Lumineszenz.

1896 HENRY BECQUEREL zeigt, daß Uransalze auch dann Photoemulsionen belichten, wenn sie nicht zuvor durch Licht angeregt werden.

1898 MARIE und PIERE CURIE erbringen durch ihre epochemachende Isolierung von Radiumsulfat aus Pechblende den Beweis für die Existenz verschiedener Formen natürlicher Radioaktivität.

1904 E. S. LONDON fertigt das erste Histoautoradiogramm an, indem er einen Frosch, der Radiumemanation inhaliert hatte, zusammen mit einer photographischen Platte exponierte.

1924 A. LACASSAGNE wendet erstmals systematisch die Autoradiographie zum Nachweis der Inkorporierung von Polonium in biologischem Material an.

1933 TAMANN und BANDEL machen in der Metallurgie von der Autoradiographie Gebrauch. Es stehen nur wenige Radioelemente aus den natürlichen Zerfallsreihen in angereicherter Form zur Verfügung.

1945ff. Die stürmische Entwicklung der Atomphysik verhalf auch der Autoradiographie zu gewaltigem Auftrieb. Neben den natürlich radioaktiven Nukliden stehen in zunehmendem Umfang nun auch künstliche Radioisotope zur Verfügung. Eine Fülle neuer Emulsionen, ursprünglich als Strahlungsdetektoren und zum Partikelnachweis für die Atomforschung entwickelt, werden im Hinblick auf ihre Eignung zur Autoradiographie untersucht.

1946 L. F. BÉLANGER und C. P. LEBLOND verbessern das Auflösungsvermögen durch Verwendung flüssiger geschmolzener Emulsionen in der Histoautoradiographie.

1950 Durch Arbeiten von S. R. PELC u. a. findet die Strippingfilm-Technik breite Anwendung.

1954 J. S. ARNOLD beschreibt die Autoradiographie mit Kernspuremulsionen, die in der Folgezeit von H. LEVI sowie C. LEVINTHAL zur β-Track-Autoradiographie entwickelt und zur quantitativen Methode erweitert wird.

1956 Erste Versuche zu einer Autoradiographie elektronen-mikroskopischer Objekte durch J. LIQUIER-MILWARD.

9. LITERATURVERZEICHNIS

Die nach jedem Literaturzitat in spitzen Klammern befindlichen kursiven Ziffern beziehen sich auf die Seiten der vorliegenden Monographie, wo die betreffende Veröffentlichung erwähnt wird.

[1] Ackerman, N. B., McFee, A. S. und Madsen, A. J.: Encreased sensitivity of in vivo radioautographic films. Radiology **84** (1965) 356. — ⟨*65*⟩ —.

[2] Ackerman, N. B., McFee, A. S. und Wangensteen, O. H.: Refinements in technique of in vivo radioautography of the stomach. Surgery **51** (1962) 295. — ⟨*66*⟩ —.

[3] Ackerman, N. B., Shahon, D. B., McFee, A. S. und Wangensteen, O. H.: Recognition of gastric cancer by in vivo radioautography. Ann. Surg. **152** (1960) 602. — ⟨*65, 67*⟩ —.

[4] Adams, M. D. und Steunenberg, R. K.: Some metallurgical applications of autoradiography. Nucl. Sci. Abstr. **16** (1962) Abstr. Nr. 6684. — ⟨*12*⟩ —.

[5] Aghajanian, G. K. und Bloom, F. E.: Electron microscopic autoradiography of rat hypothalamus after intraventricular H^3-norepinephrine. Science **153** (1966) 308. — ⟨*154*⟩ —.

[6] Albanus, L., Hammarström, L., Sundwall, A., Ullberg, S. und Vangbo, B.: Distribution and metabolism of H^3-atropine in mice. Acta physiol. scand. **73** (1968) 447. — ⟨*52*⟩ —.

[7] Altman, J.: Regional utilization of leucine-tritium by normal rat brain. Microdensitometric evaluation of autoradiograms. J. Histochem. Cytochem. **11** (1963) 741. — ⟨*164*⟩ —.

[8] Altman, J.: Differences in the utilization of tritiated leucine by single neurones in normal and exercised rats: An autoradiographic investigation with microdensitometry. Nature **199** (1963) 777. — ⟨*164*⟩ —.

[9] Appelgren, L. E., Nelson, A. und Ullberg, S.: Distribution of Y^{91} in mice studied by whole-body autoradiography. Acta Radiol. (Ther.) Stockholm **4** (1966) 41. — ⟨*55*⟩ —.

[10] Appleton, T. C.: Autoradiography of soluble compounds. J. Roy. Micr. Soc. **83** (1964) 277. — ⟨*88*⟩ —.

[11] Appleton, T. C.: Resolving power sensitivity and latent image fading of soluble compound autoradiographs. J. Histochem. Cytochem. **14** (1966) 414. — ⟨*88*⟩ —.

[12] Appleton, T. C.: Storage of frozen materials for cryostat sectioning and soluble compound autoradiography. J. Roy. Micr. Soc. **87** (1967) 489. — ⟨*88*⟩ —.

[13] Appleton, T. C.: Zusammenfassende Übersichten zu den Versuchen der autoradiographischen Darstellung leichtlöslicher Substanzen. Acta Histochem. (Jena) Suppl. VIII (1968) 115. — ⟨*42, 87, 88, 89, 96*⟩ —.

[14] Arnold, G.: An autoradiographic study of RNA synthesis in isolated salivary glands of drosophila hydei. I. Autoradiographic studies. J. Morph. **116** (1965) 65. — ⟨*170*⟩ —.

[15] Arnold, J. S., Jee, W. S. S. und Johnson, K.: Observation and quantitative radioautographic studies of Ca^{45} deposited in vivo in forming Haversian system and old bone of rabbit. Amer. J. Anat. **99** (1956) 291. — ⟨*178*⟩ —.

[16] Arnold, J. S., Johnson, K. E. und Jee, W. S. S.: Quantitative radioautographic study of the concentration of in vivo fixed Ca-45 in new and mature bone. Fed. Proc. **13** (1954) 421. — ⟨*178*⟩ —.

[17] ASUNMAA, S. K.: Silver-activated nitrocellulose as recording material for X-ray microscopy. Nature **186** (1960) 1036. — *⟨135⟩* —.

[18] ATHERTON, D. R. und JEE, W. S. S.: Preparation of Sr^{90} standard in plastic block for densitometric evaluation of radioautograms. Nucl. Sci. Abstr. **20** (1966) Abstr. Nr. 2546. — *⟨170⟩* —.

[19] AXELROD, D. J.: An improved method for cutting undecalcified bone sections and its application to radioautography. Anat. Rec. **98** (1947) 19. — *⟨43⟩* —.

[20] BACHMANN, L. und SALPETER, M. M.: A quantitative approach to high resolution autoradiography. In: The 3rd European Conf. on Electron Microscopy, Prague 1964, Vol. B. **15**. — *⟨174⟩* —.

[21] BACHMANN, L. und SALPETER, M. M.: Zur Autoradiographie im elektronenmikroskopischen Bereich. Naturwissenschaften **51** (1964) 237. — *⟨126, 142⟩* —.

[22] BACHMANN, L. und SALPETER, M. M.: Autoradiographic with the electron microscope; a quantitative evaluation. Lab. Invest. **14** (1965) 1041. — *⟨103, 104, 126, 138⟩* —.

[23] BACHMANN, L. und SALPETER, M. M.: Absolute sensitivity of electron microscope radioautography. J. Cell Biol. **33** (1967) 299. — *⟨126⟩* —.

[24] BÄCKSTRÖM, J., HANSSON, E. und ULLBERG, S.: Distribution of C^{14}-DDT and C^{14}-Dieldrin in pregnant mice determined by whole-body autoradiography. Toxicol. appl. Pharmacol. **7** (1965) 90. — *⟨55⟩* —.

[25] BARIGOZZI, F. u. LENSI, P. C.: The application of radioautographic techniques in metallurgy, and the study of segregations. Met. Ital. **55** (1963) 129. — *⟨12⟩* —.

[26] BARKER, A. N., RICHARDSON, H. O. W. und FEATHER, N.: An emission microscope for photoelectron autoradiography. Res. **3** (1950) 431 sowie Nucl. Sci. Abstr. **4** (1950) Abstr. Nr. 6034. — *⟨132⟩* —.

[27] BARNARD, E. A. und MARBROOK, J.: Quantitative cytochemistry using directly apeed radioactive reagents. Nature **189** (1961) 412. — *⟨177⟩* —.

[28] BARTELSTONE, H. J.: Radioautography. J. dent. Med. (New York) **20** (1950) 307. — *⟨49⟩* —.

[29] BARTELSTONE, H. J., MANDEL, J. D., OSHRY, E. und SEIDLIN, S. M.: Use of radioactive iodine as a tracer in the study of the physiology of the teeth. Science **106** (1947) 132. — *⟨49⟩* —.

[30] BASERGA, R. und NEMEROFF, K.: The use of standard slides in semiquantitative radioautography with tritiated compounds. Stain Technol. **38** (1963) 111. — *⟨172⟩* —.

[31] BATISTINI, A., GIOVANNELLI, G. und FAIENZA, C.: On the nature of the thyroid hormone-binding protein. (Agar gel electrophoresis, immunelectrophoresis, autoradiography). Lattante **33** (1962) 486. — *⟨34⟩* —.

[32] BECKER, S. und FRANCESCHINI, J. B.: Track recognition system for scanning nuclear emulsions. IRE National Convention Record **9** (1957) 46. — *⟨159⟩* —.

[33] BÉLANGER, L. F.: A method for routine detection of radiophosphates and other radioactive compounds in tissues. The inverted autograph. Anat. Rec. **107** (1950) 149. — *⟨88⟩* —.

[34] BÉLANGER, L. F.: Improvements to the melted emulsion technique of autoradiography. Nature **170** (1952) 625. — *⟨83⟩* —.

[35] BÉLANGER, L. F.: Autoradiographic visualization of in vitro exchange in teeth, bones, and other tissues under various conditions. J. dent. Res. **32** (1953) 168 und Rev. Canad. Biol. **13** (1954) 52. — *⟨49⟩* —.

[36] BÉLANGER, L. F.: Autoradiographic detection of radiosulfate incorporation by the growing enamel of rats and hamsters. J. dent. Res. **34** (1955) 20. — *⟨43⟩* —.

[37] Bélanger, L. F.: The mineralization of rat enamel in the light of Ca^{45} autoradiography and microincineration. J. dent. Res. **36** (1957) 595. — ⟨*43*⟩ —.

[38] Bélanger, L. F.: Quantitative appreciation comperative autoradiography of the synthesis and maintenance of some organic constituents of the epiphyseal plate of growing rats, in relation with magnesium deficiency. J. Histochem. Cytochem. **6** (1959) 146. — ⟨*178*⟩ —.

[39] Bélanger, L. F.: Alpharadiography: a simple method for determination of mass concentration in cells and tissues. J. biophys. biochem. Cytol. **6** (1959) 197. — ⟨*170*⟩ —.

[40] Bélanger, L. F. und Leblond, C. P.: A method for locating radioactive elements in tissues by covering histological sections with a photographic emulsion. Endocrinology **39** (1946) 8. — ⟨*37, 83*⟩ —.

[41] Bélanger, L. F. und Leblond, C. P.: Mineralization of the growing tooth as shown by radiophosphorus autographs. Proc. Soc. exp. Biol. (N. Y.) **73** (1950) 390. — ⟨*43*⟩ —.

[42] Bennington, J. L.: Radioautographic analysis of soluble antigen-antibody complexes separable by paper electrophoresis. Proc. Soc. exp. Biol. (N. Y.) **104** (1960) 148. — ⟨*36*⟩ —.

[43] Berlin, M., Jerksell, L.-G. und Nordberg, G.: Accelerated uptake of mercury by brain caused by 2,3-dimercaptopropanol (BAL) after injection into the mouse of a methyl-mercuric compound. Acta pharmacol. (Kbh.) **23** (1965) 312. — ⟨*53*⟩ —.

[44] Berlin, M. und Ullberg, S.: Accumulation and retention of mercury in the mouse. An autoradiographic study after a single intravenous injection of mercuric chloride. Arch. environm. Hlth. **6** (1963) 589. — ⟨*53*⟩ —.

[45] Berlin, M. und Ullberg, S.: Accumulation and retention of mercury in the mouse. An autoradiographic comparison of phenyl mercuric acetate with inorganic mercury. Arch. environm. Hlth. **6** (1963) 602. — ⟨*53, 168*⟩ —.

[46] Berlin, M. und Ullberg, S.: Accumulation and retention of mercury in the mouse. Autoradiographic comparison of methyl mercuric dicyanide diamide with inorganic mercury. Arch. environm. Hlth. **6** (1963) 610. — ⟨*53*⟩ —

[47] Berlin, M. und Ullberg, S.: Increased uptake of mercury in mouse brain caused by 2,3-dimercaptopropanol. Nature **197** (1964) 84. — ⟨*53, 54*⟩ —.

[48] Berriman, R. W., Herz, R. H. und Stevens, G. W. W.: A new photographic material — a high resolution emulsion for autoradiography. Brit. J. Radiol. **23** (1950) 472 u. 578. — ⟨*69*⟩ —.

[49] Bhatnagar, A. S. und Ghosh, P. G.: Using autoradiography for quantitative study of U in ore. Nucleonics **12/4** (1954) 58. — ⟨*175*⟩ —.

[50] Bierlein, T. K. und Mastel, B.: Fission fragment damage in nonfissionable thin films. J. appl. Physics **31** (1960) 2315. — ⟨*136*⟩ —.

[51] Bierlein, T. K. und Mastel, B.: Novel metallographic utilization of replicas and microautoradiography. Nucl. Sci. Abstr. **19** (1965) Abstr. Nr. 46951. — ⟨*25*⟩ —

[52] Blanck, H., McCarthy, P. L. und De Lamater, E. D.: Novacuum freezing-dehydrating technic for histology, autoradiography, and microbial cytology. Stain Technol. **26** (1951) 193. — ⟨*87*⟩ —.

[53] Bleecken, S.: Quantitative Autoradiographie von tritiummarkierten Bakterien und Hefezellen. Atompraxis **10** (1964) 376. — ⟨*169*⟩ —.

[54] Bleecken, S.: The determination of autoradiographic resolution with ^{32}P-toned test images. Atompraxis **13** (1967) 190. — ⟨*80*⟩ —.

[55] Bleecken, S.: Die Methode der radioaktiven Tonung (insbesondere für ^{32}P) und ihre Anwendung in der Mikroautoradiographie für vergleichende Untersuchungen des Auflösungsvermögens. Atompraxis **14** (1968). — ⟨*80*⟩ —.

[56] Bleecken, S.: Die Abbildungseigenschaften autoradiographischer Systeme. I. Grundlagen zur Berechnung der autoradiographischen Übertragung. Z. Naturforsch. **23b** (1968) 1339. — ⟨*169*⟩ —.

[57] Bleecken, S.: Die Abbildungseigenschaften autoradiographischer Systeme. II. Lineare und nichtlineare autoradiographische Übertragung. Z. Naturforsch. **23b** (1968) 1350. — ⟨*169*⟩ —.

[58] Bleecken, S.: Die Abbildungseigenschaften autoradiographischer Systeme. III. Autoradiographisches Auflösungsvermögen. Z. Naturforsch. **23b** (1968) 1478. — ⟨*169*⟩ —.

[59] Bode, H. und Euler, J.: Stromverteilung auf der Fläche von Akkuplatten. Naturwissenschaften **50** (1963) 610. — ⟨*23, 24*⟩ —.

[60] Bosque, P. G. und Werner, G.: Eine Methode zur radioautographischen Darstellung niedermolekularer und wasserlöslicher Stoffe in Organen. 2. Int. Kongr. Histochem. Cytochem., Frankfurt/M. 1964, S. 188. Springer-Verlag, Berlin-Göttingen-Heidelberg. — ⟨*88, 90*⟩ —.

[61] Boström, R. C.: A projection microphotometer for quantitative microscopy. IRE Trans. Medical Electronics. PGME-7 (1956) 20. — ⟨*160*⟩ —.

[62] Boström, H., Odeblad, E. und Friberg, U.: A quantitative autoradiographic study of the incorporation of S-35 in tracheal cartilage. Arch. Biochem. Biophysics **38** (1952) 283. — ⟨*178*⟩ —.

[63] Boström, H., Odeblad, E. und Friberg, U.: A qualitative and quantitative autoradiographic study of the uptake of sulfur-35 labelled sodium sulfate in the skin of the adult rat. Acta path. microbiol. scand. **32** (1953) 516. — ⟨*178*⟩ —.

[64] Bove, J. M.: Thin-layer chromatography and radioautography of adenosinephosphates in the presence of orthophosphate. Application to photosynthetic phosphorylation. Bull. Soc. Chim. biol. (Paris) **45** (1963) 421. — ⟨*33*⟩ —.

[65] Boyd, G. A. und Levi, H.: C-14 β-track autoradiography. Science **111** (1950) 58. — ⟨*157*⟩ —.

[66] Brück, H. J.: Ein Beitrag zur Mikrophotographie ungefährbter Autoradiographie-Präparate. LEITZ-Mitt. Wiss. u. Techn. **IV/3** (1967) 83. — ⟨*83*⟩ —.

[67] Bubel, H. C. und Bonventre, P. F.: Apparatus for preparation of whole animal sections for autoradiography. J. Lab. Clin. Med. **61** (1963) 324. — ⟨*44, 49*⟩ —.

[68] Buckalov, G. W. und Cohn, D. V.: Color Autoradiography. Science **123** (1956) 333. — ⟨*33*⟩ —.

[69] Budd, G. C.: Semi-quantitative electron autoradiography. In: 2. Internat. Kongr. Histochem. Cytochem., Frankfurt/M. 1964, S. 98. Springer-Verlag, Berlin-Göttingen-Heidelberg. — ⟨*174*⟩ —.

[70] Budd, G. C. und Pelc, S. R.: The membrane method of electron microscope autoradiography. Stain Technol. **39** (1964) 295. — ⟨*115*⟩ —.

[71] Budd, G. C. und Salpeter, M. M.: The distribution of labeled norepinephrine within sympathetic nerve terminals studied with electron microscope radioautography. J. Cell Biol. **41** (1969) 21. — ⟨*154*⟩ —.

[72] Campbell, D.: Track autographs with iron-59 and sulphur-35 with quantitative evaluation. Nature **167** (1951) 274. — ⟨*158*⟩ —.

[73] Campbell, D. und Persson, B. H.: Use of track autoradiography in studies on the sulfur metabolism of connective tissue. Experentia **7** (1951) 304. — ⟨*158, 178*⟩ —.

[74] CANNY, M. J.: High resolution autoradiography of water-soluble substance. Nature **175** (1955) 857. — ⟨*77*⟩ —.

[75] Caro, L. G.: Proposed use of magnetic fields in electron microscopic radioautography. Nature **191** (1961) 1188. — ⟨*133*⟩ —.

[76] Caro, L. G.: Electron microscopic radioautography of thin sections: the Golgi zone as a site of protein concentration on pancreatic acinar cells. J. biophys. biochem. Cytol. **10** (1961) 37. — ⟨*121, 122, 142*⟩ —.

[77] CARO, L. G.: High-resolution autoradiography. II. The problem of resolution. J. Cell Biol. **15** (1962) 189. — ⟨*103*⟩ —.

[78] CARO, L. G.: High-resolution autoradiography. In: Methods in Cell Physiology. Bd. I, S. 327—363. Academic Press Inc., New York 1964. — ⟨*137, 139*⟩ —.

[79] CARO, L. G.: Progress in high-resolution autoradiography. Progr. Biophys. Mol. Biol. **16** (1966) 171. — ⟨*101*⟩ —.

[80] CARO, L. G. und PALADE, G. E.: Protein synthesis, storage, and discharge in the pancreatic exocrine cell. An autoradiographic study. J. Cell Biol. **20** (1964) 473. — ⟨*149, 150*⟩ —.

[81] CARO, L. G. und SCHNOES, M.: Tritium and phosphorus-32 in high resolution autoradiography. Science **149** (1965) 60. — ⟨*146, 147*⟩ —.

[82] CARO, L. G. und VAN TUBERGEN, R. T.: High-resolution autoradiography. I. Methods. J. Cell Biol. **15** (1962) 173. — ⟨*111, 116, 118, 122, 128, 139, 140, 141*⟩ —.

[83] CHAMBERLAIN, J., HUGHES, A., ROGERS, A. W. und THOMAS, G. H.: An evaluation of the available techniques for the autoradiography of tritium on chromatograms. Nature **201** (1964) 774. — ⟨*27, 28, 30*⟩ —.

[84] COMINGS, D. E.: The duration of replication of the inactive X-chromosome in human based on the persistence of the heterochromatic sex chromatin body during DNA synthesis. Cytogenetics (Basel) **6** (1967) 20. — ⟨*76*⟩ —.

[85] CORMACK, D. V.: Beta ray sensitivity of autoradiographic stripping film. Brit. J. Radiol. **28** (1955) 450. — ⟨*75, 78*⟩ —.

[86] COUCEIRO, A.: Deposicao do radiofosforo em tecidos osseo e dentario demonstrada pela tecnica autografica. Mem. Inst. Osw. Cruz, Rio de Janeiro **41** (1944) 541. — ⟨*49*⟩ —.

[87] LA COUR, L. F. und CRAWLEY, J. W. C.: The site of rapidly labelled ribonucleic acid in nucleoli. Chromosoma (Berl.) **16** (1965) 124. — ⟨*149*⟩ —.

[88] CUPP, C. B. und FLUBACHER, P.: Autoradiographic technique for the study of tritium in metals and its application to diffusion in zirconium at 149-deg. to 240-deg. C. J. nuclear Mater. (Amsterdam) **6** (1962) 213. — ⟨*19, 20, 21*⟩ —.

[89] DALGAARD, J. B.: Tracer phosphatase determination in tissue section. Nature **162** (1948) 811. — ⟨*177*⟩ —.

[90] DATTA, N. P. und SRIVASTAVA, S. C.: A method for radioautographic study of movement of phosphorus in soil columns. Nucl. Sci. Abstr. **13** (1959) Abstr. Nr. 6261. — ⟨*63*⟩ —.

[91] DAVIS, R. B. und KAY, D.: Demonstration of 5-hydroxy tryptamine in blood platelets by electron microscope autoradiography. Nature **207** (1965) 650. — ⟨*154*⟩ —.

[92] DEBEAUVAIS, M. und CÜER, P.: Enregistrement des traces individuelles de particules α de faible énergie dans des films de nitrate de cellulose. C. R. Acad. Sci. (Paris) **258** (1964) 1777. — ⟨*136*⟩ —.

[93] v. DEIMLING, O., WITSCH, K. und ROSSNER, R.: Methoden zur nachträglichen PAS- und Feulgen-Färbung bei entwickelten autoradiographischen Paraffinschnitten. Histochemie **14** (1968) 242. — ⟨*86*⟩ —.

[94] DE MAN, J. C. H. und NOORDUYN, N. J. A.: Light and electron microscopic radioautography of hepatic cell nucleoli in mice treated with actinomycin D. J. Cell Biol. **33** (1967) 489. — ⟨*147*⟩ —.

[95] DENDY, P. P.: A method for the automatic estimation to grain densities in microautoradiography. Phys. in Med. Biol. **5** (1960) 131. — ⟨*161*⟩ —.

[96] DENNIS, E. S. und WAKE, R. G.: Autoradiography of the Bacillus subtilis chromosome. J. molec. Biol. **15** (1966) 435. — ⟨*73*⟩ —.

[97] DESCARRIES, L. und DROZ, B.: Electron microscope radioautographic detection of norepinephrine-H^3 in the central nervous system of the rat. In: Electron microscopy 1968, Bd. II, S. 527 (Rome 1968). — ⟨*152*⟩ —.

[98] DESCARRIES, L. und DROZ, B.: Incorporation de noradrénaline-^{3}H(NA-^{3}H) dans le système nerveux central du rat adulte. Étude radio-autographique en microscopie électronique. C. R. Acad. Sci. (Paris) Serie D **266** (1968) 2480. — ⟨*154*⟩ —.

[99] DESSAUER, H. C., FOX, W. und HARTWIG, Q. L.: Comparative study of transferrins of amphibia and reptilia using starch-gel electrophoresis and autoradiography. Comp. Biochem. Physiol. **5** (1962) 17. — ⟨*35, 36*⟩ —.

[100] DEUCHAR, E. M.: Staining sections before autoradiographic exposure. Excessive background graining caused by celestin blue. Stain Technol. **37** (1962)324. — ⟨*76*⟩ —.

[101] DOCKUM, N. L. und HEALY, J. W.: Spot diameter method of quantitative autoradiography of ruthenium-106 particles in lung tissues. Stain Technol. **32** (1957) 209. — ⟨*158*⟩ —.

[102] DÖRMER, P.: Auflichtphotometrische Untersuchungen zur Größe der Koinzidenz in der Autoradiograpie mit Tritium. Histochemie **8** (1967) 1. — ⟨*166*⟩ —.

[103] DÖRMER, P.: Erfahrungen mit der photometrischen Silberkornzählung in der Autoradiographie. LEITZ-Mitt. Wiss. u. Techn. **IV/3** (1967) 74. — ⟨*161*⟩ —.

[104] DÖRMER, P., BRINKMANN, W., STIEBER, A. und STICH, W.: Automatische Silberkornzählung in der Einzelzell-Autoradiographie. Eine neue photometrische Methode für die quantitative Autoradiographie. Klin. Wschr. **44** (1966) 477. — ⟨*161, 162*⟩ —.

[105] DOHLMAN, G. F. und FARKASHIDY, J.: Evaluation of different methods of autoradiography in electron microscopy. 5th Intern. Congr. Electron Microscr. Philadelphia, Bd. II (1962) 1—11. — ⟨*129*⟩ —.

[106] DOHLMANN, G. F., MAUNSBACH, A. B., HAMMARSTRÖM, L. und APPELGREN, L. E.: Electron microscopic autoradiography. A method for producing monolayers of silver halide crystals using centrifuge sedimentation. J. Ultrastruct. Res. **10** (1964) 293. — ⟨*129*⟩ —.

[107] DOMINGUES, F. J., SARKO, A. und BALDWIN, R. R.: A simplified method for quantitation of autoradiography. Int. J. appl. Radiat. **1** (1956) 94. — ⟨*168*⟩ —.

[108] DONIACH, J. und PELC, S. R.: Autoradiograph technique. Brit. J. Radiol. **23** (1950) 184. — ⟨*102*⟩ —.

[109] DROZ, M. B.: Biologie cellulaire. Sites de synthèse et migration des protéines dans les cellules hépatiques du Rat: étude radioautographique en microscopie électronique. C. R. Acad. Sci. (Paris) Série D **262** (1966) 1654. — ⟨*149, 175*⟩ —.

[110] DROZ, M. B.: Biologie Cellulaire. Élaboration de glycoprotéines dans l'appareil de Golgi des cellules hépatiques chez le Rat; étude radioautographique en

microscopie électronique après injection de galactose-^{3}H. C. R. Acad. Sci. (Paris) Série D **262** (1966) 1766. —⟨*149, 175*⟩ —.

[111] DROZ, B. und BERGERON, M.: Radioautographic detection of proteins newly synthesized from leucine-H-3 in the mitochondria of the liver and kidney of the rat. C. R. Acad. Sci. (Paris) **261** (1965) 2757. (franz.) — ⟨*149*⟩ —.

[112] DROZ, B. und BERGERON, M.: Quantitative electron microscopic radioautography: conditions and application to the kinetics of mitochondrial proteins. Electron microscopy and Cytochemistry, Symposium Leiden 1966. — ⟨*175*⟩ —.

[113] DROZ, B., KOENIG, H. L. und YOUNG, R. W.: Radioautographie en microscopie électronique et renouvellement des protéines axonales dans les terminaisons motrices et sénsitives. In: Electron Microscopy, Bd. II/1968, S. 523 (Rome 1968). — ⟨*149*⟩ —.

[114] DUDLEY, R. A. und DOBYNS, M. B.: Use of autoradiographs in quantitative determination of radiation dosages from Ca^{45} in bone. Science **109** (1948) 327. — ⟨*131, 178*⟩ —.

[115] DUDLEY, R. A. und PELC, S. R.: Automatic grain counter for assessing quantitatively high-resolution autoradiographs. Nature **172** (1953) 992. — ⟨*162*⟩ —.

[116] DUHM, B., MAUL, W., MEDENWALD, H., PATZSCHKE, K. und WEGNER, L. A.: Tierexperimentelle Untersuchungen mit radioaktiv markiertem α-Methyldopa. Naunyn-Schmiedebergs Arch. exp. Path. Pharmak. **246** (1963) 10. — ⟨*52*⟩ —.

[117] DUHM, B., MAUL, W., MEDENWALD, H., PATZSCHKE, K. und WEGNER, L. A.: Autoradiographische Studien über die Verteilung von α-Methyldopa in der Ratte und im Katzenhirn. Atompraxis **10** (1964) 46. — ⟨*52*⟩ —.

[118] DUMCOMBE, W. G.: A normogram for calculating autoradiograph exposures. Int. J. appl. Radiat. **10** (1961) 212. — ⟨*173* —.

[119] ECKERT, H. und HOPF, A.: Autoradiographic studies on the distribution of psychoactive drugs in the rat brain. Int. Pharmocopsychiat. **2** (1969) 12. — ⟨*167*⟩ —.

[120] EDSTRÖM, A.: Inhibition of protein synthesis in Mauthner nerve fibre components by Actinomycin-D. J. Neurochem. **14** (1967) 239. — ⟨*147*⟩ —.

[121] ELFVIN, L. E., APPLEGREN, L. E. und ULLBERG, S.: High-resolution autoradiography of the adrenal medulla after injection of tritiated dihydroxyphenylalanine (Dopa). J. Ultrastruct. Res. **14** (1966) 277. — ⟨*154*⟩ —.

[122] ENDICOTT, K. M. und YAGODA, H.: Microscopic historadiographic technic for locating and quantitating radioactive elements in tissues. Proc. Soc. exp. Biol. (N. Y.) **64** (1947) 170. — ⟨*50*⟩ —.

[123] ERBACHER, D. und WANNEMACHER, E.: Zur Frage von Stoffwechselvorgängen in den Zahnhartgeweben. Dtsch. Zahn-, Mund- und Kieferheilk. **8** (1941) 201. — ⟨*49*⟩ —.

[124] ERICKSON, W. H. und HARDIE, D.: The autoradiographic location of precipitated hydride in a Zr-2% Nb alloy. J. Inst. Metals **92** (1964) 191. — ⟨*19*⟩ —.

[125] ERISMANN, K. H.: Hilfsmittel zum Arbeiten mit radioaktiven Substanzen in der Dünnschichtchromatographie. J. Chromatog. **20** (1965) 600. — ⟨*30*⟩ —.

[126] ERTRAUD, E. und ZALESKI, P.: Neutron density measurements by autoradiography of detector foils. J. Phys. Radium (Paris) **14** (1953) 191. — ⟨*175*⟩ —.

[127] EULER, J.: Verwendung von Radioisotopen in der Batterie-Forschung. Chemie-Ing.-Techn. **38** (1966) 631. — ⟨*24*⟩ —.

[128] EVANS, T. C.: Radioautographs in which the tissue is mounted directly on the photographic plate. Proc. Soc. exp. Biol. (N. Y.) **64** (1947) 313. — ⟨*37, 50*⟩ —.

[129] Faraggi, H.: Some examples of the use of autoradiography in metallurgy. Nucl. Sci. Abstr. **14** (1960) Abstr. Nr. 4713. — ⟨*12*⟩ —.

[130] Feinendegen, L. E.: Zusammenfassende Übersichten zu den Versuchen der autoradiographischen Darstellung leichtlöslicher Substanzen. Acta histochem. (Jena) Suppl. VIII (1968) 107. — ⟨*87*⟩ —.

[131] Fewer, D., Threadgold, J. und Sheldon, H.: Studies on cartilage. V. Electron microscopic observations on the autoradiographic localization of S. 35 in cells and matrix. J. Ultrastruct. Res. **11** (1964) 166. — ⟨*123, 152*⟩ —.

[132] Field, E. O., Dawson, K. B. und Gibbs, J. E.: Autoradiographic differentiation of tritium and another β-emitter by a combined color-coupling and double stripping-film technique. Stain Technol. **40** (1965) 295. — ⟨*72*⟩ —.

[133] Field, E. O., Dawson, K. B. und Stevens, G. W.W.: Differential autoradiography of tritium and another β-emitter by a double stripping-film technique. Nature **195** (1962) 510. — ⟨*72*⟩ —.

[134] Firket, H. und Granboulan, P.: Electron microscope autoradiographs of tritiated uridine incorporation. J. roy. micr. Soc. **81** (1963) 227. — ⟨*149*⟩ —.

[135] Fischer, H. A. und Werner, G.: Eine Methode zur quantitativen Auswertung von Autoradiogrammen auf der Grundlage der Durchlicht-Mikro-Photometrie. Histochemie **15** (1968) 84. — ⟨*98, 166, 167, 168*⟩ —.

[136] Fischer, H. A. und Werner, G.: Untersuchungen zur Eignung photographischer Emulsionen für die elektronenmikroskopische Autoradiographie. Acta histochem. (Jena) Suppl. VIII (1968) 155. — ⟨*110, 111, 137, 138, 139*⟩ —.

[137] Fischer, H. A. und Werner, G.: Apparative Anordnung zur histologischen und quantitativen Analyse von Autoradiogrammen. Z. analyt. Chem. **243** (1968) 183. — ⟨*100, 168*⟩ —.

[138] Fitzgerald, J. P., Simmel, E., Weinstein, J. und Martin, C.: Radioautography: Theory, technic, and applications. Lab. Invest. **2** (1953) 181.

[139] Flinn, M.: Calculation of exposure times for successive autoradiographs. Nature **202** (1964) 1036. — ⟨*174*⟩ —.

[140] Fodor, J.: Some uses of autoradiography in the metallurgical industry. Energia és Atomtechn. **12** (1959) 275 sowie Nucl. Sci. Abstr. **14** (1960) Abstr. Nr. 15030. — ⟨*12*⟩ —.

[141] Foster, L. M., Gillespie, A. S. jr., Jack, T. H. und Hill, W. W.: Hydrogen in aluminium-tritium autoradiography. Nucleonics **21/4** (1963) 53. — ⟨*19*⟩ —.

[142] Fray, G. und Frey, J.: Highly sensitive radioautographic technique to be used for thin-layer chromatography. Bull. Soc. Chim. biol. **45** (1963) 1201. — ⟨*31*⟩ —.

[143] Fromme, H. G.: Ein Beitrag zur Methodik der elektronenmikroskopischen Autoradiographie. Z. Naturforsch. **19b** (1964) 852. — ⟨*118*⟩ —.

[144] Fromme, H. G., Stöber, W. und Strecker, F. J.: Elektronenmikroskopisch-autoradiographische Lokalisierung von subkutan injiziertem Poly-vinyl-pyridin-N-oxid in Tridymitstaub-Granulomen von Ratten. Hoppe-Seyler's Z. physiol. Chem. **346** (1966) 74. — ⟨*154*⟩ —.

[145] Fromme, H. G. und Zessack, U.: Electron microscopic autoradiography in a magnetic field. Electron microscopy and Cytochemistry Symposium Leiden 1966. — ⟨*133*⟩ —.

[146] Fujita, H. und Fujita, S.: Electron microscopic studies on neuroblast differentiation in the central nervous system of domestic fowl. Z. Zellforsch. **60** (1963) 463. — ⟨*148*⟩ —.

[147] FUJITA, H. und FUJITA, S.: Electron microscopic studies on the differentiation of the ependymal cells and the glioblast in the spinal cord of domestic fowl. Z. Zellforsch. **64** (1964) 262. — ⟨*148*⟩ —.

[148] GABLER, F.: Microphotometry and its application. The Microscope & Crystal Front **15** (1966) 85. — ⟨*160*⟩ —.

[149] GARDINER, J. R.: A radioactive marking ink. Nature **197** (1963) 414. — ⟨*27*⟩ —.

[150] GARWEG, G. und KORTMANN, H.: Die infundibulären Zonen der normalen und adrenalektomierten weißen Maus in der Kryostat- und Paraffinschnitt-Autoradiographie Z. Zellforsch. **92** (1968) 94. — ⟨*90*⟩ —.

[151] v. GAUDECKER, B.: Elektronenmikroskopische Autoradiographie mit H^3-Thymidin an der Thymusrinde der Maus. Z. Zellforsch. **72** (1966) 281. — ⟨*148*⟩ —.

[152] GEORGE II, L. A. und VOGT, G. S.: Electron microscopy of autoradiographed radioactive particles. Nature **184** (1959) 1474. — ⟨*116, 118*⟩ —.

[153] GETSEL, A. KH.: A simplified of using standards for quantitative autoradiography. Biofizika **6** (1961) 219 (russ.), engl. Übers. in: Biophysics **6** (1961) 240. — ⟨*168*⟩ —.

[154] GEUSKENS, M. und FICQ, A.: Detection of DNA by a autoradiographic method after "staining" with radioactive Actinomycin D and high-resolution autoradiography. Acta Histochem. (Jena) Suppl. VIII (1968) 135. — ⟨*147*⟩ —.

[155] GHIARA, G.: Attivita di sintesi proteica econstituzione di granuli di secrezione: ricerche istoautoradiografiche e di microscopia elettronica sul pancreas esocrino. Boll. Zool. **29** (1962) 73. — ⟨*146*⟩ —.

[156] GLAWITSCH, G.: Über die Anwendung radioaktiver Methoden auf metallkundliche Probleme (Autoradiographie). Z. Metallkunde **47** (1956) 199. — ⟨*12, 13, 17*⟩ —.

[157] GLEASON, G. J., TAYLOR, D. J. und TABERN, D. L.: Absolute beta counting at defined geometry. Nucleonics **8/5** (1951) 12. — ⟨*6*⟩ —.

[158] GODMAN, G. C. und LANE, N.: On the site of sulfation in the chondrocyte. J. Cell. Biol. **21** (1964) 353. — ⟨*152*⟩ —.

[159] GOLDIN, M. L., KRIVONOSOV, U. I., KOVALEV, G. N., DOLZHENKOV, F. E. und TOBOLSKII, M. B.: Use of an autoradiographic method for the study of the boundary zone of bimetals. Zadvodsk. Lab. **31** (1965) 203. — ⟨*12*⟩ —.

[160] GOMBERG, H. J., SIMOTT, M. J., UPTHEGROVE, C., FLINN, R. A., VAN VLACK, L. H., YUKAWA, S., KEH, A. S., PROBST, H. B., HAMMOND, C. M., SIMONSEN, R. und TOWE, G. C.: High-resolution autoradiography for study of grain boundaries in metals. Final report. Nucl. Sci. Abstr. **8** (1954) Abstr. Nr. 4290. — ⟨*12*⟩ —.

[161] GORDON, B. E. und LISICHENKO, V. K.: An autoradiographic method of examining pencil and ink mark on documents. Int. J. appl. Radiat. **8** (1960) 138. — ⟨*57, 58*⟩ —.

[162] GRANBOULAN, P.: Resolving power and sensitivity of a new emulsion in electron microscope autoradiography. J. roy. micr. Soc. (Ser. 3) **81** (1963) 165. — ⟨*111*⟩ —.

[163] GRANBOULAN, P. und AUDRAN, R.: Application of Lippmann-type emulsion to autoradiography with an electron microscope. C. R. Acad. Sci. (Paris) **259** (1964) 3201. — ⟨*111*⟩ —.

[164] GRANBOULAN, P., GRANBOULAN, N. und BERNHARD, W.: Application de l'autoradiographie a la Microscopie Electronique. J. de Microscopie **1** (1962) 75. — ⟨*128, 148*⟩ —.

[165] GRANBOULAN, N. und TOURNIER, P.: Horaire et localisation de la synthèse des acides nucléiques pendant la phase d'éclipse du virus SV 40. Ann. Inst. Pasteur (Paris) **109** (1965) 837. — ⟨*148*⟩ —.

[166] GRENNEN TSUK, R., CASTRO, TH., LAUFER, L. und SCHWARZ, D. R.: Determination of radiochemical purity by means of autoradiography. In: Proc. Conf. Methods of Preparing and Storing Marked Molecules, Brüssel 1963, S. 497—509. — ⟨*28, 29*⟩ —.

[167] GROSSKREUTZ, J. C.: Autoradiography of fatigue fracture in aluminium. J. appl. Physics. **33** (1962) 2653. — ⟨*17, 18*⟩ —.

[168] GRUNBERG, L.: The formation of hydrogen peroxide on fresh metal surfaces. Proc. phys. Soc. B 66 (1953) 153. — ⟨*17*⟩ —.

[169] GUDE, W. D.: Controlled humidity of autoradiographic stripping film during storage. Stain Technol. **32** (1957) 197. — ⟨*71*⟩ —.

[170] GUIDOTTI, G.: Quantitative autoradiography of isolated thyroid-gland colloid. Stain Technol. **31** (1956) 7. — ⟨*178*⟩ —.

[171] GUIDOTTI, G. und SETTI, R. L.: Autoradiography of tracks from β-particle emitters in tissues. Stain Technol. **31** (1956) 57. — ⟨*158*⟩ —.

[172] GUILBERT, J. M. und ADAMS, J. A. S.: Alpha-particle autoradiography with liquid emulsion. Nucleonics **13/7** (1955) 43. — ⟨*158*⟩ —.

[173] GULLBERG, J. E.: A new change-over optical system and a direct recording microscope for quantitative autoradiography. Exp. Cell Res. Suppl. **4** (1957) 222. — ⟨*161*⟩ —.

[174] GULLBERG, J. E.: Grain counting instrumentation. Lab. Invest. 8 (1959) 94. — ⟨*160*⟩ —.

[175] GUROFF, G.: The hydroxylation-induced migration of tritium: Practical Aspects. Atomlight **69** (1969) 1. — ⟨*11*⟩ —.

[176] HAASE, G. und JUNG, G.: Herstellung von Einkornschichten aus photographischen Emulsionen. Naturwissenschaften **51** (1964) 404. — ⟨*118, 119, 144*⟩ —.

[177] HAMILTON, J. G.: The metabolism of the fission products and the heaviest elements. Radiology **49** (1947) 325. — ⟨*45*⟩ —.

[178] HAMM, F. A. und COMER, J. J.: Electron microscopy of photographic grains. Specimen preparation techniques and applications. J. appl. Physics **24** (1953) 1495. — ⟨*101*⟩ —.

[179] HAMMARSTRÖM, L.: Autoradiographic studies on C^{14}-labelled ascorbic acid and dehydroascorbic acid. Acta physiol. scand. **70** (1966) Suppl. 289. — ⟨*51*⟩ —.

[180] HAMPTON, J. C. und QUASTLER, H.: Combined autoradiography and electron microscopy of thin sections of intestinal epithelial cells of the mouse labelled with thymidine. J. biophys. biochem. Cytol. **10** (1961) 140. — ⟨*116, 118, 148*⟩ —.

[181] HARBERS, E.: Untersuchungen über Verteilung und Ausscheidung der in vivo entstehenden Folgeprodukte des Thorium X. Z. Naturforsch. **7b** (1952) 365. — ⟨*158*⟩ —.

[182] HARFORD, C. G. und HAMLIN, A.: Electron microscopic autoradiography in a magnetic field. Nature **189** (1961) 505. — ⟨*95, 133*⟩ —.

[183] HARFORD, C. G. und HAMLIN, A.: A method of electron microscopic autoradiography with tritium-labelled cells in a magnetic field. Lab. Invest. **10** (1961) 627. — ⟨*133*⟩ —.

[184] HARRIS, J. E., SLOANE, J. F. und KING, D. T.: New techniques in autoradiography. Nature **166** (1950) 25. — ⟨*77, 158*⟩ —.

[185] HAY, E. D. und REVEL, J. P.: The fine structure of the DNP component of the nucleus. An electron microscopic study utilizing autoradiography to localize DNA synthesis. J. Cell Biol. **16** (1963) 29. — ⟨*123*⟩ —.

[186] HELLAUER, H. und HAGEMÜLLER, K.: Zur quantitativen Bestimmung der Jodeiweißbindung im Gewebe auf radiohistochemischer Basis. Strahlentherapie, Sonderband **38** (1958) 82. — ⟨*35, 36, 142*⟩ —.

[187] HERRMANN, W.: Untersuchungen an Bleibatterien mit der Isotopen-Indikatormethode. Elektrotechn. Z. **B16** (1964) 643. — ⟨*24*⟩ —.

[188] HERRMANN, W., HARTMANN, G., BOTHE, K.-H. und HOFMANN, G.: A microautoradiographic method for detection of the distribution of silicicacid of filler in rubber. Kernenergie **3** (1960) 663. — ⟨*62*⟩ —.

[189] HERRMANN, W., HARTMANN, G. und BRUST, R.: Das Auflösungsvermögen mikroautoradiographischer Aufnahmen in Abhängigkeit von der Energie der verwendeten β-Strahlung (Teil I). Atompraxis **7** (1961) 315. — ⟨*80, 102*⟩ —.

[190] HERRMANN, W., HARTMANN, G. und BRUST, R.: Das Auflösungsvermögen mikroautoradiographischer Aufnahmen und Untersuchungen über seine Abhängigkeit von der Energie der verwendeten β-Strahlung. (Teil II). Atompraxis 8 (1962) 8. — ⟨*80*⟩ —.

[191] HERRMANN, W. und PRÖBSTL, G.: Versuche über die Antimonverteilung im Bleiakkumulator. Z. Elektrochem., Ber. Bunsenges. physik. Chem. **61** (1957) 1157. — ⟨*24*⟩ —.

[192] HERZ, R. H.: Photographic fundamentals of autoradiography. Nucleonics **9** (1951) 24. — ⟨*79*⟩ —.

[193] HERZ, R. H.: Micro-Autoradiographie. Röntgenblätter **9** (1956) 201. — ⟨*80*⟩ —.

[194] HERZ, R. H.: Methods to improve the performance of stripping emulsions. Lab. Invest. **8** (1959) 71. — ⟨*80, 85, 138*⟩ —.

[195] HILL, D. K.: Resolving power with tritium autoradiographs. Nature **194** (1962) 831. — ⟨*169*⟩ —.

[196] HILSCHER, B., HILSCHER, W. und MAURER, W.: Autoradiographische Bestimmung der Generationszeiten und Teilphasen der verschiedenen Spermatogonien-Generationen der Ratte. Naturwissenschaften **53** (1966) 415. — ⟨*179*⟩ —.

[197] HILSCHER, W. und MAURER, W.: Autoradiographische Bestimmung der Dauer der DNS-Verdopplung und ihres zeitlichen Verlaufs bei Spermatogonien der Ratte durch Doppelmarkierung mit C-14- und H-3-Thymidin. Naturwissenschaften **49** (1962) 352. — ⟨*179*⟩ —.

[198] HOECKER, F. E. und ROOFE, P. G.: Structural differences in bone matrix associated with metabolized radium. Radiology **52** (1949) 856. — ⟨*99*⟩ —.

[199] HOLGATE, W.: The incorporation and retention of Sr^{90} in the teeth. Brit. dent. J. **107** (1959) 131. — ⟨*43*⟩ —.

[200] HOLMSEN, H.: Incorporation in vitro of P^{32} into blood platelet acid-soluble organophosphates and their chromatographic identification. Scand. J. clin. Lab. Invest. **17** (1965) 230. — *27*⟩ —.

[201] HOLT, S. J. und HICKS, R. M.: Specific staining methods for enzyme localization at the subcellular level. Brit. med. Bull. **18** (1962) 214. — ⟨*147*⟩ —.

[202] HOLT, M. W. und WARREN, SH.: A radioautographic method for detailed localization of radioactive isotopes in tissues without isotope loss. Proc. Soc. exp. Biol. (N. Y.) **73** (1950) 545. — ⟨*27, 99*⟩ —.

[203] HOREŠOVSKY, O., DUPAL, J. und HAIS, I. M.: A frame for photographic processing of the autoradiograms of paper chromatograms or electropherograms. J. Chromatogr. **9** (1962) 260. — ⟨*28*⟩ —.

[204] Howard, A. und Pelc, S. R.: Synthesis of deoxyribose nucleic acid and nuclear incorporation of S-35 as shown by autoradiography. Ciba Found. Conf. Isotope in Biochemistry **1951**, S. 138—151. — ⟨*179*⟩ —.

[205] Howard, A. und Pelc, S. R.: Synthesis of nucleoprotein in bean root cells. Nature **167** (1951) 599. — ⟨*179*⟩ —.

[206] Howard, A. und Pelc, S. R.: Nuclear Incorporation of P^{32} as Demonstrated by Autoradiographs. Exp. Cell Res. **2** (1951) 178. — ⟨*179*⟩ —.

[207] Howard, A. und Pelc, S. R.: Synthesis of deoxyribonucleic acid in normal and irradiated cells and its relation to chromosome breakage. Heredity **6** (1953) Suppl., 261. — ⟨*179*⟩ —.

[208] Hsie, J. J. C., Hungate, F. P. und Wilson, S. A.: Autoradiography: Technique for drastic reduction of exposure time to alpha particles. Science **150** (1965) 1821. — ⟨*47, 48*⟩ —.

[209] Huettig, G. F. und Glawitsch, G.: Autoradiographic methods in powder metallurgy Powder. Met. Bull. **7** (1956) 108. — ⟨*12*⟩ —.

[210] Hug, O. und Balk, O.: Patent: 3-H, Empfindlichkeitserhöhung im elektrischen Feld. Atompraxis **8** (1962) 281. — ⟨*135*⟩ —.

[211] Hughes, W. L., Bond, V. P., Brecher, G., Cronkite, E. P., Painter, R. B., Quastler, H. und Sherman, F. G.: Cellular proliferation in the mouse as revealled by autoradiography with tritiated thymidine. Proc. nat. Acad. Sci. (Wash.) **44** (1958) 476. — ⟨*79*⟩ —.

[212] Isbell, H. S., Frush, H. L. und Peterson, R. A.: J. Res. Nat. Bur. Standards **A 63** (1959) 171. — ⟨*30*⟩ —.

[213] Jackson, R.: Autoradiography of electrophoretic starch gels containing Fe^{59}. J. biol. photogr. Ass. **27** (1959) 49. — *35, 36*⟩ —.

[214] Jodrey, L. H. und Wilbur, K. M.: Autoradiograms of irregular surfaces. Proc. Soc. exp. Biol. **77** (1951) 80. — ⟨*64, 65*⟩ —.

[215] Joftes, D. L.: Liquid emulsion autoradiography with tritium. Lab. Invest. **8** (1959) 131. — ⟨*85*⟩ —.

[216] Joftes, D. L.: Radioautography, principles, and procedures. J. Nucl. Med. **4** (1963) 143. — ⟨*85*⟩ —.

[217] Joftes, D. L. und Warren, Sh.: Simplified liquid emulsion radioautography. J. biol. photogr. Ass. **23** (1955) 145. — ⟨*85*⟩ —.

[218] Johnson, P., Weber, E. J., Carter, H. E. und Krober, M. S.: Detection of phospholipids on paper chromatograms by neutron activation. J. Lipid. Res. **6** (1965) 425. — ⟨*28*⟩ —.

[219] Johnston, W. B.: Autoradiography of soil sections and its applications. Soil Science **78** (1954) 247. — *863*⟩ —.

[220] Jowsey, J.: Densitometry of photographic images. J. appl. Physiol. **21** (1966) 309. — ⟨*160*⟩ —.

[221] Jowsey, J., Lafferty, B. A. und Rabinowitz, J.: Analysis of distribution of Ca^{45} in dog bone by a quantitative autoradiographic method. J. Bone Jt. Surg. A .**47** (1965) 359. — ⟨*178*⟩ —.

[222] Kalberer, F.: A new method of macro-autoradiography. Atomlight **51** (1966) 1 sowie Adv. Trac. Meth. **3** (1966) 139. — ⟨*47, 50, 51*⟩ —.

[223] Kaminski, E. J.: Histologic processing in autoradiography: Loss of radioactivity. Stain Technol. **30** (1955) 139. — ⟨*76*⟩ —.

[224] Karasaki, S.: Electron microscopic examination of the sites of nuclear RNA synthesis during amphibian embroygenesis. J. Cell Biol. **26** (1965) 937. — ⟨*149*⟩ —.

[225] KASTENBAUM, M. A. und HANNA, M. G. jr.: Statistical analysis of autoradiographic and histologic data. Arch. Path. (Chicago) **79** (1965) 462. — ⟨*118, 171*⟩ —.

[226] KAYES, J., MAUNSBACH, A. B. und ULLBERG, S.: Electron microscopic autoradiography of radioiodine in the thyroid using the extranuclear electrons of I-125. J. Ultrastruct. Res. **7** (1962) 339. — ⟨*142, 152*⟩ —.

[227] KENNEDY, G. D. C. und KENNEDY, J. S.: An autoradiographic study of the dental lesions of lathyrism in the rat. Arch. oral. Biol. 8 (1963) 207. — ⟨*43*⟩ —.

[228] KINERSLY, T.: Beta-track autoradiographic study of teeth with Ca^{45}. Yale J. Biol. Med. **27** (1954) 114. — ⟨*43*⟩ —.

[229] KING, D. T., HARRIS, J. E. und TKACKZYK, S.: Liquid emulsion methods in electron track autoradiography. Nature **167** (1951) 273. — ⟨*158*⟩ —.

[230] KIRSHENBAUM, A. D., HOFFMAN, C. W. und GROSSE, A. V.: Autoradiographic technique with carbon-14 in rubber. Analytic. Chem. **23** (1951) 1440. — ⟨*60, 61, 62*⟩ —.

[231] KISIELESKI, W. E., BASERGA, R. und VAUPOTIC, J.: The efficiency of autoradiographic stripping-film applied to tissue sections containing tritiated thymidine. Radiat. Res. **15** (1962) 341 sowie Adv. Trac. Meth. **1** (1963) 302. — ⟨*79*⟩ —.

[232] KLEIN, E.: Electronmicroscopic investigations of photographic layers. Photogr. Sci. Engng. **1** (1957) 52. — ⟨*107*⟩ —.

[233] KOBURG, E. und MAURER, W.: Autoradiographische Untersuchungen mit H^3-Thymidin über die Dauer der Desoxyribonukleinsäure-Synthese und ihrem zeitlichen Verlauf bei den Darmepithelien und anderen Zelltypen der Maus. Biochim. biophys. Acta (Amst.) **61** (1962) 229. — ⟨*179*⟩ —.

[234] KODAK-Firmenprospekt: Scientific and technical data P-64, 2nd Ed. 1966. KODAK-materials for nuclear physics and autoradiography. — ⟨*7*⟩ —.

[235] KOEHLER, J. K., MÜHLETHALER, K. und FREY-WYSSLING, A.: Electron microscopic autoradiography. An improved technique for producing thin films and its application to H-3-thymidine-labeled maize nuclei. J. Cell Biol. **16** (1963) 73. — ⟨*127, 128, 148*⟩ —.

[236] KOHLHÖRSTER, J.: Beiträge zur Bestimmung kleinster Alpha-Aktivitäten mit Hilfe der photographischen Bahnspurdarstellung. Strahlentherapie **94** (1954) 602. — ⟨*158, 179*⟩ —.

[237] KOMINEK, J. und RADWIN, M.: Method of thickness determination of metallographic specimens for autoradiography. Nukleonika **10** (1965) 62. — ⟨*12*⟩ —.

[238] KOPRIWA, B. M.: Demonstration of coating technique for electron microscopic radioautography. Anat. Rec. **151** (1965) 490 (Abstract). — ⟨*124*⟩ —.

[239] KOPRIWA, B. M.: A semiautomatic instrument for the radioautographic coating technique. J. Histochem. Cytochem. **14** (1966) 923. — ⟨*116, 123, 124*⟩ —.

[240] KOPRIWA, B. M. und LEBLOND, C. P.: Improvements in the coating technique of radioautography. J. Histochem. Cytochem. **10** (1962) 269. — ⟨*85, 87*⟩ —.

[241] KUMAMOTO, Y. und LEBLOND, C. P.: Radioautographic study of mineralization of growing teeth with labeled calcium. J. dent. Res. **35** (1956) 147. — ⟨*43*⟩ —.

[242] KUTZIM, H.: Quantitative autoradiographische Untersuchungen an Ganztierschnitten zum Mineralstoffwechsel (Jod, Phosphor, Schwefel und Kupfer). Verh. dtsch. Ges. Path. **46** (1962) 243. — ⟨*165*⟩ —.

[243] KUTZIM, H.: The quantitative determination of the distribution of S-35-sulfate in mice using autoradiography. Nucl. Med. **3** (1962) 39. — ⟨*178*⟩ —.

[244] KUTZIM, H.: Quantitative Stoffwechseluntersuchungen mit Hilfe der Autoradiographie. Elektromedizin **7** (1962) 220. — ⟨*178*⟩ —.

[245] KUTZIM, H.: Quantitative Untersuchungen über die Verteilung von J^{131} und Cu^{64} mit Hilfe von Ganztierschnitten. Acta histochem. (Jena) Suppl. **3** (1963) 233. — ⟨*165*⟩ —.

[246] LAJTHA, L. G. und OLLIVER, R.: The application of autoradiography in the study of nucleic acid metabolism. Lab. Invest. **8** (1959) 214. — ⟨*79*⟩ —.

[247] LAL, H.: Distribution of urease activity in mice studied by whole-animal autoradiography. Int. J. appl. Radiat. **15** (1964) 543. — ⟨*55*⟩ —.

[248] LAMBIOTTE, M.: Physicochimie biologique. — Un nouveau procédé de séperation et de détection des substances tritiées: l'électrophorèse autoradiographique en couche mince de gélatine photographique. C. R. Acad. Sci. (Paris) **260** (1965) 1799. — ⟨*33*⟩ —.

[249] LAMBIOTTE, M.: Autoradiographic electrophoresis of tritium labeled compounds in a thin layer of buffered photographic gelatine. Nature **207** (1965) 516. — ⟨*33*⟩ —.

[250] LAMBIOTTE, M.: Thin layer autoradiographic electrophoresis of tritium-labelled compounds in buffered photographic gelatine. Adv. Trac. Meth. **3** (1966) 157. — ⟨*33, 34*⟩ —.

[251] LAMERTON, L. F. und HARRISS, E. B.: Some autoradiographic studies of non-uniform distribution of radioactive phosphorus in tissues. Brit. Med. J. Bd. II (1951) 932. — ⟨*79*⟩ —.

[252] LANG, W. und MAURER, W.: Zur Verwendbarkeit von Feulgen-gefärbten Schnitten für quantitative Autoradiographie mit markiertem Thymidin. Exp. Cell Res. **39** (1965) 1. — ⟨*76*⟩ —.

[253] LAUDE, P. P., JANES, R. G. und BOYD, J. D.: A simplified machine for making ground sections of teeth or bone. Anat. Rec. **104** (1949) 11. — ⟨*43*⟩ —.

[254] LEBLOND, C. P. und WARREN, K. B.: The use of radioautography in investigating protein synthesis. Symp. Int. Soc. Cell Biol. 1965/IV, Academic Press Inc. New York and London. — ⟨*180*⟩ —.

[255] LEDER. O,: Autoradiographic studies on the distribution of P^{32}-labelled orthophosphates in whole animal body sections. Pflüger's Arch. ges. Physiol. **276** (1962) 250. — ⟨*53, 179*⟩ —.

[256] LELENTAL, E. und SZUCHNIK, A.: Detection of fingerprints by autoradiography. (Initial report). Int. J. appl. Radiat. **15** (1964) 373. — ⟨*60*⟩ —.

[257] LENNARTZ, K. J. und MAURER, W.: Autoradiographische Bestimmung der Dauer der DNS-Verdoppelung und der Generationszeit beim Ehrlich-Ascitestumor der Maus durch Doppelmarkierung mit C^{14}- und H^3-Thymidin. Z. Zellforsch. **63** (1964) 478. — ⟨*179*⟩ —.

[258] LENNARTZ, K. J., MAURER, W. und SCHÜMMELFEDER, N.: Die DNS-Verdopplungszeit und Generationsdauer beim Ehrlich-Ascitestumor der Maus. Verh. dtsch. Ges. Path. **1964**, 280—288. — ⟨*179*⟩ —.

[259] Lesch, R., SCHIESSLE, W. und OEHLERT, W.: Autoradiographische Untersuchungen zur DNS-Synthese an menschlichem Exzisionsmaterial aus dem Bronchialbaum. Beitr. path. Anat. **129** (1964) 296. — ⟨*179*⟩ —.

[260] LETTRÉ, H. und PAWELETZ, N.: Probleme der elektronenmikroskopischen Autoradiographie. Naturwissenschaften **53** (1966) 268. — ⟨*142, 144*⟩ —.

[261] LEVI, H.: Some observations on track autoradiographs of biological specimens. Biochim. biophys. Acta **7** (1951) 198. — ⟨*158*⟩ —.

[262] LEVI, H.: Improved α-track autoradiographs of biologic specimens. Nature **171** (1953) 123. — ⟨*158*⟩ —.

[263] LEVI, H.: Quantitative β-track autoradiography of single cells. Exp. Cell Res. **7** (1954) 44. — *⟨158⟩* —.

[264] LEVI, H.: A discussion of recent advances towards quantitative autoradiography. Exp. Cell Res. **13** Suppl. 4 (1957) 207. — *⟨158⟩* —.

[265] LEVI, H. und HOGBEN, A. S.: Quantitative β-track autoradiography with nuclear track emulsions. Kong. danske Vidensk. Selsk. mat.-fysiske Medd. **30** (1955) No. 1. S. 1. — *⟨158⟩* —.

[266] LEVI, H. und NELSEN, A.: Quantitative evaluation of autoradiograms on the basis of track or grain counting. Lab. Invest. **8** (1959) 82. — *⟨158⟩* —.

[267] LEVI, H., ROGERS, A. W., WEIS BENTZON, M. und NIELSEN, A.: On the quantitative evaluation of autoradiograms. Kong. danske Vidensk. Selsk. mat.-fysiske Medd. **33** (1963) No. 11, 1. — *⟨158⟩* —.

[268] LIBBY, R. L.: The use of tagged antigens in immunochemical studies. Trans. N. Y. Acad. Sci. **9** (1947) 248. — *⟨46⟩* —.

[269] LINDENBAUM, A. und ALPER, R. E.: Electron microscopic autoradiography of alpha particles and protons. Atompraxis **12** (1966) 127. — *⟨116⟩* —.

[270] LIQUIER-MILWARD, J.: Track-radioautographic study of intracellular localization of cobalt in neoplastic tissues. Biochim. biophys. Acta **14** (1954) 459. — *⟨158⟩* —.

[271] LIQUIER-MILWARD, J.: Electron microscopy and radioautography as coupled techniques in tracer experiments. Nature **177** (1956) 619. — *⟨101, 113, 114, 146⟩* —.

[272] LLOYD, E., MARSHALL, J. H., BUTLER, J. W. und ROWLAND, R. E.: A computer programme for automatic scanning of autoradiographs and micrographs of bone sections. Nature **211** (1966) 663. — *⟨160⟩* —.

[273] LONGINOV, M. F.: Quantitative evaluation of dentritic segregation in steel through autoradiography without the use of standards. Nucl. Sci. Abstr. **14** (1960) Abstr. Nr. 19357; "Metallurgy and Metallography", S. 387—392. — *⟨175⟩* —.

[274] LOTZ, W. E., GALLIMORE, J. C. und BOYD, G. A.: How to get good gross autoradiographs of large undecalcified bones. Nucleonics **10** (1952) 28. — *⟨44, 46⟩* —.

[275] LÜTHI, U. und WASER, P. G.: Low-temperature fluorography induced by tritium-labelled compounds on thin-layer chromatograms. Nature **205** (1965) 1190. — *⟨30, 31⟩* —.

[276] LÜTHI, U. und WASER, P. G.: Thin-layer fluorography of tritium-labelled compounds. Adv. Teac. Meth. **3** (1966) 149 sowie Atomlight **50** (1966). — *⟨30⟩* —.

[277] LUPULESCU, A. und PETROVICI, A.: Étude radio-autographique en microscopie électronique de l'I^{131} dans la thyroïde du rat. Arch. Anat. micr. Morph. exp. **54** (1965) 895. — *⟨146⟩* —.

[278] LUPULESCU, A. und PETROVICI, A.: Electron microscopic autoradiography of radioiodine (^{131}I) in the thyroid gland. Acta biol. med. germ **16** (1966). 86. — *⟨146⟩* —.

[279] MACDONALD, A. M., COBBS, J., SOLOMON, A. K. und STEINBERG, D.: Stripping film technic for radioautographs. Proc. Soc. exp. Biol. (N. Y.) **72** (1949) 117. — *⟨68⟩* —.

[280] MAKIN, S. M.: The use of irradiated extraction replicas to identify inclusions and precipitates in metals: a preliminary note. Int. J. appl. Radiat. **7** (1960)258. — *⟨24, 25⟩* —.

[281] Makin, S. M. und Nunley, A. E.: An autoradiographic method for determining the distribution of iron on recording tape. Int. J. appl. Radiat. 7 (1959) 123. — ⟨*56*⟩ —.

[282] Malmon, A. G.: Electron microscope observation of fission fragment tracks in plastic. J. appl. Physics **34** (1963) 3634. — ⟨*136*⟩ —.

[283] Malmon, A. G.: Fission fragment tracks as uranium tracers in biological electron microscopy. Biophys. J. **4** (1964) 1. — ⟨*136*⟩ —.

[284] Malmon, A. G.: High resolution isotop tracing in electron microscopy using induced nuclear reactions. J. theor. Biol. **9** (1965) 77. — ⟨*136*⟩ —.

[285] Mamul, Ya. V.: Quantitative autoradiography using a radioactive wedge. Int. J. appl. Radiat. **1** (1956) 178. — ⟨*168*⟩ —.

[286] Mamul, Ya. V.: Post mortem diffusion of tissue substances as a source of artefacts in autoradiography. (russ.) Biofizika (Moskva) **4** (1959) 119. — ⟨*91*⟩ —.

[287] Mangold, H. K., Kammereck, R. und Malins, D. C.: Thin-layer chromatography as an analytical and preparative tool in lipid radiochemistry. Microchem. J., Sympos. Vol. II (1962) 697. — ⟨*30*⟩ —.

[288] Maraldi, N. M. und di Caterino, B.: Simple devices for preparing monolayers of nuclear emulsions in electron microscopy autoradiography. Sci. Tools (Stockholm) **15** (1968) 34. — ⟨*123*⟩ —.

[289] Markman, B.: Autoradiography of tritium chromatograms. J. Chromatogr. **11** (1963) 118. — ⟨*27, 28, 169*⟩ —.

[290] Marshall, J. H. und Finkel, M. P.: Autoradiographic dosometry of mouse bone containing Ca^{45}, Sr^{90}, and Ra^{226}. II. The sensitive region in the induction of osteogenic sarcomas. Nucl. Sci. Abstr. **15** (1961) Abstr. Nr. 8515. — ⟨*178*⟩ —.

[291] Marshall, J. H., White, V. K. und Cohen, J.: Microscopic metabolism of Ca in bone. I. Three-dimensional deposition of Ca-45 canine osteons. Radiat. Res. **10** (1959) 197. — ⟨*44*⟩ —.

[292] Marshall, J. H., Rowland, R. E. und Jowsey, J.: Microscopic metabolism of Ca in bone. II. Quantitative autoradiography. Radiat. Res. **10** (1959) 213. — ⟨*44*⟩ —.

[293] Marshall, J. H., Jowsey, J. und Rowland, R. E.: Microscopic metabolism of Ca in bone. IV. Ca^{45} deposition and growth rate in canine osteons. Radiat. Res. **10** (1959) 243. — ⟨*44, 178*⟩ —.

[294] Marshall, J. H., Rowland, R. E. und Jowsey, J.: Microscopic metabolism of Ca in bone. V. The paradox of diffuse activity and long-term exchange. Radiat. Res. **10** (1959) 258. — ⟨*44*⟩ —.

[295] Marton, L. und Abelson, P. H.: Tracer Micrography. Science **106** (1947) 69. — ⟨*132*⟩ —.

[296] Massaglia, A., Rosa, U. und Sosi, S.: Thin-layer chromatography of some ^{131}I and ^{125}I labelled iodopyrimidines and related nucleosides. J. Chromatogr. (Amst.) **17** (1965) 316. — ⟨*31*⟩ —.

[297] Maunsbach, B. und Ullberg, S.: Electron microscopic autoradiography of radioiodine in the thyroid using the extranuclear electron of J-125. J. Ultrastruct. Res. **7** (1962) 339. — ⟨*146*⟩ —.

[298] Maurer, W. und Primbsch, E.: Größe der β-Selbstabsorption bei der ^{3}H-Autoradiographie. Exp. Cell Res. **33** (1964) 8. — ⟨*79, 169, 170, 171*⟩ —.

[299] Mazia, D. und Bucher, N. L.: A method for avoidance of electrostatic flashing in preparing autoradiographs with stripping film. Experientia **16** (1960) 215. — ⟨*71*⟩ —.

[300] MAZIA, D., PLAUT, W. S. und ELLIS, G. W.: A method for quantitative assessment of autoradiographs. Exp. Cell Res. **9** (1955) 305. — ⟨*163, 164*⟩ —.

[301] McCOY, H. E.: Oxidation of beryllium in CO_2 by autoradiographic techniques. J. nuclear Mater. **15** (1965) 249. — ⟨*22*⟩ —.

[302] MEEK, G. A. und MOSES, M. J.: Localization of tritiated thymidine in HeLa cells by electron autoradiography. J. roy. micr. Soc. **81** (1963) 187. — ⟨*118, 148*⟩ —.

[303] MEEK, G. A., MOSES, M. J. und EIRING, A.: Abstract in: 1st Congress Am. Soc. for Cell Biology 1961, S. 140. — ⟨*116, 118*⟩ —.

[304] MÉREI, F. T. und GALLYAS, F.: Quantitative determination of ^{35}S-methionine incorporated into proteins of cell groups or nuclei of the CNS. J. Neurochem. (Oxford) **11** (1964) 251. — ⟨*178*⟩ —.

[305] MESSIER, B. und LEBLOND, C. P.: Preparation of coated radioautographs by dipping section in fluid emulsion. Proc. Soc. exp. Biol. (N. Y.) **96** (1957) 7. — ⟨*85, 123*⟩ —.

[306] MICOU, J. und GOLDSTEIN, L.: A simple method to reduce the strain in manual Grain counting of autoradiographs. Stain Technol. **34** (1959) 347. — ⟨*159, 160*⟩ —.

[307] MILLER, B. F. und HOECKER, F.: Quantitation of alpha-emitters in bone. Nucleonics 8/5 (1951) 44. — ⟨*158*⟩ —.

[308] MILLMANN, S. und FOSTER, L. S.: Nucleonics applications, metallurgical applications of autoradiography. I. A literature survey. II. Preliminary experiments. Nucl. Sci. Abstr. **7** (1953) Abstr. Nr. 155. — ⟨*12*⟩ —.

[309] MIZUHIRA, V.: Electron-microscopic autoradiography on domestic fresh photographic emulsions and developing methods, for nucleus studies. Radioisotopes (Tokyo) **14** (1965) 240 (japan.) und in: Nucl. Sci. Abstr. **20** (1966) Abstr. Nr. 37050. — ⟨*134*⟩ —.

[310] MIZUHIRA, V. und UCHIDA, K.: High resolution electron microscopic autoradiography. J. Histochem. Cytochem. **14** (1966) 765. — ⟨*134*⟩ —.

[311] MORICARD R. und GOTHIE, S.: Autoradiography in electron microscopy. Use of ^{35}S und ^{3}H. J. Physiol. (Paris) **55** (1963) 171. (franz.) — ⟨*147*⟩ —.

[312] Moser, L.: Über den Prozeß des Sehens und die Wirkung des Lichts auf alle Körper. Poggendorf Ann. **56** (1842) 177. — ⟨*17*⟩ —.

[313] MOSES, M. J.: Application of autoradiography to electron microscopy. J. Histochem. Cytochem. **12** (1964) 115. — ⟨*117*⟩ —.

[314] MOSES, V. und LONBERG-HOLM, K. K.: A semiautomatic device for measuring radioactivity on two-dimensional paper chromatograms. Analyt. Biochem. **5** (1963) 11. — ⟨*26*⟩ —.

[315] MYERS, H. M., JENNINGS, E. und BECKS, H.: A rapid radioautographic technic for combined calcified and soft tissues. J. dent. Res. **31** (1952) 416. — ⟨*43*⟩ —.

[316] NADLER, N. J.: Measurement of the rate of iodine incorporation into the colloid of thyroid follicles by quantitative radioautography. J. Histochem. Cytochem. **1** (1953) 377 (Abstract). — ⟨*178*⟩ —.

[317] NAKAI, T.: Study of the ultrastructural localization of hair kreatin synthesis utilizing electron microscopic autoradiography in a magnetic field. J. Cell Biol. **21** (1964) 63. — ⟨*133, 134, 152*⟩ —.

[318] NAKAYAMA, K.: Diagnostic significancy of radioactive isotopes in early cancer of the alimentary tract, especially the esophagus and the cardia. Surgery **39** (1956) 736. — ⟨*65*⟩ —.

[319] NARATH, A. und GUNDLACH, D.: Quantitative Autoradiographie tritierter Verbindungen in Papierchromatogrammen. Angew. Chem. **72** (1960) 707. — ⟨*176*⟩ —.

[320] NEUMANN, D.: Technik der elektronenoptischen Autoradiographie in der Biologie. Teil I: Acta histochem. (Jena) **33** (1969) 191; Teil II: ibid. 217. — ⟨*101*⟩ —.

[321] New England Nuclear Corp. — Firmenprospekt, 27 M-369-TM 200. — ⟨*30*⟩ —.

[322] NESKOVIC, B. A.: A possibility of the application of quantitative autoradiohistography in detection iodine J-131 in the thyroid. Acta med. iugosl. **15** (1961) 488 (franz.). — ⟨*178*⟩ —.

[323] NOGGLE, T. S. und STIEGLER, J. O.: Electron microscope observations of fission fragment tracks in thin films of UO_2. J. appl. Physics **31** (1960) 2199. — ⟨*136*⟩ —.

[324] NORRIS, W. P. und JENKINS, P. E.: Epoxy resin embedding in contrast radioautography of bones and teeth. Stain Technol. **35** (1960) 253. — ⟨*43*⟩ —.

[325] O'BRIEN, R. T. und GEORGE, II, L. A.: Preparation of autoradiograms for electron microscopy. Nature **183** (1959) 1461. — ⟨*116, 146*⟩ —.

[326] ODEBLAD, E.: Contribution to the theory and technique of quantitative autoradiography. Acta radiol. (Suppl.) **93** (1952) 88. — ⟨*155*⟩ —.

[327] ODEBLAD, E.: Matrix theorie of quantitative apposition autoradiography. Acta radiol. **45** (1956) 324. — ⟨*155*⟩ —.

[328] ODEBLAD, E.: Further approximate studies on beta ray absorption and transmission. Acta radiol. **48** (1957) 289. — ⟨*169*⟩ —.

[329] ODEBLAD, E.: Matrix theorie for quantitative evaluation of autoradiographs. Lab. Invest. 8 (1959) 113. — ⟨*155*⟩ —.

[330] OEHLERT, W.: Autoradiographische Untersuchungen zur physiologischen Regeneration und Kanzerisierung. Acta histochem. (Jena) Suppl. VIII (1968) 257. — ⟨*179*⟩ —.

[331] OSTROWSKI, K. und BARNARD, E. A.: Application of isotopically-labelled specific inhibitors as a method in enzyme cytochemistry. Exp. Cell Res. **25** (1961) 465. — ⟨*55*⟩ —.

[332] OSTROWSKI, K., BARNARD, E. A., STOCKA, Z. und DARZYNKIEWICZ, Z.: Autoradiographic methods in enzyme cytochemistry. I. Localization of acetylcholinesterase activity using a tritiated labelled irreversible inhibitor. Exp. Cell Res. **31** (1963) 89. — ⟨*55*⟩ —.

[333] OSTROWSKI, K., BARNARD, E. A., DARZYNKIEWICZ, Z. und RYMASZEWSKA, D.: Autoradiographic methods in enzyme cytochemistry. III. Measurements on esterases in the cells of mouse kidney. Exp. Cell Res. **36** (1964) 43. — ⟨*55*⟩ —

[334] OTERO-VILARDEBO, L., LANE, N. und GODMAN, G. C.: Some characteristics of cells secreting sulfated muccopolysaccharides. J. Histochem. Cytochem. **12** (1964) 34. — ⟨*152*⟩ —.

[335] OTTENDORFER, L. J. und WEISZ, H.: Semiquantitative Autoradiographie mit Hilfe des Ringofens. II. Genauigkeit und Empfindlichkeit. Mikrochim. Acta (Wien) **1962**, 725. — ⟨*177*⟩ —.

[336] PAINTER, R. B. und DREW, R. M.: Studies on deoxyribonucleic acid metabolism in human cancer cellcultures (HeLa). I. The temporal relationships of DNA synthesis to mitosis and turnover time. Lab. Invest. 8 (1959) 278. — ⟨*179*⟩ —.

[337] LA PALME, J. und DEMERS, P.: Regression of the latent image of nuclear tracks in the photographic emulsion. Physic. Rev. **72** (1947) 536. — ⟨*137*⟩ —.

[338] Patterson, R.: Use of J^{131} labelled antigens in gel diffusion precipitate reactions. J. Lab. Clin. Med. **57** (1961) 657. — ⟨*36*⟩ —.
[339] Patzschke, K.: Ganztier-Autoradiographie (Eine Methode in der Arzneimittelforschung). Münch. med. Wschr. **36** (1968) 2043. — ⟨*52*⟩ —.
[340] Paweletz, N.: Präparationsmethoden für die elektronenmikroskopische Autoradiographie. Fa. Siemens, Sonderdruck Eg. 1/201, Juni 1967. — ⟨*118, 120*⟩ —.
[341] Pearse, A. G. E.: Localization of dehydrogenase and diaphorase systems with monotetrazolium salts and metal chelation. Biochem. J. **68** (1958) 17P. — ⟨*177*⟩ —.
[342] Pelc, S. R.: Autoradiograph technique. Nature **160** (1947) 749. — ⟨*68*⟩ —.
[343] Pelc, S. R.: The stripping-film technique of autoradiography. Int. J. appl. Radiat. **1** (1956) 172. — ⟨*37*⟩ —.
[344] Pelc, S. R.: Quantitative aspects of autoradiography. Exp. Cell Res. Suppl. **4** (1957) 231. — ⟨*68, 165*⟩ —.
[345] Pelc, S. R.: On the question of automatic or visual grain counting. Lab. Invest. **8** (1959) 127. — ⟨*159*⟩ —.
[346] Pelc, S. R.: Theory of electron autoradiography. J. roy micr. Soc. **81** (1963) 131. — ⟨*103, 104, 107, 108, 132*⟩ —.
[347] Pelc, S. R., Coombes, J. D. und Budd, G. C.: On the adaptation of autoradiographic techniques for use with the electron microscope. Exp. Cell Res. **24** (1961) 192. — ⟨*108, 114, 115, 146*⟩ —.
[348] Perlmann, P. und Hultin, T.: Autoradiographic analysis on agar plates of labelled antigens from rat liver. Nature **182** (1958) 1530. — ⟨*37*⟩ —.
[349] Perry, R. P.: Quantitative Autoradiography. In: "Methods in Cell Physiology" Bd. I, S. 304—326, Academic Press. Inc., New York 1964. — ⟨*170*⟩ —.
[350] Pilgrim, C. und Maurer, W.: Autoradiographische Bestimmung der DNS-Verdopplungszeit verschiedener Zellarten von Maus und Ratte bei Doppelmarkierung mit ^{3}H- und ^{14}C-Thymidin. Naturwissenschaften **49** (1962) 544. — ⟨*179*⟩ —.
[351] Pilgrim, C. und Maurer, W.: Autoradiographische Untersuchungen über die Konstanz der DNS-Verdopplungs-Dauer bei Zellarten von Maus und Ratte durch Doppelmarkierung mit ^{3}H- und ^{14}C-Thymidin. Exp. Cell Res. **37** (1965) 183. — ⟨*179*⟩ —.
[352] Pilgrim, C., Lennartz, K. J., Wegener, K., Hollwege, S. und Maurer, W.: Autoradiographische Untersuchungen über tageszeitliche Schwankungen des H-3-Index und des Mitose-Index bei Zellarten der ausgewachsenen Maus, des Rattenfetus sowie bei Ascites-Tumorzellen. Z. Zellforsch. **68** (1965) 138. — ⟨*180*⟩ —.
[353] Preuss, L. E. und Joftes, D. L.: Autoradiography: Terminology and Definition (Letter). Science **126** (1957/II) 369. — ⟨*2, 134*⟩ —.
[354] Przybylski, R. J.: Electron microscope autoradiography. Exp. Cell Res. **24** (1961) 181. — ⟨*124, 142, 148, 149*⟩ —.
[355] Quastler, H. und Sherman, F. G.: Cell population kinetics in the intestinal epithelium of the mouse. Exp. Cell res. **17** (1959) 420. — ⟨*179*⟩ —.
[356] Rabinowicz, E.: Autoradiography of metal surfaces using a radiochemical method. Nature **170** (1952) 1029. — ⟨*16*⟩ —.
[357] Raderecht, H. J. und Binnewies, S.: Quantitative Autoradiographie von markierten Verbindungen in Papier-Chromatogrammen. Clin. chim. Acta **7** (1962) 873. — ⟨*176*⟩ —.

[358] RADWAN, M.: Anwendung der Autoradiographie zur Untersuchung der Struktur von Legierungen. Isotopentechnik **2** (1962) 270. — ⟨*14, 16*⟩ —.

[359] RAY, R. C. und STEVENS, G. W. W.: Reciprocity failure and latent-image fading in autoradiography. Brit. J. Radiol. **26** (1953) 362. — ⟨*138*⟩ —.

[360] REINHOLZ, E., BELLOCH-ZIMMERMANN, V. und WIRTH, CH.: Zur Methodik der Gefrierschnitt-Mikroautoradiographie. Experientia **16** (1960) 286. — ⟨*157*⟩ —.

[361] REITH, A., SCHÜLER, B., VOGELL, W. und KLINGENBERG, M.: Elektronenmikroskopisch-autoradiographische Untersuchungen zur intramitochondrialen Lokalisation ^{3}H-markierter Adeninnucleotide. Histochemie **11** (1968) 33. — ⟨*149*⟩ —.

[362] REVEL, J. P. und HAY, E. D.: Autoradiographic localisation of DNA synthesis in a specific ultrastructural component of the interphase nucleus. Exp. Cell Res. **25** (1961) 474. — ⟨*118, 148, 152*⟩ —.

[363] REVEL, J. P. und HAY, E. D.: An autoradiographic and electron microscopic study of collagen synthesis in differentiating cartilage. Z. Zellforsch. **61** (1963) 110. — ⟨*123, 142*⟩ —.

[364] RICHARDSON, G. S., WELIKY, I., BATCHELDER, W., GRIFFITH, M. und ENGEL, L. L.: Radioautography of carbon-14 and tritium labelled steroids on thin-layer chromatograms. J. Chromatogr. **12** (1963) 115. — ⟨*28, 30, 33*⟩ —.

[365] RIEDEL, G.: Kernspurmikrofilme für die Elektronenmikroskopie. ZEISS-Informationen **15** (1967) 113. — ⟨*130, 131*⟩ —.

[366] RITZÉN, M., HAMMARSTRÖM, L. und ULLBERG, S.: Autoradiographic distribution of 5-hydroxytryptamine and 5-hydroxytryptophan in the mouse. Biochem. Pharmacol. **14** (1965) 313. — ⟨*52*⟩ —.

[367] ROGERS, A. W.: Autoradiography of tritium-labelled compounds on paper chromatograms. Nature **184** (1959) 721. — ⟨*27, 28*⟩ —.

[368] ROGERS, A. W.: The rapid quantitation of silver grains in autoradiographs of tissue sections. J. Physiol. **152** (1960) 41 P. — ⟨*161*⟩ —.

[369] ROGERS, A. W.: A simple photometric device for the quantitation of silver grains in autoradiographs of tissue sections. Exp. Cell Res. **24** (1961) 228. — ⟨*161*⟩ —.

[370] ROGERS, A. W.: Die Mikroskopie von Autoradiographien. LEITZ-Mitt. Wiss. u. Techn. III/2 (1964) 43. — ⟨*82, 83*⟩ —.

[371] ROGERS, A. W.: The photometric measurement of grain densities in autoradiographs. J. Physiol. **190** (1967) 14 P. — ⟨*161*⟩ —.

[372] ROGERS, G. T. und GLANVILLE, D. E.: Autoradiographic location of small amounts of chromium, manganese, and copper in aluminium-zinc-magnesium alloys. J. Inst. Metals **90** (1962) 354. — ⟨*12*⟩ —.

[373] ROGERS, G. T. und HUGHES, J. D. H.: High resolution autoradiography of chemically reactive surfaces. Nature **199** (1963) 566. — ⟨*18*⟩ —.

[374] ROHR, H. P.: Die Kollagensynthese in ihrer Beziehung zur submikroskopischen Struktur des Osteoblasten (Elektronenmikroskopisch-autoradiographische Untersuchungen mit Tritium-markiertem Prolin). Virchows Arch. path. Anat. **338** (1965) 342. — ⟨*152*⟩ —.

[375] ROHR, H. P., KLIETMANN, W. und OEHLERT, W.: Durchführung und Anwendungsmöglichkeiten der elektronenmikroskopischen Autoradiographie. Z. ges. exp. Med. **139** (1965) 344. — ⟨*128*⟩ —.

[376] ROHR, H. P., SCHMALBECK, J. und FELDHEGE, A.: Elektronenmikroskopisch-autoradiographische Untersuchungen über die Eiweißsynthese in der Brunnschen Drüse der Maus. Z. Zellforsch. **80** (1967) 183. — ⟨*152*⟩ —.

[377] ROHR, H. P., WALTER, S. und MAHRT, E.: Die Muccopolysaccharidsynthese in ihrer Beziehung zur submikroskopischen Struktur der Knorpelzelle (Elektronenmikroskopisch-autoradiographische Untersuchungen mit Tritium markierter Glukose) Verh. dtsch. Ges. Path. **49** (1965) 304. — ⟨*152*⟩ —.
[378] ROHR, H. P. und WENDT, H.: Elektronenmikroskopisch-autoradiographischer Untersuchungen zur Kollagensynthese der Fibroblasten in heilenden Hautwunden. Arch. klin. exp. Derm. **223** (1965) 605. — ⟨*152*⟩ —.
[379] ROHR, H. P. und ZOLLINGER, H. U.: Die sogenannte „Zuckerspeicherniere" unter besonderer Berücksichtigung elektronenoptisch-autoradiographischer Untersuchungen mit 14-C-Saccharose. Virchows Arch. path. Anat. **341** (1966) 115. — ⟨*152*⟩ —.
[380] ROSENBAUM, E. H. und REICH, S. B.: Binding of radiographic (J^{131}-labelled) contrast media to serum proteins demonstrated by immunoelectrophoresis and radioautography. Radiology **86** (1966) 515. — ⟨*36*⟩ —.
[381] Ross, R. und BENDITT, E. P.: Wound healing and collagen formation. I. Sequential changes in components of guinea pig skin wounds observed in the electron microscope. J. Biophys. Biochem. Cytol. **11** (1961) 677. — ⟨*152*⟩ —.
[382] Ross, R. und BENDITT, E. P.: Wound healing and collagen formation. III. A quantitative radioautographic study of the utilization of proline-H^3 in wounds from normal and scorbutic guinea pigs. Cell Biol. **15** (1962) 99. — ⟨*152*⟩ —.
[383] Ross, R. und BENDITT, E. P.: A comparison of the utilization of proline-H^3 in healing wounds as seen by electron-microscope autoradiography. Fed. Proc. **22** (1963) 190. — ⟨*152*⟩ —.
[384] Ross, R. und BENDITT, E. P.: Wound healing collagen formation. V. Quantitative electron microscope radioautographic observations of proline-H^3 utilization by fibroblasts. J. Cell Biol. **27** (1965) 83. — ⟨*152*⟩ —.
[385] ROTBLAT, J. und WARD, G.: Analysis of the radioactive content of tissues by α-track autoradiography. Phys. in Med. Biol. **1** (1956) 57. — ⟨*158*⟩ —.
[386] Rowland, R. E., JOWSEY, J. und MARSHALL, J. H.: Microscopic metabolism of Ca in bone. III. Microradiographic measurements of mineral density. Radiat. Res. **10** (1959) 234. — ⟨*44*⟩ —.
[387] ROWLAND, R. E. und MASCHALL, J. H.: Radium in human bone: The dose in microscopic volumes of bone. Radiat. Res. **11** (1959) 299. — ⟨*44*⟩ —.
[388] ROY, A. K. und NEUHAUS, O. W.: Identification of rat urinary proteins by zone and immunoelectrophoresis. Proc. Soc. exp. Biol. (N. Y.) **121** (1966) 894. — ⟨*35*⟩ —.
[389] RUSSEL, W. J.: On the action exerted by certain metals and other substances on a photographic plate. Proc. Roy. Soc. (London) LXI (1897) 424. — ⟨*17*⟩ —.
[390] Salpeter, M. M.: Electron microscope autoradiography as a quantitative tool in enzyme cytochemistry. The distribution of acetylcholinesterase at motor end plates of a vertebrate twitch muscle. J. Cell Biol. **32** (1967) 379. — ⟨*175*⟩ —.
[391] SALPETER, M. M. und BACHMANN, L.: Autoradiography with the electron microscope. A procedure for improving resolution, sensitivity and contrast. J. Cell Biol. **22** (1964) 469. — ⟨*111, 120, 125, 126, 137, 139, 145, 149*⟩ —.
[392] SALPETER, M. M., BACHMANN, L. und SALPETER, E. E.: Resolution in electron microscopic radioautography. J. Cell Biol. **41** (1969) 1. — ⟨*111*⟩ —.
[393] SALPETER, M. M., ROGERS, A. und BARNARD, E.: Distribution of acetylcholinesterase at motor end plates evaluated quantitatively using electron

microscope autoradiography. Electron Microscopy and Cytochemistry Symp. Leiden 1966. — ⟨*55*⟩ —.

[394] Sawicki, W. und Darzynkiewicz, Z.: Polyvinyl chloride protective films in autoradiography. Folia histochem. cytochem. (Kraków) **1** (1963) 283. — ⟨*86*⟩ —.

[395] Schaefer, H.: Nachweis und Messung kleinster α-Aktivitäten in biologischen Substanzen durch Bahnspurauszählung in der Photoemulsion. Strahlentherapie **77** (1948) 613. — ⟨*158*⟩ —.

[396] Schaefer, H.: Microtopologic coordination of histological α-ray radioautographs by means of a photocopy of the tissue structure. Strahlentherapie **94** (1954) 140. — ⟨*99*⟩ —.

[397] Schaefer, H. und Golden, A.: Micro-alignment of alpha radioautographs by means of a contact replica of the tissue pattern printed with visible light. Exp. Cell Res. **5** (1953) 545. — ⟨*99*⟩ —.

[398] Schmidt, H. L. und Werner, G.: Darstellung von ^{3}H-Atropin und ^{3}H-Nor(-)-Cocain. Liebigs Ann. Chem. **656** (1962) 149. — ⟨*10*⟩ —.

[399] Schneider, G. und Maurer, W.: Autoradiographische Untersuchung über den Einbau von ^{3}H-Cytidin in die Kerne einiger Zellarten der Maus und über den Einfluß des Fixationsmittels auf die ^{3}H-Aktivität. Acta histochem. (Jena) **15** (1963) 171. — ⟨*87*⟩ —.

[400] Schneider, G. und Schneider, G.: Über Stoffverluste bei Formol-Fixierung von menschlichem Gehirngewebe. Histochemie **4** (1964) 348. — ⟨*87*⟩ —.

[401] Schnünzel, G.: Über den Einsatz der Peltier-Kaskade für die histologische Gefriertrocknung. Acta histochem. (Jena) **30** (1968) 201. — ⟨*39*⟩ —.

[402] Schultze, B. und Maurer, W.: Größe der RNS-Synthese in Nucleolus und Karyoplasma bei einigen Zellarten der Maus. Z. Zellforsch. **60** (1963) 387. — ⟨*170*⟩ —.

[403] Schwane, R. A. und Nakon, R. S.: Radioautography and scanning of thin layer chromatograms of radioactive water-soluble substances. Analytic Chem. **37** (1965) 315. — ⟨*30*⟩ —.

[404] Seidel, H. S.: Cytostatika-Testung an individuellen Tumoren. Acta histochem. (Jena) Suppl. VIII, 1968. — ⟨*179*⟩ —.

[405] Selverstone, B., Solomon, A. K. und Sweet, W. H.: Localization of brain tumors by means of radioactive phosphorus. J .Amer. med. Ass. **140** (1949) 277. — ⟨*65*⟩ —.

[406] Shahon, D. B., Ackerman, N. B., McFee, A. S. und Wangensteen, D. W.: In vitro and in vivo radioautography in recognition and localization of gastric cancer. Proc. Soc. exp. Biol. **104** (1960) 350. — ⟨*65*⟩ —.

[407] Sheldon, H., McKenzie, J. M. und van Nimwegan, D.: Electron microscopic autoradiography. The localization of J-125 in suppressed and thyrotropin stimulated mouse thyroid gland. J. Cell Biol. **23** (1964) 200. — ⟨*152*⟩ —.

[408] Sheppard, H. und Tsien, W. H.: Autoradiography of tritium-containing thin layer chromatograms. Analytic Chem. **35** (1963) 1992. — ⟨*28*⟩ —.

[409] Shiraishi, K. und Nagasaki, R.: Behaviour of tritium in aluminium-lithium alloys. J. Nucl. Sci. Technol. (Tokyo) **2** (1965) 499 und Nucl. Sci. Abstr. **20** (1966) Abstr. Nr. 19265. — ⟨*19*⟩ —.

[410] Shugar, D., Szenberg, A. und Sierakowska, H.: Exp. Cell Res. **13** (1957) 424. — ⟨*177*⟩ —.

[411] Siess, M. und Seybold, G.: Über einen neuen Nachweis radioaktiver Stoffe in Gewebsschnitten durch Imprägnierung mit Silbersalzen. Klin. Wschr. **30** (1952) 601. — ⟨*132*⟩ —.

[412] Siess, M. und Seybold, G.: Das Imprägnierungsverfahren der Autoradiographie von Gewebeschnitten. Z. wiss. Mikr. **63** (1957) 156. — ⟨*132*⟩ —.

[413] Silk, E. C. H. und Barnes, R. S.: Examination of fission fragment tracks with an electron microscope. Phil. Mag. **4** (1959) 970. — ⟨*135, 148*⟩ —.

[414] Silk, M. H., Hawtrey, A. O., Spence, I. M. und Gear, J. H. S.: A method for intracellular autoradiography in the electron microscope. J. biophys. biochem. Cytol. **10** (1961) 577. — ⟨*148*⟩ —.

[415] Sims, R. T.: The incorporation and fate of H^3-tyrosine in the hair cortex of rats observed by radioautography. J. Cell Biol. **22** (1964) 403. — ⟨*152*⟩ —.

[416] Sjöstrand, S. E., Cassano, G. B. und Hansson, E.: Distribution of sulfur-35 chlor-promazine in mice studied by whole body autoradiography. Arch. int. Pharmacodyn. **156** (1965) 34. — ⟨*52*⟩ —.

[417] Smith, J. R. und Fozzard, H. A.: Localization of tritiated "Digoxin" in the myocardial cells of frogs and dogs by autoradiography combined with electron microscopy. Nature **197** (1963) 562. — ⟨*154*⟩ —.

[418] Snyder, F.: Quantitative radioassay methods for thin-layer chromatography: Zonal and autoradiographic scans (using H^3 plates, C^{14}, P^{32}, and J^{131} plates). Proc. Ser. IAEA, Wien 1965, S. 531. — ⟨*176*⟩ —.

[419] Snyder, F. und Kimbel, H.: An automatic zonal scraper and sample collector for radioassay of thin-layer chromatograms. Analyt. Biochem. **11** (1965) 510. — ⟨*176*⟩ —.

[420] Sognnaes, R. F.: Preparation of thin "serial" ground sections of whole teeth and jaws and other highly calcified and brittle structures. Anat. Rec. **99** (1947) 133. — ⟨*43*⟩ —.

[421] Sognnaes, R. F., Shaw, J. H., Solomon, A. K. und Harvold, E.: A method for radioautography of specimens composed of both hard and soft structures. Anat. Rec. **104** (1949) 319. — ⟨*43, 44*⟩ —.

[422] Speh, K. C. und Morton, G. W.: Electronic scanner for neutron film bagdes. Paper presented befor Amer. Phys. Soc. 30. Jan. 1957. — ⟨*159*⟩ —.

[423] Sperling, F.: Electron-track autoradiography fo radioactive frog embryos. Nature **174** (1954) 749. — ⟨*158*⟩ —.

[424] Stein, O. und Gross, J.: Electron microscopic autoradiography of the metabolism of iodine-125 in the thyroid gland. Exp. Cell Res. **31** (1963) 208. — ⟨*152*⟩ —.

[425] Stein, O. und Gross, J.: Metabolism of iodine-125 in the thyroid gland studied with electron microscopic autoradiography. Endocrinology **75** (1964) 787. — ⟨*152*⟩ —.

[426] Stevens, G. W. W.: Resolution testing in autoradiography. Nature **161** (1948) 432. — ⟨*80, 102*⟩ —.

[427] Stevens, G. W. W.: Radioactive microphotographs for resolution testing in autoradiography. Brit. J. Radiol. **23** (1950) 723. — ⟨*80, 102*⟩ —.

[428] Stillström, J.: Grain count corrections in the autoradiography. Int. J. appl. Radiat. **14** (1963) 113. — ⟨*170*⟩ —.

[429] Stillström, J.: Grain count corrections in the autoradiography. II. Int. J. appl. Radiat. **16** (1965) 357. — ⟨*170*⟩ —.

[430] Stöcker, E. und Müller, H. A.: Zur chemischen Induktion von Silberkörnern im Strippingfilm bei der Orcein-Quetsch-Technik. Histochemie **11** (1967) 167. — ⟨*76, 77*⟩ —.

[431] Stowell, E. C.: Special-purpose slide rules as exemplified by a rule for maintaining a constant exposure in successive autoradiographs with iodine^{131}. Nature **198** (1963) 318. — ⟨*174*⟩ —.

[432] Stubblefield, E.: Quantitative tritium autoradiography of mammalian chromosomes. J. Cell Biol. **25** (1965) 137. — ⟨*169*⟩ —.

[433] Stumpf, W. E. und Roth, L. J.: Vacuum freeze drying of frozen sections for dry-mounting high resolution autoradiography. Stain Technol. **39** (1964) 219. — ⟨*90*⟩ —.

[434] Stumpf, W. E. und Roth, L. J.: High resolution autoradiography with dry-mounted, freeze-dried frozen sections. Comparative study of six methods using two diffusible compounds ^{3}H-Estradiol and ^{3}H-Mesobilirubinogen. J. Histochem. Cytochem. **14** (1966) 274. — ⟨*90*⟩ —.

[435] Süss, A.: Eine Methode zur autoradiographischen Untersuchung der Phosphorverteilung im Boden. Naturwissenschaften **46** (1959) 146. — ⟨*63*⟩ —.

[436] Takeuchi, T., Sakaguchi, M. und Nakamoto, Y.: Detection of latent fingerprint by autoradiography. Naturwissenschaften **45** (1958) 36. — ⟨*59*⟩ —.

[437] Taugner, R., Hole, H., Grigoleit, G. und Wagemann, U.: Herstellung geeigneter Gefrierschnitte zur Autoradiographie der Niere in einer Kühlkammer mit eingebautem Mikrotom. Naunyn-Schmiedebergs Arch. exp. Path. Pharmak. **234** (1958) 330. — ⟨*39*⟩ —.

[438] Taugner, R., Supply, P., Braun, A., Droh, R. und Mahn, J.: Zur Gefrierschnitt-Autoradiographie am ganzen Tier. Nuclear-Medizin **3** (1963) 397. — ⟨*40, 42*⟩ —.

[439] Tauxe, W. N., Moser, A. H. und Boyd, G. A.: Etymology of autoradiography. Science **120** (1954/II) 149. — ⟨*2*⟩ —.

[440] Ter-Pogossian, M., Donadieu, L., Moreno, G. und Bessis, M.: Effet d'un champ magnétique intense sur le rendement photographique en autoradiographie au microscope électronique. C. R. Acad. Sci. Paris **262** (1966) 2771. — ⟨*134*⟩ —.

[441] Thurston, J. M. und Joftes, D. L.: Stains comtatible with dipping radioautography. Stain Technol. **38** (1963) 231. — ⟨*86*⟩ —.

[442] Tolles, W. E.: Methods of automatic quantitation of microautoradiographs. Lab. Invest. 8 (1959) 99. — ⟨*159, 161*⟩ —.

[443] Tonna, E. A.: On the distribution of reduced silver grains in autoradiograms of bone and cartilage following H-3-amino acid administration. Lab. Invest. **13** (1964) 1238. — ⟨*178*⟩ —.

[444] Tonna, E. A. und Cronkite, E. P.: Factors which influence the latent image in autoradiography. Stain Technol. **33** (1958) 255. — ⟨*137*⟩ —.

[445] Tubbs, F. E., Crevasse, L. und Wheat, M. W. jr.: Localization of tritiated digoxin in dog myocardium by electron microscopic autoradiography. Circulat. Res. **14** (1964) 236. — ⟨*154*⟩ —.

[446] van Tubergen, R. P.: The use of radioautography and electron microscope for the localization of tritium label in bacteria. J. biophys. biochem. Cytol. **9** (1961) 219. — ⟨*146, 148*⟩ —.

[447] Tudor, S., Weisstuch, A. und Davang, S. H.: Application of autoradiographic techniques to battery research. Elektrochem. Technol. **3** (1965) 90. — ⟨*24*⟩ —.

[448] Tzschaschel, R.: Experimentelle Methoden zu einer quantitativen Autoradiographie in Mikrobiologie und Zellforschung. Atompraxis **4** (1958) 49 und 265. — ⟨*169*⟩ —.

[449] Ullberg, S.: Autoradiography in general and points about its use in investigations with S^{35}-labelled penicillin. Acta radiol. Suppl. **118** (1954) 22. — ⟨*42, 52*⟩ —.

[450] ULLBERG, S.: Autoradiographic distribution and excretion studies with S^{35}-labelled penicillin. Proc. Soc. exp. Biol. **85** (1954) 550. — ⟨*52*⟩ —.

[451] ULLBERG, S.: Autoradiographic studies on the distribution of labelled drugs in the body. Proc. second. U. N. int. Conf. peaceful Uses atomic energy **24** (1958) 248 und Progr. Nucl. Energy (Biol.) **2** (1959) 29. — ⟨*52*⟩ —.

[452] ULLBERG, S.: Autoradiographic localization in the tissues of drugs and metabolites. Biochem. Pharmacol. **9** (1962) 29. — ⟨*52*⟩ —.

[453] ULLBERG, S. und BENGT SON, G.: Autoradiographic distribution studies with natural estrogens. Acta endocr. (Kbh.) **43** (1963) 75. — ⟨*52*⟩ —.

[454] ULLBERG, S. und EWALDSSON, B.: Distribution of radio-iodine studies by wholebody autoradiography. Acta radiol. **2** (1964) 24. — ⟨*53*⟩ —.

[455] ULLBERG, S. und KORANSKY, W.: Autoradiographic investigation with slices through entire animals of the distribution of labelled substances. Naunyn-Schmiedebergs Arch. exp. Path. Pharmak. **246** (1963) 65. — ⟨*52*⟩ —.

[456] ULLBERG, S., NELSON, A., KRISTOFFERSON, H. und ENGSTROM, A.: Distribution of plutonium in mice; an autoradiographic study. Acta radiol. (Stockholm) **58** (1962) 459. — ⟨*52, 55*⟩ —.

[457] VINCENT, J., HAUMONT, S. und ROLES, J.: Microscopic determination of bone phosphorus by quantitative autoradiography of neutron-activated sections. J. Cell Biol. **24** (1965) 31. — ⟨*178*⟩ —.

[458] VINCENT, W. S.: P^{32} incorporation into starfish oocyte nucleoli. Biol. Bull. **107** (1954) 326. — ⟨*87*⟩ —.

[459] WADEWITZ, S. und MUELLER, A.: The preparation of microautoradiographs with metallic specimens. Isotopentechnik **2** (1962) 81. — ⟨*73*⟩ —.

[460] WAINWRIGHT, W. W., ANDERSON, E. C., HAMMER, P. C. und LEHMAN, CH. A.: Simplified autoradiography exposure calculation. Nucleonics **12** (1954) 19. — ⟨*173*⟩ —.

[461] WALTERS, M. C. und THAINE, R.: C^{14} β-track autoradiography of high resolution. Nature **173** (1954) 1146. — ⟨*158*⟩ —.

[462] WASER, P. G. und LÜTHI, U.: Autoradiography of end-plates with carbon-14-calebash-curarine I and carbon-14-decamethonium. Nature **178** (1956) 981. — ⟨*74*⟩ —.

[463] WASER, P. G. und LÜTHI, U.: Autoradiographische Lokalisation von ^{14}C-Calebassen-Curarin I und ^{14}C-Decamethonium in der motorischen Endplatte. Arch. internat. pharmacodyn. **112** (1957) 272. — ⟨*74*⟩ —.

[464] WASER, P. G., LÜTHI, U. und HUBER, P.: Autoradiographischer Nachweis von ^{14}C-Calebassen-Curarin I und ^{14}C-Decamethonium in der Endplatte. Helv. physiol. pharmacol. Acta **14** (1956) 55. — ⟨*74*⟩ —.

[465] WEILL, R.: Recent achievements in dental histochemistry. Ann. Histochim. **8** (1964) 5. (franz.). — ⟨*43, 49*⟩ —.

[466] WEISZ, H.: Ein Trennungsgang in einem Tropfen. Ein Beitrag zur Ringofenmethode und Tüpfelanalyse. Mikrochim. Acta (Wien) **1954** S. 376. — ⟨*177*⟩ —.

[467] WEISZ, H.: Anwendung des Ringofens in der Tüpfelkolorimetrie. Mikrochim. Acta (Wien) **1954** S. 785. — ⟨*177*⟩ —.

[468] WEISZ, H. und KLOCKOW, D.: On the temperature dependence of the "fading effect" in semiquantitative autoradiography by the ring-oven method (demonstrated with Ca^{45}, Tl^{204}, and Sr^{90}/Y^{90}). Analytica chim. Acta (Amst.) **33** (1965) 532 und 538. — ⟨*137*⟩ —.

[469] WEISZ, H. und KLOCKOW, D.: Identification of radionuclides (e. g. Au^{198}) by semiquantitative radioautographic determination of their half-lives using

the ring-oven methods. Analytica chim. Acta (Amst.) **34** (1966) 456. (deutsch). — ⟨*177*⟩ —.

[470] Weisz, H. und Klockow, D.: Halbquantitative autoradiographische Bestimmung von ^{14}C-Aktivitäten im Pico-bis Nanocurie-Bereich mit Hilfe der Ringofenmethode. Analytica chim. Acta (Amst.) **37** (1967) 370. — ⟨*177*⟩ —.

[471] Weisz, H. und Ottendorfer, L. J.: Semiquantitative Autoradiographie mit Hilfe des Ringofens. I. Allgemeines, Apparatur und Handhabung. Mikrochim. Acta **1961**, S. 191. — ⟨*177*⟩ —.

[472] Weisz, H. und Ottendorfer, L. J.: Semiquantitative Autoradiographie mit Hilfe des Ringofens. III. Expositionsgerät mit kontinuierlicher Drehbewegung. Mikrochim. Acta **1962**, S. 818. — ⟨*177*⟩ —.

[473] Werner, G.: A method of the radioautogr. demonstr. of low-molecular water-soluble substances in tissue sections. 6. Int. Congr. Biochem. New York 1964, Abstr. V, S. 458. — ⟨*88, 90*⟩ —.

[474] Werner, G.: Eine autoradiographische Methode zur Darstellung nichtflüchtiger Stoffe in biologischem Material. 3. Int. Congr. Histochem. Cytochem. New York 1968, Abstr. S. 290. — ⟨*88, 90*⟩ —.

[475] Werner, G.: Stoffwechselanalyse und autoradiographische Darstellung von Atropin, Scopolamin (^{14}C, ^{3}H) und deren Metaboliten bei einigen Säugetieren. Radioakt. Isotope in Klin. Forsch. Bd. VIII (1968) 365. — ⟨*88, 90*⟩ —.

[476] Werner, G.: Ein Verfahren zur autoradiographischen Darstellung wasserlöslicher Substanzen in Organen und seine Anwendung in der neuropharmakologischen Forschung. Arzneimittel-Forsch. **19** (1969) 422. — ⟨*88, 90*⟩ —.

[477] Werner, G., Bosque, P. G. und Carreres Quevedo, J.: Autoradiographie et Fonction Rénale. C. R. Ass. Anat. **129** (1966) 1869. — ⟨*88, 90*⟩ —.

[478] Werner, G., Bosque, P. G. und Carreres Quevedo, J.: Autoradiographie et Morphologie Fontionelle. C. R. Ass. Anat. **129** (1966) 1871. — ⟨*88, 90*⟩ —.

[479] Werner, G., Bosque, P. G. und Carreres Quevedo, J.: Radioautographische Untersuchungen mit Tritium-markierten Tropanalkaloiden. Abh. dtsch. Akad. Wiss. Berlin Kl. Chem. Geol. Biol. **3** (1966) 541 und 629. — ⟨*88, 90*⟩ —.

[480] Werner, G., Bosque, P. G. und Carreres Quevedo, J.: Radioautographische Untersuchungen mit polytop-markiertem ^{3}H-Atropin. Naunyn Schmiedebergs Arch. exp. Path. Pharmak. **253** (1966) 95. — ⟨*88, 90*⟩ —.

[481] Werner, G., Werner, H., Bosque, P. G. und Carreres Quevedo, J.: Eine Methode zur autoradiographischen Darstellung hydrophiler Substanzen in biologischem Material. Z. Naturforsch. **21b** (1966) 238. — ⟨*39, 88, 90, 92, 93, 166*⟩ —.

[482] Wilson, A. T.: Preparation of scintillation autographs. Nature **182** (1958) 524. — ⟨*26*⟩ —.

[483] Wilson, A. T.: Detection of tritium on paper chromatograms. Biochim. biophys. Acta (Amst.) **40** (1960) 522. — ⟨*26, 28*⟩ —.

[484] Wimber, D. E., Quastler, H., Stein, O. L. und Wimber, D. R.: Analysis of tritium incorporation into individual cells by autoradiography of squash preparations. J. biophys. biochem. Cytol. **8** (1960) 327. — ⟨*79*⟩ —.

[485] Wolfe, D. E., Axelrod, J. und Richardson, K. C.: Localization of norepinephrine in adrenic axons by light and electron microscopic autoradiography. 5th Intern. Congr. Electron Microscopy **2** (1962) 1. — ⟨*154*⟩ —.

[486] Wolfe, D. E., Potter, L. T., Richardson, K. C. und Axelrod, J.: Localizing tritiated norepinephrine in sympathetic axon by electron microscope autoradiography. Science **138** (1962) 440. — ⟨*154*⟩ —.

[487] Woodruff, L. A. und Norris, W. P.: Sectioning of undecalcified bone; with special reference to radioautographic applications. Stain Technol. **30** (1955) 179. — ⟨*43*⟩ —.

[488] Young, B. A. und Kopriwa, B. M.: The use of the Gaevert NUC-307 nuclear emulsion for radioautography at the electron microscope level. J. Histochem. Cytochem. **12** (1964) 438. — ⟨*111, 138*⟩ —.

[489] Zehender, F., Herrmann, W. und Leibssle, H.: Die Wirkung von Separatoren auf die Antimonwanderung in Bleibatterien. Electrochim. Acta **9** (1964) 55. — ⟨*24*⟩ —.

10. SACHREGISTER

Mattenheimer

Mikromethoden für das klinisch-chemische und biochemische Laboratorium

2., völlig neubearbeitete und erweiterte Auflage. Oktav. Mit 35 Abbildungen. XVI, 223 Seiten. 1966. Plastikeinband DM 30,—

Chemotechniker und medizinisch-chemische Assistenten erheben seit langem die Forderung, Untersuchungen geringster Blut- und Gewebeproben rasch und sicher durchzuführen. Der vorliegende Leitfaden wird dieser Aufgabe gerecht, da die erforderlichen Arbeitsvorschriften kurz, übersichtlich und leichtverständlich dargestellt sind. *Zeitschrift für analytische Chemie*

Flügge

Grundlagen der Polarimetrie

Gerätekunde und Meßtechnik

Oktav. Mit 72 Abb., 28 Tab. und 2 Taf. XII, 159 Seiten. 1970. Plastikeinband DM 48,—

Wurde die Polarimetrie bereits seit langem als analytisches Verfahren z. B. in Zuckerfabriken und in Betrieben der pharmazeutischen Chemie benutzt, so hat sie sich in neuerer Zeit auch in der Erforschung von Molekülstrukturen als aufschlußreich erwiesen. Dieses Buch informiert über die Fortschritte der polarimetrischen einschließlich der saccharimetrischen Geräte auf visueller Analytik, der Spektralpolarimetrie, der Ellipsometrie und der magnetooptischen Untersuchungen als Aufgabenbereich der Chemiker, Physiker und Zuckerprüfer.

Pataki

Dünnschichtchromatographie

in der Aminosäure- und Peptid-Chemie

Oktav. XX, 250 Seiten. Mit 128 Abbildungen, 52 Tabellen, 1 Ausschlagtafel, 463 Literaturangaben. 1966. Plastikeinband DM 38,—

Wegen der Vielfalt der Anwendungsmöglichkeiten der Dünnschichtchromatographie wurde eine spezielle Abhandlung über die Dünnschichtchromatographie in der Aminosäure- und Peptidchemie erforderlich. Der Autor hat hier eine verdienstvolle Abhilfe geschaffen in Form eines handlichen Laboratoriumsbuches mit klaren Arbeitsvorschriften. Die wichtigste Literatur bis November 1964 wurde berücksichtigt. Das Erscheinen dieses Laboratoriumsbuches wird sicherlich von allen Aminosäure- und Peptidchemikern begrüßt werden. *Angewandte Chemie*

Walter de Gruyter & Co · Berlin 30

FSC
www.fsc.org
MIX
Papier | Fördert
gute Waldnutzung
FSC® C083411

Zeitfracht Medien GmbH
Ferdinand-Jühlke-Straße 7
99095 Erfurt, Deutschland
produktsicherheit@kolibri360.de